U0416675

生态文明建设文库

陈宗兴　总主编

党员干部
生态文明建设读本

黄茂兴　主编

中国林业出版社

图书在版编目（CIP）数据

党员干部生态文明建设读本／黄茂兴主编 .－北京：中国林业出版社，2019.9
（生态文明建设文库）
ISBN 978-7-5219-0193-1

Ⅰ.①党… Ⅱ.①黄… Ⅲ.①生态环境建设－中国－学习参考资料 Ⅳ.①X321.2

中国版本图书馆CIP数据核字（2019）第159313号

出 版 人 刘东黎
总 策 划 徐小英
策划编辑 沈登峰 于界芬 何 鹏 李 伟
责任编辑 于晓文 梁翔云 徐小英
美术编辑 赵 芳
责任校对 梁翔云

出版发行 中国林业出版社有限公司（100009 北京西城区刘海胡同7号）
http://www.forestry.gov.cn/lycb.html
E-mail:forestbook@163.com 电话：(010)83143523、83143543
设计制作 北京捷艺轩彩印制版有限公司
印刷装订 北京中科印刷有限公司
版　　次 2019年9月第1版
印　　次 2019年9月第1次
开　　本 787mm × 1092mm 1/16
字　　数 352千字
印　　张 18.5
定　　价 65.00元

“生态文明建设文库”

总编辑委员会

“生态文明建设文库”

编撰工作领导小组

组　长

刘东黎　成　吉

副组长

王佳会　杨　波　胡勘平　徐小英

成　员

（按姓氏笔画为序）

于界芬　于彦奇　王佳会　成　吉　刘东黎　刘先银　杜建玲　李美芬　杨　波
杨长峰　杨玉芳　沈登峰　张　锴　胡勘平　袁林富　徐小英　航　宇

编辑项目组

组　长：徐小英

副组长：沈登峰　于界芬　刘先银

成　员（按姓氏笔画为序）：

于界芬　于晓文　王　越　刘先银　刘香瑞　许艳艳　李　伟
李　娜　何　鹏　肖基浒　沈登峰　张　璠　范立鹏　周军见
赵　芳　徐小英　梁翔云

特约编审：刘　慧　严　丽

《党员干部生态文明建设读本》

承担单位：中国（福建）生态文明建设研究院

主　编：黄茂兴

撰　稿：黄茂兴　李军军　林寿富　叶　琪　王珍珍
陈洪昭　陈伟雄　唐　杰　黄新焕　易小丽
郑　蔚　周利梅　张宝英　郑清英　李成宇
王　荧　方　忠　莫　莉　韩　莹

总 序

生态文明建设是关系中华民族永续发展的根本大计。党的十八大以来，以习近平同志为核心的党中央大力推进生态文明建设，谋划开展了一系列根本性、开创性、长远性工作，推动我国生态文明建设和生态环境保护发生了历史性、转折性、全局性变化。在“五位一体”总体布局中生态文明建设是其中一位，在新时代坚持和发展中国特色社会主义基本方略中坚持人与自然和谐共生是其中一条基本方略，在新发展理念中绿色是其中一大理念，在三大攻坚战中污染防治是其中一大攻坚战。这“四个一”充分体现了生态文明建设在新时代党和国家事业发展中的重要地位。2018 年召开的全国生态环境保护大会正式确立了习近平生态文明思想。习近平生态文明思想传承中华民族优秀传统文化、顺应时代潮流和人民意愿，站在坚持和发展中国特色社会主义、实现中华民族伟大复兴中国梦的战略高度，深刻回答了为什么建设生态文明、建设什么样的生态文明、怎样建设生态文明等重大理论和实践问题，是推进新时代生态文明建设的根本遵循。

近年来，生态文明建设实践不断取得新的成效，各有关部门、科研院所、高等院校、社会组织和社会各界深入学习、广泛传播习近平生态文明思想，积极开展生态文明理论与实践研究，在生态文明理论与政策创新、生态文明建设实践经验总结、生态文明国际交流等方面取得了一大批有重要影响力的研究成果，为新时代生态文明建设提供了重要智力支持。“生态文明建设文库”融思想性、科学性、知识性、实践性、可读性于一体，汇集了近年来学术理论界生态文明研究的系列成果以及科学阐释推进绿色发展、实现全面小康的研究著作，既有宣传普及党和国家大力推进生态文明建设的战略举措的知识读本以及关于绿色生活、美丽中国的科普读物，也有关于生态经济、生态哲学、生态文化和生态保护修复等方面的专业图书，从一个侧面反映了生态文明建设的时代背景、思想脉络和发展路径，形成了一个较为系统的生态文明理论和实践专题图书体系。

中国林业出版社秉承“传播绿色文化、弘扬生态文明”的出版理念，把出版生态文明专业图书作为自己的战略发展方向。在国家林业和草原局的支持和中国生态文明研究与促进会的指导下，“生态文明建设文库”聚集不同学科背景、具有良好理论素养的专家学者，共同围绕推进生态文明建设与绿色发展贡献力量。文库的编写出版，是我们认真学习贯彻习近平生态文明思想，把生态文明建设不断推向前进，以优异成绩庆祝新中国成立 70 周年的实际行动。文库付梓之际，谨此为序。

十一届全国政协副主席
中国生态文明研究与促进会会长　陈宗兴

2019 年 9 月

前 言

生态文明是继原始文明、农业文明、工业文明后人类社会迈入的新的文明发展阶段，是人类千百年来在不断适应、调整和处理人与自然关系中所取得的最新成果。生态文明是人类文明发展的延续，它植根于人类文明发展漫长的进程中，是传统生态思想和生态价值观的升华；生态文明又是一种新兴的文明形态，是人类在更高发展阶段上，在促进人与自然和谐中所凝结的新价值观。生态文明生动地描绘了人类发展进程中的人与自然和谐共融的美丽画卷，勾勒出人类通往人与自然生命共同体阶段的实现路径。

回顾人类社会发展史，人类文明由漫长的原始文明发展到农业文明，再由农业文明递升到工业文明。在这一演化历程中，人类与自然的关系不断发生变化，由原始文明时代对自然的崇拜和敬畏，农业文明阶段对自然的接近和初步开发，再到工业文明过程中对自然的征服和改造。在传统工业化模式下，不可再生资源快速消耗，超越自然界承载能力的废弃物大量排放，人与自然的关系日趋紧张和失衡。对此，生态文明应成为应对生态问题的一种崭新的文明体系。生态文明是人类遵循人与自然和谐发展规律而取得的物质成果、精神成果和制度成果的总和，是贯穿于经济建设、政治建设、文化建设、社会建设全过程和各方面的系统工程，是人类社会步入一个新时代的标志。

中国共产党是一个具有高度自觉的政党，坚持以人民为中心，把实现人民幸福作为一切工作的目的和归宿。建设天蓝、地绿、水净的美好家园是人民群众对美好生活追求的重要体现。中华人民共和国成立以来，中国共产党就高度重视生态环境的修复和完善，长期重视生态文明的建设和探索，在实践中推进理论升华，不断构建中国特色生态文明建设理论体系。

2017 年 10 月 18 日，中国共产党第十九次全国代表大会在北京隆重开幕，习近平总书记代表中国共产党第十八届中央委员会向大会作报告。十九大报告正文中共出现 43 处“生态”，15 处“绿色”，12 处“生态文明”，8 处“美丽”……生态文明成为新时代中国特色社会主义思想和治国基本方略的重要组成部分，这标志着中国共产党对生态文明建设的探索实践进入了深化期。报告充分肯定了十八大以来我国在生态文明建设方面取得的显著成效，强调建设生态文明是中华民族永续发展的千年大计，将生态文明建设纳入“两个一百年”奋斗目标，部署了推进绿色发展、治理突出环境问题、加大生态系统保护和改革生态环境监管体制等生态文明建设的四大任务，将生态文明建设作为构建人类命运共同体的重要内容，向全世界发出了中国着力推进生态文明建设的庄严承诺。

2018 年 5 月 18 ～ 19 日，全国生态环境保护大会在北京召开。习近平总书记发表重要讲话，他着眼人民福祉和民族未来，从党和国家事业发展全局出发，全面总结党的十八大以来我国生态文明建设和生态环境保护工作取得的历史性成就、发生的历史性变革，深刻阐述加强生态文明建设的重大意义，提出了加强生态文明建设必须坚持的重要原则、要求、途径和举措等一系列重大问题，特别强调要加快构建生态文明体系，加快建立健全以生态价值观念为准则的生态文化体系，以产业生态化和生态产业化为主体的生态经济体系，以改善生态环境质量为核心的目标责任体系，以治理体系和治理能力现代化为保障的生态文明制度体系，以生态系统良性循环和环境风险有效防控为重点的生态安全体系。这次会议最重要的成果是形成了习近平生态文明思想，为新时代推进生态文明建设提供了强大思想武器。当前，中国特色社会主义进入新时代，我们要深刻理解把握人与自然和谐共生的科学自然观、绿水青山就是金山银山的重要发展理念、良好生态环境是最普惠的民生福祉的宗旨精神、山水林田湖草是生命共同体的系统思想、用最严格制度最严密法治保护生态环境的法治观，切实把思想和行动统一到中央决策部署上来。

为深入学习宣传贯彻党的十九大精神，大力推进生态文明建设，本书着眼于党政领导干部这一特殊群体，立足于我国生态文明建设的具体实践，科学解读党中央关于生态文明建设的主要精神，系统阐述生态文明建设的时代背景、主要内容、目标要求、实现路径和制度保障等重大前沿问题，具有较强的理论性、实践性、指导性和可读性。我们衷心希望通过这本读物，能够让读者对我国大力推进生态文明和美丽中国建设，为实现中华民族伟大复兴的中国梦提供更好的生态条件，为奋力走向社会主义生态文明新时代的目标、任务和方法提供启迪和帮助。

黄茂兴
［中国（福建）生态文明建设研究院执行院长，福建师范大学经济学院院长，教授，博士生导师］
2018 年 7 月

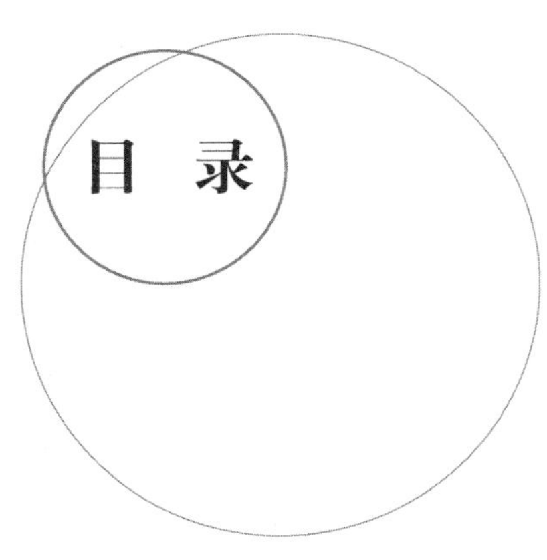

目 录

第一章

加快推进生态文明建设的行动号角

——十九大报告关于生态文明建设的战略部署

2017 年 10 月 18 日，中国共产党第十九次全国代表大会在北京人民大会堂隆重开幕，习近平总书记代表中国共产党第十八届中央委员会向大会作报告。十九大报告正文中共出现 43 处“生态”，15 处“绿色”，12 处“生态文明”，8 处“美丽”……生态文明成为新时代中国特色社会主义思想和基本方略的重要组成部分，这标志着中国共产党对生态文明建设的探索实践进入了深化期。十九大报告充分肯定了十八大以来我国在生态文明建设方面取得的显著成就，强调建设生态文明是中华民族永续发展的千年大计，将生态文明建设纳入“两个一百年”奋斗目标，部署了推进绿色发展、治理突出环境问题、加大生态系统保护和改革生态环境监管体制等生态文明建设的四大任务，将生态文明建设作为构建人类命运共同体的重要内容，向全世界发出了中国建设生态文明的庄严承诺和行动号角。

一、生态文明是人类文明发展的新阶段

生态文明是继原始文明、农业文明、工业文明后人类社会迈入的新的文明发展阶段，是人类千百年来在不断适应、调整和处理人与自然关系中所取得的最新成果。生态文明是人类文明发展的延续，它植根于人类文明发展漫长的进程中，是传统生态思想和生态价值观的升华；生态文明又是一种新兴的文明形态，是人类在更高发展阶段上，在促进人与自然和谐中所凝结的新价值观。生态文明生动地描绘了人类发展进程中的人与自然和谐共融的美丽画卷，勾勒出人类通往人与自然生命共同体阶段的实现路径。

地质考古发现，地球上的生物大致经过了 5 次大灭绝。自然界生物的繁衍

和灭亡的过程正是自然界优胜劣汰和适者生存规律作用的结果，在生物不断进化的过程中，终于出现了人类这一最伟大的生物种群，也开启了人类文明的时代。人类同其他一切动物最大的区别在于，人类不仅能适应自然并利用自然界的工具开展有意识的活动，而且会发挥主观能动性改造自然，在劳动的过程中改进和发明新的工具。人类在适应自然、改造自然的过程中推动社会生产力的巨大飞跃，也促进了社会更迭，从最初的采集狩猎时代，到农业社会、工业社会，并向信息化社会迈进，生产方式和手段的变革不仅推动了人类社会的进步，而且也缔造了灿烂的文明，见证了人类历史的沉淀与辉煌。从原始文明到农业文明、工业文明，再到向生态文明迈进，生态文明是人类文明发展到一定阶段后出现的新的文明形态。从文明构成的要素来看，文明的主体是人类，人类在改造自然和反省自身的同时创造了物质文明、精神文明、政治文明、社会文明、生态文明等，生态文明又是与其他文明并存的文明形态，可以从纵向的时间继起性和横向的空间并存性来理解生态文明的产生与发展。

（一）纵向发展进程中的人类文明

人类的出现开启了文明的时代，恩格斯在论述人和动物的区别中指出："动物仅仅利用外部自然界，单纯地以自己的存在来使自然界改变；而人则通过他所作出的改变来使自然界为自己的目的服务，来支配自然界。"人类文明的进程实质上就是人与自然的关系不断适应和调整的过程，在不同的发展阶段形成了不同的文化价值观。原始文明—农业文明—工业文明—生态文明的人类文明进步的过程，正是一部人类文明发展史和人类进步史。

1. 原始文明——敬畏自然

原始文明阶段是人类文明史上经历时间最长的一个文明时代，至少存在200多万年的历史。原始社会的生产力水平非常落后，人们的物质生产活动主要是采集和狩猎，即直接向自然界获取维持基本生存所需要的物质。尽管人类已经开始进行有意识的劳动，但由于缺乏必要的技术和技能手段，人们对自然开发和支配的能力极为有限，所使用的工具仅限于简单加工的石器，无法抵御自然灾害的肆虐。在强大的自然力面前，人类显得渺小而无力，人们要经常忍受饥饿、疾病、寒冷和酷热的折磨，时刻警惕猛兽的侵扰，对自然界充满了好奇和敬畏。人类无法解释风、雨、雷、电等自然现象，也畏惧各种生物和非生物，于是在心目中对自然界充满了敬畏，把自然视为是威力无穷的主宰。为了能在强大的自然力支配下生存下来，原始人选择了群居的生活，形成了以部落、社区等为特征的简单的生产关系，并在采集和狩猎中注重集体合作。在同大自然的广泛接触中，人们也开始向自然界学习，从偶然的石块碰撞中发现了摩擦生火，在旧石器时代的晚期还发明了弓箭，推动了以原始工具、手工劳动和简单分工协作为特征的初级生产力的缓慢发展。

在与自然界斗争中，原始人崇拜和畏惧自然，并祈求自然的恩赐和庇佑，出现了各种宗教仪式和宗教崇拜，如图腾崇拜就是氏族公社时期普遍存在的宗教信仰，这可以看作是早期的原始文化价值观。马克思在评价原始社会人类与自然关系时指出："自然界起初是作为一种完全异己的、有无限威力的和不可制服的力量与人们对立的，人们同自然界的关系完全像动物同自然界的关系一样，人们就像牲畜一样慑服于自然界，因而，这是对自然界的一种纯粹动物式的意识（自然宗教）。"原始文明时代，人与自然关系是一种典型的自然中心主义，这也是最原始、最朴素的自然生态观。

2. 农业文明——依赖自然

大约距今 1 万年，人类开始驯养动物、种植庄稼，在一定程度上弱化了对自然界的依赖，农耕的兴起标志着人类从原始社会进入了农业社会，人类文明也从原始文明时代过渡到农业文明时代。人类不再单纯地等待自然界的恩赐和施舍，而是积极地适应自然和改造自然，把对自然力的简单应用扩大到对畜力、水力的利用，青铜器、铁器等发明并在生产工具中的应用大大提高了劳动生产率。生产力的发展推动了艺术的进步，文字、造纸、印刷术等发明和使用，人类文明开始得以记载，正如恩格斯指出："从铁矿的冶炼开始，并由于文字的发明及其应用于文献记录而过渡到文明时代，这一阶段……其生产的进步，要比过去一切阶段的总和还要来得丰富。"农业生产也推动了这一时期的科技进步，我国明代宋应星所著的《天工开物》，是世界上第一部有关农业生产技术的百科全书；古罗马人所著的《论农学》，强调人们要根据季节变化和自然规律安排农业生产活动。

农业文明时代，人们开始精耕细作，充分利用土地，对自然进行一定程度的开发，但是过度开垦、肆意放牧等也对自然平衡和生态系统内部稳定造成了一定的冲击，恩格斯批判农业时代对自然的破坏："美索不达米亚、希腊、小亚细亚以及其他各地的居民，为了得到耕地，把森林都砍光了，但是他们做梦都想不到，这些地方今天因此成为荒芜不毛之地，因为他们使这些地方失去了森林，也就失去了水分的集聚中心和贮藏库。"美国学者弗·卡特和汤姆·戴尔在合著的《表土和人类文明》一书中也提到了自然资源的破坏造成人类文明的衰落："历史上曾经存在过的 20 多个文明，包括尼罗河谷、美索不达米亚平原、地中海地区、希腊、北非、意大利、西欧文明，以及印度河流域、中华文明、玛雅文明等，其中绝大多数地区文明的衰落，皆源于所赖以生存的自然资源遭到破坏，使生命失去支撑能力。"

总体而言，农业文明时代，人类对自然的依赖性还较强，人类对自然的破坏程度也比较有限，没有从根本上影响生态系统的稳定性和循环性。

3. 工业文明——征服自然

18世纪中期，以蒸汽机发明为标志的英国工业革命兴起，标志着人类社会从农业文明时代进入了工业文明时代。机器大生产推动了社会生产力的巨大飞跃，从近代科学诞生到21世纪的新技术革命，在只有400年的工业文明时代，社会生产部门不断更新，生产力飞速发展，人类的物质财富空前增加，资本迅速积累，人类利用自然资源的强度和能力、抵御自然灾害和社会风险的能力，远远超过了过去一切世代的总和。人类已然从依赖自然跨入了征服自然的时代，人们自认为是自然的主人，对自然资源进行无度的索取和开发，同时不顾自然的承载力和可持续性，肆意地向自然排放废弃物，造成了严重的资源浪费和环境污染，各种自然灾害也接踵而来。阿尔温·托夫勒在《第三次浪潮》中批判了工业生产对自然的破坏："当我们的父母还在为第二次浪潮从事改进各种生活条件的同时，也引起了极其严重的后果，一种未曾预见和预防的后果。其中对地球生物圈的破坏也许是无可挽救的。由于工业化现实观基于征服自然的原则，由于它的人口增长，它的残忍无情的技术，和它为了发展而持续不断的需求，彻底地破坏了周围环境，超过了早先任何年代的浩劫。"

工业文明时代虽然带来了人类前所未有的巨大生产力，暂时缓解了生产与需求的矛盾，但是也使人与自然关系恶化到了极点，建立在人对自然的掠夺征服之上的工业文明，完全忽视了自然的再生产能力，突破了自然环境承载的阈值，违背了生态规律，给经济社会发展造成潜在危机，甚至严重威胁了人类生存。

4. 生态文明——敬重自然

生态危机的频发使人们开始反思工业化，人口、粮食、资源、环境与经济发展的不协调，凸显了以牺牲环境为代价的工业化是不可持续的，必须妥善解决经济与生态的矛盾，在经济利益与环境利益之间寻求新的平衡。1962年，美国生物学家蕾切尔·卡逊出版的《寂静的春天》一书，唤醒了民众环境保护的意识，敲响了环境危机的警钟；1972年，罗马俱乐部发表的研究报告《增长的极限》，被奉为"绿色生态运动的圣经"。西方国家生态环境保护意识的觉醒引发了环境保护运动的开展，自下而上的环境保护需求和自上而下的环境保护推动终于促成了国际上开始商讨如何加强合作、共同应对环境与经济发展矛盾的进程。1972年，联合国召开人类环境会议，通过了《人类环境宣言》；1992年，联合国召开环境与发展大会，强调把环境与发展结合起来，走可持续发展的道路；2012年，联合国在里约召开可持续发展大会即"里约+20"峰会，重申了"共同但有区别的责任"原则，维护了国际发展合作的基础和框架，强调可持续发展的国际合作。2014年至今，联合国已经召开了三届联合国环境大会，反复强调加强全球环境治理，号召全球国家加强合作，建立无污染环境社会的重要性。在经济社会发展进入较高阶段后，人类在寻求经济发展与环境保护更高层次的平衡，在探索新型工业化道路进程中推动了人类进入生态文明时代。

生态文明强调人与自然、人与人、人与社会之间相互依存、相互促进、和谐共生、良性循环，这是在物质文明和精神文明发展到较高水平、人们的物质生活水平达到较高水准后对生存环境产生更大期待而形成的文化伦理形态和价值观。生态文明跳出了物质利益思维限制，追求的是精神更加充实、环境更加美好、发展更加可持续的利益，实现人的全面发展进步，体现了对自然的尊重。

(二) 横向发展领域中的生态文明

生态文明既是人类文明发展的传承与创新，同时又具有鲜明的时代性特征，是顺应时代发展需求，着力于解决经济社会面临的重大难题而不断思考、实践探索、总结升华而取得的成果。中国创造性地把生态文明建设纳入到经济建设、政治建设、文化建设、社会建设体系中，形成了“五位一体”的中国特色社会主义事业总体布局。这一总体布局是一个有机整体，生态文明建设与其他方面建设既有分工，又相互协作，其中经济建设是根本，政治建设是保证，文化建设是灵魂，社会建设是条件，生态文明建设是基础，五个方面建设协调推进，形成推动经济发展、政治民主、文化繁荣、社会公正、生态良好的发展格局。与之相对应的也缔造了物质文明、政治文明、精神文明、社会文明和生态文明，这五大文明之间相互协调、相互促进，共同构成现代人类文明体系。

在现代人类文明系统中，物质文明是根本性的文明，是实现其他文明的前提，只有满足最基本的生存物质保障，不断提升发展质量和效益，才会产生对良好生态的需求；政治文明是保障性的文明，党的领导、人民当家做主、依法治国等为人们的生存提供安全稳定的空间，保障人们最基本的生存权和发展权，推动国家治理能力和治理体系现代化；精神文明是激励性的文明，通过核心价值观的塑造引领社会发展新风尚，有利于提高人们的知识文化水平和认识能力，激发人们的创新性和创造性，不断释放经济社会发展的潜力；社会文明是制度性文明，从狭义的角度来看，社会文明是为了保证社会秩序的运行而建立的各种法律法规和制度规范的综合，同时，社会文明着眼于广大人民群众的根本利益，有力地保障了社会公平正义。生态文明是基础性文明，良好的生态环境可以提供可持续的资源能源供给和拓展生存发展空间。五大文明在现代文明体系中分工不同，作用也不同，但相互融合、相互促进，生态文明与其他文明一起处于平等的地位，各司其职。

要发展和繁荣文明，生态文明要先行，只有营造健康优良的生态环境，构建安全的生态屏障，才能避免生态危机的冲击，更充分地发展其他文明，才能有健康的物质文明、精神文明、政治文明和社会文明。同时，当其他文明发展到一定阶段后，科学技术的进步、人们意识水平的提升、制度的完善可以为生态文明建设提供更先进的手段，如新兴资源能源的开发和利用，资源节约和环境友好的产业结构等。生态文明建设有了更加稳定的基础和保障也必然会要求通过建设生态文明来调整人与自然的关系，使人与人、人与社会、人与自然之间达到全面和谐的状态。当然，生态文明建设也会与其他文明建设存在着矛盾，当物质文明建设偏离了科学的轨道，经济发展超过了环境承载阈值，就会伤害生态文明建设；当社会制度建设落后于生态文明建设时，也会阻碍生态文明体制改革的进程；当社会普遍的生态环境保护意识还很薄弱时，生态文明建设就会失去最广泛的民众基础。“生态兴则文明兴，生态衰则文明衰”，因此，要在“五位一体”的总体布局中协调好五大文明之间的关系，把生态文明建设放在突出地位，融入经济建设、政治建设、文化建设、社会建设各方面和全过程，促进五大文明的协调提升，实现经济、社会与环境的协调发展。

二、中国共产党对生态文明建设的探索实践

中华人民共和国成立以来，中国共产党在生态环境保护的探索和实践中不断加深对生态环境变化规律的认识，在处理人口、资源与环境的关系、经济发展与环境保护的关系、资源利用与可持续发展的关系等关系中，中国共产党着眼于人类文明的发展进程提出了生态文明建设的创新思想和理念，并在制度和法律上搭建生态文明建设的顶层设计和实践路径。同时，对人与自然关系的认识不断深化，从征服自然到人与自然的和谐，再到人与自然生命共同体，这一价值观的变迁本身就代表着人类文明的进步。

（一）1949 年到改革开放前的自然灾害防治与环境基础设施建设

长期的战争造成我国森林破坏、土地资源浪费，恶劣的生态环境以及自然灾害防御不足引起我国自然灾害频发，对中华人民共和国成立初期经济的恢复造成了极大的困扰。为了尽快恢复经济、巩固政权，我国开始着手进行环境治理。但由于这一时期社会主义建设的重心主要是集中力量发展经济，生态环境建设基本从属于经济建设。毛泽东同志在 1957 年《关于正确处理人民内部矛盾的问题》中指出：“团结全国各族人民进行一场新的战争——向自然界开战，发展我们的经济。”在人与自然关系中，人的能动性作用被置于更加重要的地位。

中华人民共和国成立初期，面对着频繁出现的自然灾害，生态环境治理主

要集中在抵御自然灾害及其相关的基础设施建设方面。为了防御洪涝灾害，促进农业发展，许多大型水利工程开工建设。毛泽东同志早在1934年，就曾指出："水利是农业的命脉。我们应予以极大的注意。"中华人民共和国成立后，毛泽东先后提出了"要把黄河的事情办好""一定要根治海河""一定要把淮河修好"等分流域综合治理的思想。至改革开放前，我国先后对淮河、黄河、长江、海河、辽河、松花江、珠江等七大流域进行了比较系统的规划治理，三门峡水利枢纽、葛洲坝水利枢纽等大型水利工程建设先后展开，同时还建设了遍布全国的小水利工程，极大抵御了自然灾害，促进了农业生产发展。

为了治理战争造成的大面积荒山秃岭，毛泽东提出了消灭荒地荒山，绿化祖国的任务，并在国内开展了一场轰轰烈烈的植树造林活动。1956年，我国开始了第一个"12年绿化运动"，1958年4月7日，《中共中央国务院关于在全国大规模造林的指示》中指出："迅速地大规模地发展造林事业，对于促进我国自然面貌和经济面貌的改变，具有重大的意义。"周恩来也指出了发展林业不仅具有重要的生态作用，而且也具有重要的经济作用："林业工作为百年工作，我们要一点一点去增加森林，森林不增加，就不能很好地保持水土，森林对农业有很大的影响。"广泛开展的植树造林运动极大提升了我国的森林覆盖率。

20世纪50年代后期，人口控制的问题逐步引起重视，以毛泽东为核心的中国共产党的第一代领导集体在不同场合、以不同形式提出和制定了适合当时条件的、以宣传和教育为主的人口和计划生育政策，为后来我国计划生育国策的出台奠定了思想和理论基础。

在一系列生态环境保护实践的推动下，1973年8月，我国召开了第一次全国环境保护会议，并通过了第一个环境保护文件《关于保护和改善环境的若干规定》。文件上详细指出要从战略上看待环境问题，从采伐森林、开发矿山、兴建大型水利工程、水生资源、水土保持等方面较全面地对生态环境保护进行部署。总体而言，改革开放前，我国生态环境保护主要是以应对自然灾害和防范环境风险为主，服从于经济建设和经济发展，此时的工业化还处于初期阶段，工业化带来的环境问题并不突出。

（二）改革开放初期到21世纪初的可持续发展探索与实践

改革开放后，中国共产党对生态环境建设的重视程度大大提高，1981年党中央制定的《关于在国民经济调整时期加强环境保护工作的决定》中，明确"保护环境是全国人民根本利益所在"，必须"合理地开发和利用资源"。1982年，党的十二大提出要控制人口增长、加强能源开发与节约能源消耗。1984年，国务院通过了《关于环境保护工作的决定》，把生态环境建设上升为我国的一项基本国策，并规定了生态环境保护的具体政策和措施，党的十三大和十四大继续强调环境保护的重要性。在如何推动生态环境保护中，邓小平非常强调科学技术的重要性，主张用科学技术来保护环境，他曾指出“像黄土高原这些水土流失严重的地区，要运用先种草后种树的(生态)技术，把黄土高原建设为绿色草地和现代牧场，这不仅会让人们富起来，也会使自然环境变得更好。”强有力的法律制度也是生态环境保护的重要手段，1989 年 12 月，我国将《中华人民共和国环境保护法（试行)》上升为国家正式法律，确立污染者必须承担治理责任的原则，标志着环境保护法律正式建立，此后，《防治陆源污染物污染损害海洋环境管理条例》《森林法》《草原法》《矿产资源法》等法律法规的陆续出台，为生态环境保护提供了可靠的法律保障。

20 世纪 90 年代后，中国共产党开始关注经济发展与人口、资源环境的协调，在邓小平可持续发展思想的基础上，江泽民把可持续发展上升到国家战略层面，从代际的角度把可持续发展视为是人口、资源与环境相协调发展问题。应 1992 年巴西里约热内卢召开的联合国环境与发展大会上通过的《21 世纪议程》的要求，我国政府于 1994 年通过了《中国 21 世纪议程——中国 21 世纪人口、环境与发展白皮书》，该书明确指出走可持续发展之路，标志着可持续发展思想和战略的正式确立。此后，可持续发展理念被不断强化和深化，1995 年召开的党的十四届五中全会，“实现经济社会可持续发展”被正式载入党的文件中。1997 年，党的十五大强调“我国是人口众多、资源相对不足的国家，在现代化建设中必须实施可持续发展战略”，生态问题被视为是现代化建设的重要和关键性问题。2002 年，党的十六大把“可持续发展能力不断增强，生态环境得到改善，资源利用效率显著提高，促进人与自然的和谐,推动整个社会走上生产发展、生活富裕、生态良好的文明发展道路”写入报告，并作为全面建设小康社会的四大目标之一，生态问题开始与人类文明发展结合在一起，表达出了生态文明建设的理念和思想。

（三）21 世纪初到党的十八大生态文明建设的酝酿与正式提出

可持续发展思想着眼于代际公平及长期的持续利益，在全球范围内得到普遍认同和进一步拓展，生态环境保护也逐渐从各国的国家行动发展成为全球的共同行动。在生态环境保护的实践探索中，中国共产党对人与自然、经济发展与生态环境保护之间的认识更加深刻。2003 年，党的十六届三中全会提出了“坚持以人为本，树立全面、协调、可持续的发展观”，强调“按照统筹城乡发展、统筹区域发展、统筹经济社会发展、统筹人与自然和谐发展、统筹国内发展和对外开放的要求”，推进改革与发展。在对科学发展观完整而全面的表述中，首次明确强调人与自然的和谐。党的十六届六中全会审议通过的《中共中央关于构建社会主义和谐社会若干重大问题的决定》指出，人与自然的和谐相处是社会主义和谐社会的五个基本要求之一，“资源利用效率显著提高，生态环境明显好转”是和谐社会追求的目标之一。人与自然的和谐是把生态环境置于和人同等重要的地位，体现了对自然的尊重。

在如何推进经济发展方式转变上，为了协调经济发展与环境保护的关系，党的十六大提出了走新型工业化道路，即走科技含量高、经济效益好、资源消耗低、环境污染少、人力资源得到充分发挥的工业化道路来改变传统以资源大量消耗和环境污染为代价的工业生产方式。2003 年，中央人口资源环境座谈会提出了要大力发展循环经济，减少废弃物排放，实现自然生态系统与社会经济系统的良性循环。党的十六届五中全会提出要建设资源节约型社会和环境友好型社会，并确定为国民经济和社会发展中长期规划的一项战略任务。此外，生态技术创新、生态环境保护的法律和制度建设也被反复强调提及。党的十七大报告首次正式提出了生态文明，指出要建设生态文明，基本形成节约资源能源和保护生态环境的产业结构、增长方式、消费模式，提出了主要污染物排放得到有效控制、生活质量明显改善以及生态文明观念在全社会牢固树立的小康社会目标。把生态环境保护提升到人类文明发展的高度，并成为全面建设小康社会的目标，同时明确了生态文明建设的内涵和本质，这是中国特色社会主义理论体系的又一创新，是中国共产党执政兴国理念的新发展，是人类文明发展规律的新特征和新形态。

（四）新时代生态文明建设的理论深化与实践升华

党的十九大报告指出：“经过长期努力，中国特色社会主义进入了新时代，这是我国发展新的历史方位。”这是对中国特色社会主义发展所处阶段的重大判断，一般认为，党的十八大是新时代的起点。中国特色社会主义进入新时代，生态文明建设也进入了新时代。党的十八大以来，以习近平同志为核心的党中央从中国特色社会主义事业“五位一体”总体布局和“四个全面”战略布局的战略高度出发，提出了“生态兴则文明兴，生态衰则文明衰”的科学论断，把生态环境的优劣看做是人类文明兴衰的决定性条件。党的十八大报告把生态文明建设融入到各方面建设的全过程，明确提出要全面落实经济建设、政治建设、文化建设、社会建设、生态文明建设五位一体总体布局，凸显生态文明建设的重要地位，同时也对生态文明建设的路径做出了全面部署，提出了美丽中国的生态文明建设目标。党的十八届三中全会通过的《关于全面深化改革若干重大问题的决定》，提出要紧紧围绕建设美丽中国深化生态文明体制改革，加快建立生态文明制度，健全国土空间开发、资源节约利用、生态环境保护的体制机制，生态文明建设提高到从制度层面来加强顶层设计。党的十八届四中全会通过了《中共中央关于全面推进依法治国若干重大问题的决定》，从法制上对生态文明建设提出了更高要求，规定“用严格的法律制度保护生态环境”，促进生态文明建设，为生态文明建设提供了最根本的法律保障。党的十八届五中全会把绿色发展作为发展新理念之一，这是对经济建设和社会发展的新思考，是对中国及世界发展规律的新认识。在具体实践中，我国建起了最严格的生态环境损害赔偿和责任追究制度，建立了科学的政绩考核和经济社会发展考核评价体系，建立了环境保护督察工作制度，逐渐构建了我国生态文明建设的制度框架。在制度的保障下建立起人与自然生命共同体的生态安全屏障，从生态系统的整体性出发真正做到像保护眼睛一样保护生态环境，像对待生命一样对待生态环境，不仅要维护国内的生态安全，还要为维护全球生态安全做出积极贡献。

党的十九大报告指出要加快生态文明体制改革，建设美丽中国，提出了要“像对待生命一样对待生态环境”“实行最严格的生态环境保护制度”等论断，生态文明建设已经提升到与人类命运紧密相连的高度，生态环境的改善可以提供更多优质生态产品满足人民日益增长的美好生活需要。党的十九大对如何推进生态文明建设做出了高度的战略部署，如建立健全绿色低碳循环发展的经济体系，构建市场导向的绿色技术创新体系，着力解决突出环境问题，打赢污染防治攻坚战，实施重要生态系统保护和修复重大工程，构建生态廊道和生物多样性保护网络，等等，不断向美丽的社会主义现代化强国目标迈进。新时代生态文明建设推动了人类文明发展向前跨越了一大步，也为全球生态问题的解决作出中国特有的贡献。2018 年 5 月 18 ～19 日，我国召开了第八次全国生态环境保护大会，这是党的十八大以来，首次在全国层面召开的、以生态环境保护为主题的大会。会议提出新时代推进生态文明建设必须要坚持好的六大原则、需要把握的五方面要求、需要建立健全的五方面内容、建立美丽中国的两个阶段目标，为生态环境保护和打好污染防治攻坚战做出了全面部署，为新时代生态文明建设做出了具体安排。

三、十九大开启我国生态文明建设新时代

党的十九大报告系统阐述了习近平新时代生态文明建设思想，是深化人与自然和谐发展的行动指南，开启了生态文明建设新时代。

（一）提升生态文明建设理念新高度

党的十八大以来，习近平总书记围绕生态文明建设和生态环境保护作出一系列重要讲话、重要论述和批示指示，提出一系列新理念新思想新战略，系统

论述了为什么建设生态文明、建设什么样的生态文明、怎样建设生态文明，深刻回答了生态文明建设中的重大理论和实践问题，构建了社会主义生态文明观，形成了习近平生态文明建设重要战略思想，成为习近平新时代中国特色社会主义思想的重要组成部分。

生态兴则文明兴、生态衰则文明衰。良好的生态环境是人类文明形成和发展最为基础的条件。从世界和中华民族的文明历史看，生态环境的变化直接影响人类文明的兴衰更替。古中国、古巴比伦、古埃及、古印度四大文明古国无不发源于水量丰沛、田野肥沃、森林茂密的地区。生态的严重破坏则会导致文明的衰落或中心的转移。18 世纪中叶，美索不达米亚、希腊、小亚细亚等地原本是欧洲大地上的一片沃土，当地居民为了得到耕地，砍伐大片森林，一百多年后，这些地方已成为不毛之地。人类文明要向前持续发展就必须处理好人与生态环境的关系，像保护眼睛一样保护生态环境，像对待生命一样对待生态环境，守护好我们身边的每一条河流、每一寸土地、每一棵树木，建设天蓝、地绿、水净的美好家园。

人与自然是生命共同体。习近平总书记曾明确指出："你善待环境，环境是友好的；你污染环境，环境总有一天会翻脸，会毫不留情地报复你。这是自然界的规律，不以人的意志为转移。"楼兰古城的衰落、古丝绸之路的湮没，这些深刻的教训，无不诉说着自然遭受人类破坏的痛楚。人类在开发自然、利用自然的过程中要坚守生态保护"底线思维"，尊重自然、顺应自然、保护自然。在建设社会主义现代化强国的路上，必须把生态文明建设摆在全局中更加突出位置，坚持节约优先、保护优先、自然恢复为主的方针，推动形成人与自然和谐发展的现代化建设新格局。

绿水青山就是金山银山。2005 年 8 月 15 日，时任浙江省委书记的习近平在安吉考察时首次提出"绿水青山就是金山银山"这一科学论断，明确提出"生态环境优势转化为生态农业、生态工业、生态旅游等生态经济的优势，那么绿水青山也就变成了金山银山"。绿水青山就是金山银山，深刻揭示了保护自然就是增值自然价值和自然资本的过程，提出生态化应贯穿和渗透到生产力的各个环节、各个方面和各个过程之中，实现生产要素、生产环节、生产过程和生产目标的生态化；指明了实现经济发展与自然保护内在统一、相互促进、协调共生的关系。在建设社会主义强国的路上，处理好经济发展与自然保护的关系，推动形成绿色发展方式和生活方式，实现经济发展和自然保护的良性互动。

良好生态环境是最普惠的民生福祉。2013 年 4 月，习近平总书记在海南考察时指出，"良好生态环境是最公平的公共产品，是最普惠的民生福祉"。良好的生态环境是提高人民生活水平、改善人民生活质量、提升人民获得感、安全感和幸福感的基础和保障，是覆盖面最广、最普惠的民生福祉。在生态文明建设实践中，必须不断完善《生态文明建设目标评价考核办法》，通过科学的制度安排来扭转不健康的政绩观，扭转片面追求经济发展、GDP提升、就业拉动的错误发展观；纠正狭隘民生观念，解百姓生态环境之忧，坚决打好污染防治攻坚战，提高优质生态系统生态产品供给能力，不断满足人民日益增长的优美生态环境需要，提升人民群众获得感、安全感和幸福感。

统筹山水林田湖草系统治理。习近平总书记指出，“坚持山水林田湖是一个生命共同体的系统思想。这是党的十八届三中全会确定的一个重要观点。生态是统一的自然系统，是各种自然要素相互依存而实现循环的自然链条，……人的命脉在田，田的命脉在水，水的命脉在山，山的命脉在土，土的命脉在树。”树立山水林田湖草是一个生命共同体的理念，按照生态系统的整体性、系统性及内在规律，统筹考虑自然生态各要素、山上山下、地上地下、陆地海洋以及流域上下游，进行整体保护、系统修复、综合治理；实施重要生态系统保护和修复重大工程，优化生态安全屏障体系，构建生态廊道和生物多样性保护网络；健全完善山水林田湖草系统治理和保护管理制度，构建现代化的生态系统治理体系和治理能力，提升生态系统循环能力和健康与持续发展水平。

实行最严格的生态环境保护制度。习近平总书记强调，“只有实行最严格的制度、最严密的法治，才能为生态文明建设提供可靠保障。”生态文明制度建设侧重于生态文明的静态规定，生态文明法治建设侧重于生态文明的动态管理，只有将生态文明制度建设和法治建设协调统一起来，才能在现阶段突破一切阻力，形成生态文明建设的新局面。必须实行最严格的干部考核评价制度，准确把握生态文明建设方向；实行最严格的责任追究制度，推进生态文明可持续建设；实行最严格的环境损害赔偿制度，追究损害生态环境者赔偿责任；建立最严密的环境执法体制，提高环境法律的执行力。

全社会共同参与生态文明建设。习近平总书记强调，“生态文明建设同每个人息息相关，每个人都应该做践行者、推动者。”生态文明建设需要汇聚全社会的智慧和力量，是全社会共同参与、共同建设、共同享有的事业。必须依托“六·五”世界环境日、世界地球日等纪念活动加强生态文明宣传教育，积极引导社会舆论，强化公民环境意识，推动形成节约适度、绿色低碳、文明健康的生活方式和消费模式，形成全社会共同参与和深入参与的良好风尚，努力把建设美丽中国化为全体人民的自觉行动。

建设清洁美丽的世界。习近平总书记强调，“人类是命运共同体，建设绿色家园是人类的共同梦想。”绿色是人类共同的价值诉求。绿色关系全人类的福祉和未来，也孕育着世界发展的历史性机遇。世界各国应积极推动生态绿色外交和绿色国际合作，共同维护全球生态安全，共同建设天蓝、地绿、水净的美丽世界，携手步入生态文明建设新时代。我们在建设美丽中国的同时，推动亚太区域合作，绘制更美蓝图；共建绿色丝绸之路，打造合作新亮点；主动适应生态全球化的趋势，参与全球生态治理实践，促进全球生态治理体系的建立，为建设清洁美丽的世界提供中国理念、中国方案和中国贡献。

（二）绘制生态文明建设路线图

党的十八大以来，我国环境保护和治理以解决人民群众反映强烈的大气、水、土壤污染等突出问题为重点，全面加强环境污染防治。被称为“水十条”“气十条”和“土十条”的《水污染防治行动计划》《大气污染防治行动计划》《土壤污染防治行动计划》陆续出台，环境质量稳步改善。压减燃煤、淘汰黄标车、整治排放不达标企业，启动大气污染防治强化督查……一系列的环保重拳出击，带来更多蓝天碧水。五年来，我国年均新增造林面积超过9000万亩。森林质量提升，良种使用率从51%提高到61%，造林苗木合格率稳定在90%以上，累计建设国家储备林4895万亩。恢复退化湿地30万亩，退耕还湿20万亩。我国治理沙化土地1.26亿亩，荒漠化沙化呈整体遏制、重点治理区明显改善的态势，沙化土地面积年均缩减1980平方公里，实现由“沙进人退”到“人进沙退”的历史性转变。2017年，全国燃煤机组累计完成超低排放改造约6.4亿千瓦，占煤电总装机容量的68%，节能改造约5.3亿千瓦，提前两年多完成2020年改造目标，大气污染物排放指标跃居世界先进水平，已形成世界最高效清洁的煤电系统。全面实施第五阶段机动车排放标准和清洁油品标准，2014～2016年累计淘汰黄标车和老旧车1620多万辆。与2013年相比，2016年京津冀地区PM2.5平均浓度下降了33%、长三角区域下降31.3%、珠三角区域下降31.9%。全国酸雨面积占国土面积比例由历史高点的30%左右下降到2016年的7.2%。地表水国控断面Ⅰ～Ⅲ类水体比例增加到67.8%，劣Ⅴ类水体比例下降到8.6%，大江大河干流水质稳步改善。

然而，随着环境治理措施深入推进，留下的很多环境问题都是“难啃的硬骨头”，复杂性增加，解决的难度加大，污染治理和环境质量改善的任务十分艰巨。为此，党的十九大报告对生态文明建设和生态环境保护作出了一系列新部署。到2020年，坚决打好污染防治攻坚战，使全面建成小康社会得到人民认可、经得起历史检验；到2035年，生态环境根本好转，美丽中国目标基本实现；到21世纪中叶，把我国建成富强民主文明和谐美丽的社会主义现代化强国。我国人民将享有更加幸福安康的生活，中华民族将以更加昂扬的姿态屹立于世界民族之林。

为此，习近平总书记在中央财经委员会第一次会议上强调，污染防治攻坚战是决胜全面建成小康社会三大攻坚战的重要组成部分。我们应打赢蓝天保卫战，打好柴油货车污染治理、城市黑臭水体治理、渤海综合治理、长江保护修复、水源地保护、农业农村污染治理等标志性的重大战役，把它们作为打好污染防治攻坚战的突破口和“牛鼻子”。我们应细化打好污染防治攻坚战的重大举措，尊重规律，坚持底线思维，以重点突破带动整体推进，确保到2020年使主要污染物排放总量大幅减少，生态环境质量总体改善。我们应坚持源头防治，调整“四个结构”，做到“四减四增”。一是要调整产业结构，减少过剩和落后产业，增加新的增长动能。二是要调整能源结构，减少煤炭消费，增加清洁能源使用。三是要调整运输结构，减少公路运输量，增加铁路运输量。四是要调整农业投入结构，减少化肥农药使用量，增加有机肥使用量。

我们既要打好污染防治攻坚战，全面建成小康社会，又要乘势而上开启全面建设社会主义现代化国家新征程。实现中华民族伟大复兴，是近代以来中国人民最伟大的梦想。全面建成涵盖美丽目标在内的社会主义现代化强国，承载着近代以来中国人民实现中华民族伟大复兴的夙愿和梦想。习近平总书记指出：“走向生态文明新时代，建设美丽中国，是实现中华民族伟大复兴中国梦的重要内容。”中国梦的基本内涵是实现国家富强、民族振兴、人民幸福。从国家富强来看，我们要树立和践行“绿水青山本身就是金山银山”理念，把资源转变为资产，把生态资本转变为发展资本，把生态优势转变为经济优势，实现“绿色富国”新常态，共享最持久的绿色福利。从民族振兴看，建设生态文明是中华民族永续发展的千年大计，功在当代，利在千秋。我们应坚定不移地扛起生态文明建设的历史责任，贯彻落实绿色发展理念，为中华民族赢得永续发展的美好未来。从人民幸福来看，中国梦既是整个民族的梦想，同时又是由无数人民群众的梦想汇聚而成。我们应形成绿色发展方式和生活方式，坚定走生产发展、生活富裕、生态良好的文明发展道路，建设美丽中国，为人民群众绘就诗意栖居的美丽图景，让天更蓝、山更绿、水更清、生态环境更美好。

（三）推进生态文明建设的全景蓝图

党的十八大把生态文明建设纳入中国特色社会主义事业“五位一体”总体布局，十八届三中全会通过的《中共中央关于全面深化改革若干重大问题的决定》进一步强调了生态文明制度建设，提出紧紧围绕建设美丽中国深化生态文明体制改革。十八届四中全会要求用严格的法律制度保护生态环境。十八届五中全会审议通过“十三五”规划建议，将绿色发展作为“十三五”乃至更长时

链接 1-1
2015 年我国生态文明建设领域出台的主要制度

时间	制度名称	主要内容
2015 年 1 月 1 日	被称为“史上最严”的新《环境保护法》正式实施	严格环境执法，“铁腕治污”全面推进。重拳整治环评“红顶中介”，开展环保综合督查、环保约谈，建立行政执法与刑事执法协调配合机制，环境保护部、公安部和最高人民检察院对环境违法案件联合挂牌督办，检察机关重点对生态环境和资源保护领域的案件提起行政公益诉讼，全力推进污染治理
2015 年 4 月	中办、国办印发《关于加快推进生态文明建设的意见》	明确了生态文明建设的总体要求、目标愿景、重点任务和制度体系，提出协同推进新型工业化、城镇化、信息化、农业现代化和绿色化。这是中央就生态文明建设作出全面专题部署的第一个文件，也是当前和今后一个时期推动我国生态文明建设的纲领性文件
2015 年 4 月	国办印发《水污染防治行动计划》	突出深化改革和创新驱动思路，坚持系统治理、改革创新理念，按照“节水优先、空间均衡、系统治理、两手发力”的原则，突出重点污染物、重点行业和重点区域，注重发挥市场机制的决定性作用、科技的支撑作用和法规标准的引领作用，加快推进水环境质量改善。这是当前和今后一个时期全国水污染防治工作的行动指南
2015 年 8 月	十二届全国人大常委会第十六次会议通过新修订的《大气污染防治法》	《大气污染防治法》制定于 1987 年，在 1995 年、2000 年先后做过两次修改。修订后《大气污染防治法》提出建立大气环境保护目标责任制和考核评价制度，对大气污染防治标准和限期达标规划、大气污染防治的监督管理、大气污染防治措施、重点区域大气污染联合防治、重污染天气应对等内容作了规定，提高大气污染违法行为的处罚力度
2015 年 9 月	中办、国办印发《生态文明体制改革总体方案》	《总体方案》提出的 8 项制度，是生态文明体制建设的“四梁八柱”。包括健全自然资源资产产权制度、建立国土空间开发保护制度、建立空间规划体系、完善资源总量管理和全面节约制度、健全资源有偿使用和生态补偿制度、建立健全环境治理体系、健全环境治理和生态保护市场体系、完善生态文明绩效评价考核和责任追究制度等
2015 年 10 月	党的十八届五中全会通过了《中共中央关于制定国民经济和社会发展第十三个五年规划的建议》	提出创新、协调、绿色、开放、共享的新发展理念，形成我国发展理念集合体。绿色发展成为指导“十三五”乃至更长时期我国经济社会发展的基本理念，引领实现人民富裕、国家富强、中国美丽以及中华民族永续发展

链接 1-2
2016 年我国生态文明建设领域出台的主要制度

时间	制度名称	主要内容
2016 年 5 月	国办印发《土壤污染防治行动计划》	从摸清情况到依法治土，从分类管理到风险管控，从推进修复到明确责任，对我国土壤污染防治工作做出了系统而全面的规划及行动部署
2016 年 5 月	国办印发《关于健全生态保护补偿机制的意见》	从建立稳定投入机制、完善重点生态区域补偿机制、推进横向生态保护补偿、健全配套制度体系、创新政策协同机制、结合生态保护补偿推进精准脱贫、加快推进法制建设等 7 个方面推进生态保护补偿体制机制创新
2016 年 8 月	中办、国办印发《关于设立统一规范的国家生态文明试验区的意见》	明确了设立统一规范的国家生态文明试验区的总体要求、试验重点，试验区设立、统一规范各类试点示范、组织实施，为完善生态文明制度体系探索路径、积累经验
2016 年 8 月	中国人民银行等 7 部委发布《关于构建绿色金融体系的指导意见》	提出大力发展绿色信贷，推动证券市场支持绿色投资，设立绿色发展基金、通过政府和社会资本合作（PPP）模式动员社会资本，发展绿色保险，完善环境权益交易市场、丰富融资工具，支持地方发展绿色金融，推动开展绿色金融国际合作
2016 年 9 月	中办、国办印发《关于省以下环保机构监测监察执法垂直管理制度改革试点工作的指导意见》	明确了地方党委和政府、环保部门、相关部门责任和环保机构、环境监察、环境监测、环境执法等领域的改革要求，核心改革路径可概括为“两个加强、两个聚焦、两个健全”
2016 年 11 月	国家发展改革委等 8 部门共同发布《耕地草原河湖休养生息规划（2016～2030 年）》	提出到 2020 年和 2030 年我国耕地草原河湖有序休养生息的目标和路线图，通过突出降低开发利用强度，坚持分类科学施策，注重建立长效机制，强调稳妥有序推进耕地草原河湖有序休养生息
2016 年 12 月	国办印发《“十三五”生态环境保护规划》	以提高环境质量为核心，提出了“十三五”生态环境保护的 12 项约束性指标和多个预期性指标，强调要把生态环境保护目标、任务、措施和重点工程纳入本地区国民经济和社会发展规划
2016 年 12 月	十二届全国人大常委会第二十五次会议表决通过《中华人民共和国环境保护税法》	这是我国第一部单行税法，也是我国第一部专门体现“绿色税制”、推进生态文明建设的单行税法
2016 年 12 月	中办、国办印发《关于全面推行河长制的意见》	全面推行河长制，以保护水资源、防治水污染、改善水环境、修复水生态为主要任务，构建河湖管理保护机制，加强对河长的绩效考核和责任追究
2016 年 12 月	中办、国办印发《生态文明建设目标评价考核办法》	建立了生态文明建设目标指标，将其纳入党政领导干部评价考核体系，“绿色发展指数”成考核重点，重点强调“党政同责”与“一岗双责”，“年度评价”与“五年考核”相结合

链接 1-3
2017 年我国生态文明建设领域出台的主要制度

时间	制度名称	主要内容
2017 年 1 月 1 日起	中办、国办印发《关于划定并严守生态保护红线的若干意见》	以改善生态环境质量为核心,以保障和维护生态功能为主线,按照山水林田湖系统保护的要求,划定并严守生态保护红线,实现一条红线管控重要生态空间,确保生态功能不降低、面积不减少、性质不改变
2017 年 4 月	国办印发《关于禁止洋垃圾入境推进固体废物进口管理制度改革实施方案》	全面禁止洋垃圾入境,完善进口固体废物管理制度;切实加强固体废物回收利用管理,大力发展循环经济,切实改善环境质量、维护国家生态环境安全和人民群众身体健康
2017 年 4 月	中办、国办印发《领导干部自然资源资产离任审计规定(试行)》	明确领导干部自然资源资产离任审计工作主要的审计内容,并对审计机关和被审计领导干部及其所在地区、部门(单位)贯彻落实领导干部自然资源资产离任审计工作提出整体要求
2017 年 8 月	中办、国办印发《生态环境损害赔偿制度改革方案》	明确生态环境损害赔偿范围、责任主体、索赔主体、损害赔偿解决途径等,形成相应的鉴定评估管理和技术体系、资金保障和运行机制,逐步建立生态环境损害的修复和赔偿制度,加快推进生态文明建设
2017 年 9 月	中办、国办印发《建立国家公园体制总体方案》	以加强自然生态系统原真性、完整性保护为基础,以实现国家所有、全民共享、世代传承为目标,理顺管理体制,创新运营机制,健全法治保障,强化监督管理,构建统一规范高效的中国特色国家公园体制,建立分类科学、保护有力的自然保护地体系
2017 年 10 月	环境保护部、国家发改委、水利部联合发布《重点流域水污染防治规划(2016~2020 年)》	分析水污染防治基本形势,提出水环境质量改善总体要求,明确重点规划任务以及具体的规划项目,首次覆盖全国重点流域,为各地水污染防治工作提供了指南

期我国经济社会发展的一个基本理念。

2015 年，中共中央、国务院出台《关于加快推进生态文明建设的意见》《生态文明体制改革总体方案》，共同形成今后相当一段时期中央关于生态文明建设的长远部署和制度构架，开启了生态文明体制改革工作以“1+6”方式全面展开的格局。“1”就是《生态文明体制改革总体方案》，“6”就是出台的 6 个配套方案，包括《环境保护督察方案（试行）》《生态环境监测网络建设方案》《开展领导干部自然资源资产离任审计的试点方案》《党政领导干部生态环境损害责任追究办法（试行）》《编制自然资源资产负债表试点方案》《生态环境损害赔偿制度改革试点方案》。

2016年全国两会审议批准“十三五”规划纲要，将生态环境质量改善作为全面建成小康社会目标，提出加强生态文明建设的重大任务举措。这些文件的密集出台，描绘了中央关于生态文明建设的顶层设计图，为深入推进生态文明建设工作指明了方向。

党的十九大报告强调建设生态文明是中华民族永续发展的千年大计，从“推进绿色发展”“着力解决突出环境问题”“加大生态系统保护力度”“改革生态环境监管体制”等方面对生态文明建设作出了全面部署，要求牢固树立社会主义生态文明观，践行“绿水青山就是金山银山”的理念，推动形成人与自然和谐发展的现代化建设新格局。

（四）构筑绿色发展方式和生活方式

党的十九大报告指出，推动形成绿色发展方式和生活方式。这是发展观的一场深刻革命。践行绿色发展方式，应以绿色为导向进行资源配置和技术创新，推进企业生产方式绿色化，产业结构绿色调整和布局，形成节约资源和保护环境的生产方式和产业结构。这就要进一步健全市场机制，让市场价格信号引导资源绿色配置，用市场手段解决制约绿色发展的深层次矛盾和问题。此外，绿色技术创新和应用是绿色发展的重要支撑。当前，我国技术创新还不能完全满足绿色发展需要，需加大研发投入力度，攻克一批节能技术装备、环保技术装备、资源循环利用技术装备的核心技术，为改善环境质量、建设美丽中国提供坚实的技术支撑。

践行绿色生活方式要从家庭、学校教育抓起，积极培育生态文化、生态道德，转变全社会价值观、生活观和消费观，使民众树立绿色增长、共建共享的理念，将环保意识转化为保护环境的意愿和行动。倡导民众使用绿色产品，参与绿色志愿服务，使绿色消费、绿色出行、绿色居住成为民众的自觉行动，让民众在充分享受绿色发展所带来的便利和舒适的同时，更自觉地履行绿色责任，按自然、环保、节俭、健康的方式生活。

（五）维护全球生态安全新作为

保护生态环境，应对气候变化，维护能源资源安全，是全球面临的共同挑战。建设生态文明关乎人民福祉，关乎人类未来。党的十九大报告呼吁，各国人民同心协力，构建人类命运共同体，建设持久和平、普遍安全、共同繁荣、开放包容、清洁美丽的世界。要在建设清洁美丽世界的进程中，为全球生态安全作出贡献，为人类生态文明作出充满中国智慧的贡献。

链接 1-4
2017 中国绿色发展优秀城市和中国最具影响力绿色企业品牌

2017 年 12 月 15 日，由新华网主办、中国环境科学学会协办、绿色全域（北京）文化传媒有限公司承办的第四届中国绿色发展与生态建设峰会暨《中国绿色发展典范案例汇编（2017）》发布仪式在京开幕。峰会以“绿动中国，绿创未来”为主题，评选出 50 个“2017 中国绿色发展优秀城市”’与 36 个“2017 中国最具影响力绿色企业品牌”。

50 个“2017 中国绿色发展优秀城市”

所属省份	城市	城市简介
四川	成都市	素有“天府之国”美誉，是国家历史文化名城，中国著名旅游城市，南方丝绸之路的起点
	广元市	全国第二批国家低碳试点城市，宜居、宜业、宜养、宜游的低碳城市正在建成
	荣县	坚持绿色发展理念 打造西部丘区可持续发展示范
	大英县	坚持生态立县，精心设计筑牢“生态屏障”
甘肃	玉门市	丝绸之路璀璨的明珠，石油工业的摇篮，“铁人”王进喜的故乡。全国重要的新能源基地，被称为“世界风口”
海南	万宁市	全市森林覆盖率 67.2%，建成区绿化覆盖率 42.7%，人均公园绿地面积为 13.2 平方米，被誉为“南国天然药库”
	琼中黎族苗族自治县	海南“三江”（南渡江、昌化江、万泉河）流域重要的生态屏障，也是海南生态保护核心区
江苏	东台市	以智慧做优绿色经济，以绿色妆点城市生活，以生态实现旅游富民
	盐城市	努力探索出一条人与自然和谐相处、经济发展与环境保护互补共赢的绿色发展新路
	高邮市	坚持把生态文明建设作为优先发展战略，以生态项目建设为抓手，推进江淮生态大走廊建设
	如皋市	坚持把群众满意作为工作的出发点和落脚点，做到创建生态普惠于民
	邳州市	“中国民间艺术之乡”“中国书法之乡”“中国玉雕之乡”“中国大蒜之乡”“中国银杏之乡”“中国板材之乡”让绿色成为“生态邳州”的底色
	沛县	素有“千古龙飞地、一代帝王乡”之美誉，先后获得“全国文明县城”“国家园林县城”等 10 多项国家级荣誉称号
	海安县	著名的“鱼米之乡”“茧丝绸之乡”“禽蛋之乡”获批“国家生态县”

（续）

所属省份	城市	城市简介
安徽	泾县	位于“两山一湖”的腹地，“枕徽襟池，缘江带河”，素誉“山川清淑、秀甲江南”
	淮北市	推进生态文明建设，打造山水生态城市
	界首市	科技创新，推动绿色发展，全国循环经济先进县、全国有色金属绿色循环利用示范县
吉林	通化市	素有“绿色立体宝库”之称，被誉为“中国中药之乡”“人参之乡”“优质大米之乡”“松花砚之乡”和“滑雪之乡”
黑龙江	齐齐哈尔市铁锋区	在绿色产业、生态建设、环境保护方面作出了积极的摸索，绿色发展态势初步形成
	七台河市	一座因煤而生、缘煤而兴的新兴工业城市
浙江	缙云县	素有“黄帝缙云，人间仙都”的美誉；走绿色发展之路，建设“缙云大花园”
	天台县	“唐诗之路”目的地和徐霞客游记开篇地，以绿色发展为主题，推进天台“名县美城”建设
	仙居县	浙东南一个“八山一水一分田”的加快发展县，先后被评为“国家级生态县”“‘美丽中国’十佳旅游县”“中国百佳深呼吸小城”
福建	南平市延平区	地处闽江上游，依山傍水、山环水绕，生态资源丰富；形成绿色生活方式和消费模式，形成人与自然和谐发展
	宁德市	一座融山、海、川、岛、湖、港、城为一体的滨海城市
云南	普洱市	我国首个国家绿色经济试验示范区，有“天赐普洱・世界茶源”“中国咖啡之都”的美誉
	红河哈尼族彝族自治州	因美丽的红河穿境而过得名，享有“滇南生物基因库”的美誉
贵州	松桃经济开发区	确立产城景融合发展战略，走出绿色、生态、可持续发展的新路
	惠水县	山水田园梦，惠水好花红，被誉为“好花红故乡”
	贵阳市	把生态文明建设放在突出位置，获批建设全国首个生态文明示范城市并取得阶段性成效
	开阳县	具有“中国绿色磷都”“喀斯特生态世界公园”等美誉
湖南	株洲市	从重工业城市“蝶变”成天蓝、水碧、山绿、城美的现代生态宜居之城
广东	连山壮族瑶族自治县	具有丰富的生物多样性，粤西北地区重要的水源涵养保护区，粤西北地区安全的生态屏障
	云浮市	西江水源的重要涵养地和珠三角的重要生态屏障，全市森林覆盖率达 69.6%，有利用价值的药用植物 164 科 670 余种
河南	南召县	花卉苗木大县，基本格局是“七山一水一分田、一分道路和庄园”
	禹州市	境内山峦环抱，资源富集，山川秀美，被誉为“华夏第一都”，以钧瓷文化、夏禹文化、中医药文化等著称
	许昌市	坚持绿色发展新理念，构筑城市发展新生态
	栾川县	中原地区重要的生态旅游热线和休闲度假胜地，首批中国旅游强县
	西平县	活立木蓄积总量 179.1 万立方米，形成了山区油桐、平原杂果的林果发展格局

（续）

所属省份	城市	城市简介
湖北	武汉市蔡甸区	在全武汉市率先成功创建省级生态区，成为全省绿色发展的典范
陕西	佛坪县	增值绿色资源，守护国家绿"肺"；是"大熊猫的家园"和"中国山茱萸之乡"，被誉为"生物基因库""中国熊猫第一县"
	洛南县	保留着秦岭原乡风貌，孕育了珍稀名贵的动植物资源；盛产远近闻名的洛南烟叶，更是久负盛名的"中国核桃之乡"
重庆市	垫江县	中国山水牡丹发源地、"中国牡丹之乡"，著名的"书画之乡""铜管乐之乡""中国石磨豆花美食之乡"
	铜梁区	入围全国百佳深呼吸城市，荣获中国美丽乡村建设典范区、全国休闲农业与乡村旅游示范区、全国绿色生态示范区、全国卫生城区等殊荣
	渝中区	重庆的"母城"，孕育了重庆的"根"和"源"，浓缩了山城、江城、不夜城的精华，展现着"老重庆底片、新重庆客厅"的魅力神韵
天津市	中新天津生态城	始终坚持生态优先、绿色发展的理念，围绕建设宜居生态城市目标，积极探索绿色发展路径
江西	赣州市	全市40.4%的区域列入国家重点生态功能区，全国十八个重点林区和十大森林覆盖率最高的城市之一，享有"生态家园"美誉
	德兴市	有1577种野生植物，有千年古樟、南方红豆杉、四世同堂银杏等诸多古树名木。境内矿藏资源丰富，素有"金山""银城""铜都"之美誉
	信丰县	自古以"饶谷多粟，人信物丰"著称，居贡水支流桃江中游，点燃绿色发展引擎
山东	庆云县	绿色产业构筑发展新动能

36个"2017中国最具影响力绿色企业品牌"

中国石油化工集团公司	兖州煤业股份有限公司	河钢集团有限公司	云天化集团有限责任公司
新兴铸管股份有限公司	广西柳州钢铁集团有限公司	四川省宜宾五粮液集团有限公司	中国机械设备工程股份有限公司
上海电力股份有限公司	中煤平朔集团有限公司	国网浙江省电力有限公司	国家电投集团黄河上游水电开发有限责任公司
湖北省交通投资集团有限公司	云南建设基础设施投资股份有限公司	广州万力集团有限公司	内蒙古呼和浩特金谷农村商业银行股份有限公司
绿色动力环保集团股份有限公司	京能集团北京京西燃气热电有限公司	北京环境卫生工程集团有限公司	贵州开磷控股（集团）有限责任公司
台达集团	中国对外贸易中心（集团）	华帝股份有限公司	武汉光谷蓝焰新能源股份有限公司
贵州宏立城集团	安徽国祯环保节能科技股份有限公司	河北欣意电缆有限公司	理昂生态能源股份有限公司
飞翼股份有限公司	小黄车（北京）数据服务有限公司	力合科技（湖南）股份有限公司	四川川环科技股份有限公司
北京中咨海外咨询有限公司	山东美佳集团有限公司	景德镇市国信节能科技股份有限公司	东阿阿华医疗科技有限公司

长期以来，习近平总书记强调，国际社会应该携手同行，共谋全球生态文明建设之路，牢固树立尊重自然、顺应自然、保护自然的意识，坚持走绿色、低碳、循环、可持续发展之路。在这方面，中国积极承担应尽的国际义务，积极作出自己的贡献，同时同世界各国平衡推进2030年可持续发展议程，深入开展生态文明领域的交流合作，敦促发达国家承担历史性责任和兑现环境治理承诺，推动成果分享，携手共建生态良好的地球美好家园，推动全球的可持续发展和人的全面发展。

作为世界上最大的发展中国家，中国采取切实行动积极参与全球环境治理，提出建设性方案，贡献中国智慧，展现负责任有担当的大国风范。中国为全球环境治理进程作出了不可替代的贡献。2015年年底，习近平主席出席气候变化巴黎大会，系统提出应对气候变化、推进全球气候治理的中国主张，以最积极的姿态推动巴黎气候协定达成。大会为国际社会应对气候变化制定新的规划，为2020年后的全球合作应对气候变化明确了方向，标志着合作共赢、公正合理的全球气候治理体系正在形成。习近平主席主张，巴黎气候协议要平衡处理减缓、适应、资金、技术等各个要素，拿出切实有效的执行手段。协议必须遵循气候变化框架公约的原则和规定，特别是《联合国气候变化框架公约》所确立的共同但有区别的责任原则、公平原则、各自能力原则。世界各国要立足行动，抓好成果落实，根据本国国情，提出应对气候变化的自主贡献。发达国家要履行在资金和技术方面的义务，落实到2020年每年提供1000亿美元的承诺，并向发展中国家转让气候友好型技术。2016年9月，中国在二十国集团领导人杭州峰会倡议二十国集团发表了首份气候变化问题主席声明，率先签署了《巴黎协定》。习近平主席根据全国人大常委会的决定批准了《巴黎协定》，向联合国交存批准文书，这是中国政府在应对气候变化领域作出的新的庄严承诺。

2013年9月和10月，习近平主席在出访中亚和东南亚国家期间，先后提出共建“丝绸之路经济带”和“21世纪海上丝绸之路”的重大倡议，得到国际社会高度关注。为推进实施“一带一路”重大倡议，2015年中国政府特制定并发布《推动共建丝绸之路经济带和21世纪海上丝绸之路的愿景与行动》，明确提出共建绿色丝绸之路，强调在投资贸易中突出生态文明理念，加强“一带一路”沿线国家和地区在生态环境、生物多样性和应对气候变化等领域的交流与合作。随着“一带一路”建设的深入推进，“一带一路”建设所推动的绿色发展，不仅惠及发展中国家，而且惠及发达国家；不仅惠及参与国，而且惠及整个世界。

此外，作为世界上最大的发展中国家，中国在“国家自主贡献”中提出将于2030年左右使二氧化碳排放达到峰值，并争取尽早实现，2030年单位国内生产总值二氧化碳排放比2005年下降60%～65%，非化石能源占一次能源消费比重达到20%左右，森林蓄积量比2005年增加45亿立方米。这需要中国付出艰苦的努力，尽管如此，中国还坚持正确义利观，积极参与气候变化国际合作。多年来，中国政府认真落实气候变化领域南南合作政策承诺，支持发展中国家特别是最不发达国家、内陆发展中国家、小岛屿发展中国家应对气候变化挑战。为加大支持力度，中国在2015年9月宣布设立200亿元人民币的中国气候变化南南合作基金。2016年启动在发展中国家开展10个低碳示范区、100个减缓和适应气候变化项目及1000个应对气候变化培训名额的合作项目，继续推进清洁能源、防灾减灾、生态保护、气候适应型农业、低碳智慧型城市建设等领域的国际合作，并帮助发展中国家提高融资能力。这些都是中国在推动全球生态保护过程中作出的积极贡献。

第二章

加快推进生态文明建设的理论指南

——人与自然和谐共生的现代谋略

生态环境关乎民族未来、百姓福祉。习近平总书记在党的十九大报告中，就生态文明建设提出新论断，把“坚持人与自然和谐共生”作为新时代坚持和发展中国特色社会主义基本方略的重要组成部分。报告提出，到 2035 年生态环境根本好转，美丽中国目标基本实现，到 21 世纪中叶把我国建成富强民主文明和谐美丽的社会主义现代化强国。

习近平指出，要坚持人与自然和谐共生。建设生态文明是中华民族永续发展的千年大计，必须树立和践行绿水青山就是金山银山的理念，像对待生命一样对待生态环境，形成绿色发展方式和生活方式，坚定走生产发展、生活富裕、生态良好的文明发展道路，建设美丽中国，为人民创造良好生产生活环境，为全球生态安全作出贡献。

图 2-1　位于河北省承德市坝上地区的塞罕坝国家森林公园是世界生态文明建设的一个奇迹
从 20 世纪 60 年代起，经过几代人的造林努力，该地从人迹罕至的荒原成为中国北方最大的森林公园
（来源：人民网——人民日报海外版，2017 年 10 月 21 日）

一、生态文明建设的理论内涵

生态文明作为中国特色社会主义文明体系的重要组成要素，自党的十七大提出以来，一直是我国理论界、学术界及各级领导高度重视的前沿理论问题。十八大以来，党中央、国务院统筹推进“五位一体”总体布局和协调推进“四个全面”战略布局，将生态文明建设纳入新时期治国理政理论体系的重要组成部分。在此基础上，党的十九大又从中国特色社会主义进入新时代的历史方位，将生态文明建设提升到了一个新的高度，全面开启了新时代社会主义生态文明建设的新征程。因而，研究生态文明既是一个重大的理论问题，也是中国当下国情的需要。

（一）生态文明的内涵

生态文明由生态和文明组合而成，可以通过明晰生态和文明的涵义进一步理解生态文明的内涵。

1. 生态的涵义

生态一词是生态系统的简称。生态系统的概念于 1935 年由英国植物生态学家坦斯利（A. G. Tansley）首先提出。他认为生物与环境形成的自然系统构成了地球表面上各种大小和类型的基本单元，而这个系统就是生态系统。后在 1946 年，他又完善了这一概念，进而强调生态系统中生物与环境、生物与生物之间的相互作用。①尽管目前各界对生态系统的定义略有不同，但本质上都是源自坦斯利的定义。

生态系统的主体是生物，包括植物、动物和微生物，这些生物所依存的条件在生态学中称为环境。环境是物理环境（温度、可利用水等）和生物环境（对有机体的、来自其他有机体的任何影响）的结合体。②

生态系统依靠生物之间、生物和环境的互动实现物质和能量流动。按生物在物质和能量流动中的作用，可分为生产者、消费者和分解者。生产者主要指绿色植物，吸收太阳能，从无机环境中摄取矿物质、水和二氧化碳，合成有机物；消费者主要指动物，分为一级、二级、三级消费者等，生产者会被一级消费者吞食，并将其自身的能量传递给一级消费者，进而随着一级消费者的被捕食将其能

---

① ［英］E・马尔特比，等.生态系统管理［M］.康乐，韩兴国，等，译.北京：科学出版社，2003：2.

② ［英］A・麦肯齐，等.生态学［M］.孙儒泳，等，译.北京：科学出版社，2000：13.

量传递给二级、三级消费者；分解者主要指细菌、真菌等具有分解能力的生物，一方面通过对生物尸体、粪便、枯枝落叶等的分解吸取自己生存和发展的营养，另一方面把来源于环境的物质再复归于环境。流动过程举例如图2-2。

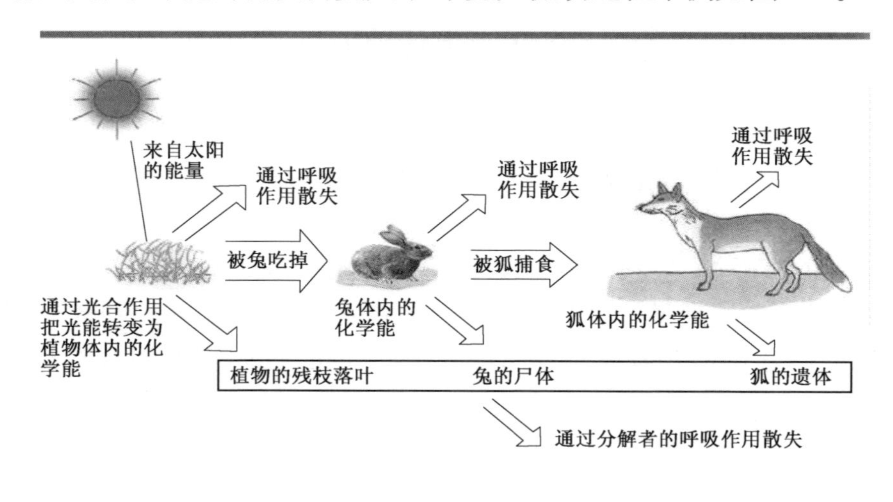

图2-2　生态系统中的物质能量流动过程举例

生态系统的主要特征包括：结构复杂性、负荷有限性、功能多样性、自我维持与自我调控性、动态生命特性、健康可持续性等。在一定的时间和相对稳定的条件下，生态系统内的生物与环境之间以及各种生物之间的结构和功能均处于相互适应与协调的动态平衡状态，这是一种良好的状态，我们称之为生态平衡。

2. 文明的涵义

文明一词源于拉丁文“civils”，英文为“civilization”，本义是“城邦居民”，后引申为先进的社会和文化发展状态。我国古籍中也有关于“文明”的早期表述，最早见载于《易经》：“见龙在田，天下文明。”唐代孔颖达注疏《尚书》时把“文明”解释为：“经天纬地曰文，照临四方曰明”。经天纬地有改造自然之义，照临四方则有社会进步之义，文明之义把自然和社会结合在一起。比如《周易·乾·文言》中的“见龙在田，天下文明”，所讲的就是一种社会开化、进步的状态。在西方，文明的概念作为“野蛮”相对的形容词，伴随着文艺复兴时代而开始，反映了人类社会的进步历程，它包括的内容和范围极其广泛，是一个大系统。恩格斯还将文明与实践联系起来，认为“文明是实践的事情，是一种社会品质”。

总的来说，文明是人类与自然及社会关系的产物，是围绕着人与自然、人与社会、人与人三种关系而展开的。因而，文明具有几个基本特征：其一，人为性，文明离不开人，是指人类对自然与社会状态的某种改善、开化过程及其带来的积极成果；其二，历史发展性，人类文明史总是处在不断发展、变化的过程中；其三，群体规范性，一个人不可能创造文明，文明是群体的产物，且遵循一定的规范体系；其四，整体和差异并存，文明有其自身地域、时代的多样性，有不同的层次和类别，但他们又是相互依存、相互联系的整体。

进而，我们可以通过对“生态”和“文明”各自含义的讨论，来更全面地掌握“生态文明”的概念。可以看出，生态文明既跟自然生态系统的协同进化有关，也离不开人类经济社会协调可持续发展的文明。

3.“生态文明”的涵义

生态文明作为“生态”与“文明”的结合体，从字面上理解，就是以生态为载体，在生态自然环境的认识和作用过程中形成的物质成果和精神成果的总和，既有利于生态环境的改善，同时又有利于人类社会的进步，生态环境与人类社会发展之间形成了相互融合、相互促进的良性发展机制。把“生态”与“文明”放在一起进行研究大致是在20世纪中期以后，比较有代表性的是日本民族和人类学学家梅棹忠夫，在其1967年出版的《文明的生态史观：梅棹忠夫文集》中，从生态史的发展视角来看待人类文明史发展进程，认为人与自然关系、环境与发展的关系等深刻影响着人们的世界观和方法论。可以查阅的最早提出生态文明一词可以追溯到1984年，苏联环境学家在《莫斯科大学学报·科学共产主义》1984年第2期上发表的《在成熟社会主义条件下培养个人生态文明的途径》一文，标题中就明显地出现生态文明字眼，该文论述了社会主义条件下，人类要加强对生态重视和对生态文明的教育。1985年，我国将这篇文章刊载于《光明日报》，生态文明一词在我国开始出现。

1987年，叶谦吉教授在全国农业问题讨论会上提出要“大力建设生态文明”，同年4月23日，他在《中国环境报》发表了《真正的文明时代才刚刚起步——叶谦吉教授呼吁开展生态文明建设》，他的著名论著《生态农业——未来的农业》也围绕生态文明展开大量论述。他从人与自然关系的角度来剖析生态文明的内涵，指出生态文明是“人类既获利于自然，又还利于自然，在改造自然的同时又保护自然，人与自然之间保持和谐统一的关系”。同年，刘思华教授在阐释现代文明观点时指出：“现代文明是物质文明、精神文明、生态文明的内在统一。”1988年，刘宗超等提出了要确立“地球表层生态意识和生态文明观”，并在《生态文明观与中国可持续发展》一文中对生态文明观的理论和实践进行了深入的论述。1997年，《生态文明观与中国可持续发展走向》首次提出：“21世纪是生态文明时代，生态文明是继农业文明、工业文明之后的一种先进的文明形态。”中国基本上构建了生态文明的世界观和方法论，也标志着中国生态文明的诞生。到了20世纪90年代中后期，有关生态文明的论述已较为普遍，既有从动态的角度把生态文明看做是人类文明发展某个阶段的传承与创新的文明形态，又有从静态的角度论述生态文明的价值属性特征；既有从广义的角度认为生态文明包括了政治、经济、文化、社会发展的大系统，又有从狭义的视角认为生态文明是与物质文明、精神文明、政治文明等并存的生态领域的文明形态。生态文明内涵的界定不同，反映的是不同学者论述的角度不同。综合大多数的观点认为，生态文明是人类文明发展到一定阶段后出现的一种新的文明形态，是继农业文明和工业文明之后，人类在处理人与自然关系认识的新高度，以及为了促进人与自然和谐建立起的规则和制度体系。

综合学界对生态文明的研究，总体来说，对生态文明的理解离不开两种角度：其一，从词源学意义上看，把生态文明看作继原始文明、农业文明、工业文明之后人类文明发展的一个更高级别的历史阶段和社会形态，它既承载了人类对理想社会的希冀，也包含了对未来发展方向的理性思考；其二，从社会形态建构意义上看，认为生态文明是与物质文明、精神文明、政治文明、社会文明等并列的文明，它和这些文明共同构成同一时期人类社会的文明。后者这种角度将生态文明看成是一项可以实际推进的建设事业，与经济建设、文化建设、政治建设、社会建设等共同构成一个完整的治国方略和总体布局。总之，我们可以把生态文明大致理解为是人们在认识、利用和改造自然界的过程中，以人与自然的和谐发展规律为价值理念，以高度发展的生产力为物质基础，以可持续发展的生产方式、消费方式、发展方式为主要内容，以改善和优化人与自然关系为主要途径，在人—自然—社会复合系统的物质交换中取得的物质成果、精神成果和制度成果的总和，实现更高发展阶段上人与自然的共融共处。

（二）生态文明的特征

生态文明是人类文明发展到较高阶段后，对人类发展方式的深刻反思和可持续发展的深入探索而不断形成的新的文化价值观和制度体系，并引导着经济社会的实践行动，在环境保护和污染防治行动中推动环境—经济—社会系统的良性循环。与其他的文明形态相比，生态文明主要具有以下几个方面的特征：

1. 生态文明是平等性的文明

生态文明体现了人与自然之间、人与人之间的平等地位和人文关怀，是公平正义性的文明。首先是人与自然之间的平等，正如古代思想家普遍认可的“天人合一”，人与自然是一个有机整体，人的生存和发展依赖于自然界提供各种物质资料，同时人的经济社会活动又必须遵循自然规律，在自然界可承载的范围之内，负有保护和改善自然的义务。其次是不同国家和地区之间的平等，虽然不同国家和地区的经济发展水平和发展阶段不同，存在文化差异和种族冲突，但是环境破坏和污染的扩散性，全球生态系统的循环性，在自然灾害和气候变化面前，所有国家和地区都是一样的，生态环境保护需要各个国家加强合作、共同应对，生态文明需要全人类携手共同创造、共同维护。再次是代际之间的平等，生态文明是可持续发展的文明，生态环境既要满足当代人生存和发展的需要，又要为子孙后代留下干净、健康的空间，生态文明兼顾了代际间文明的传承创新与源远流长。

2. 生态文明是系统性的文明

生态环境中各生物和非生物之间组成的系统关系错综复杂，牵一发而动全身，其修复、治理和保护是一项复杂的系统工程，同时也是一项长期性的工程，必须从系统性的角度统筹兼顾。同时，生态环境是经济社会发展的重要载体，融入到经济社会发展的方方面面。高度发达的物质生产力是生态文明存在的物质前提，生态文明推动的结构调整和转型升级为经济发展释放更大的空间；绿色政绩观的树立和健全的制度规范为生态文明建设提供科学的引导和可靠的保障；倡导勤俭节约、绿色低碳、文明健康的生活方式和消费模式，增强全社会生态文化意识；广大人民群众环境保护的共同参与和共同行动使生态文明成为全社会普遍的文明形式。可见，生态文明不是孤立的文明形式，而是广泛融入经济建设、政治建设、文化建设、社会建设各方面和全过程，并且与其他的文明形式相互协调、共同推进，生态文明的发展和进步也会有利于其他文明的提升。

3. 生态文明是制度性的文明

生态环境的公共物品和公共资源性特征，要求生态环境保护必须建立在个体自觉行动的基础上，同时还要建立起完善公正合理的生态制度体系约束个体行为。维护良好的生态环境要有充分尊重自然规律、建立行之有效、制度合理的社会制度，特别是建立完善的法律体系和制度体系，通过法律的权威和制度的规范确保人们的行动在生态环境可修复、可承载的范围内。生态文明的制度性还体现为生态环境保护的紧迫性，生态环境污染和破坏对经济社会发展造成巨大的破坏已经严重威胁到人类的生命安全，如果仅仅通过社会道德引导和人们环保意识的自我提升，难以在短期内奏效，必须形成强力推进的力量，生态文明的制度性正是自上而下地形成了推动生态文明进步的合力。生态文明的制度性还体现为生态文明是全球性的文明，要建立起应对生态危机的全球治理机制，倡导形成全球治理和世界公民理念。

4. 生态文明是和谐式的文明

人与自然的关系是人类在顺应自然、改造自然和自我发展过程中形成的最基本的关系。千百年来人类社会发展的实践证明了，人与自然关系是一种共生关系。人类对人与自然关系的认识随着社会生产力的发展而不断深化，形成了不同阶段的生态价值观，从传统的“向自然宣战”“政府自然”向“人与自然和谐发展”转变，从传统以利润最大化作为经济发展动力转向谋求生态利益最大化的人类福祉，人类对人与自然关系认识的不断深刻正是生态文明发展和进步的表现。生态文明是代表更高级和更进步的人类文明发展的新阶段，而人与自然的和谐是生态文明的核心价值理念，强调人类在改造自然的同时必须尊重自然，顺应自然和保护自然，既要考虑人类生存与繁衍的需要，又必须在资源、环境可承载的范围内，促进经济发展、人口、资源、环境的动态平衡，不断提升人与自然和谐相处的文明程度。生态文明的和谐性生动反映了生态文明的包容共生、相互促进的特征。

5. 生态文明是动态性的文明

生态文明是不断发展的动态性文明。人类处理人与自然关系就是一个不断实践、不断认识和解决矛盾的过程，随着人们对人与自然关系认识的不断深入，生态文明的规律性会得到更加深刻的总结，生态文明的价值理念也会进一步提升，生态文明建设是一个动态的永无止境的历史过程。人类在处理人与自然关系、经济发展与环境保护关系的实践探索过程中，会催生一系列新方式、新手段和新模式，特别是会激发环境保护主体的积极性和能动性。生态科技创新就是技术创新与生态文明建设的融合，更加有效地利用自然资源和环境，通过先进技术的研发、推广和应用，开发新能源、清洁能源取代化石能源以解决资源能源不足的问题，提高资源能源的使用效率，积极探索在生产环节中使用循环技术、低碳技术，实现低投入、低消耗、低排放和物质循环利用，生态科技创新不断为生态文明注入新的内容。

二、生态文明理论建设的前提

（一）正确认识人与自然的关系

所谓自然，是指除了人和社会以外的事物，各种物质、能量、信息、空间系统的综合。正确认识人与自然的关系是实现人与自然和谐发展的前提。只有正确认识自然，发现和掌握客观规律，并用于指导实践，才能合理改造和充分利用自然。

在马克思和恩格斯看来，人类必须尊重自然。这是因为：首先，自然界先于人类而存在，人起源于自然界，并且是自然界发展到一定历史阶段的产物。自然界在其运动发展中，产生出微生物、植物、动物，动物又由低级发展到高级，出现人和人的意识。“我们连同我们的肉、血和头脑都是属于自然界和存在于自然界之中的。”①

---

① 马克思，恩格斯.马克思恩格斯全集(第4卷)[M].北京：人民出版社，1995.

其次，人类要靠自然界生存和发展。人是有生命的存在，需要靠自然来维持自己的生存，离开自然的人就失去了获取物质生活资料以及人与自然之间进行物质、能量、信息交换的可能性。“人在肉体上只有靠这些自然产品才能生活，不管这些产品是以食物、燃料、衣着的形式还是以住房等等的形式表现出来。”①

而且，自然界不仅为人类提供赖以生存、发展的物质资料，还给人类提供丰富的精神食粮。自然界是人的精神的无机界，人的情感、意志、智慧和灵气都是大自然赋予的。“植物、动物、石头、空气、光等，一方面作为自然科学的对象，一方面作为艺术的对象，都是人的意识的一部分，是人的精神的无机界，是人必须事先进行加工以便享用和消化的精神食粮。”②自然界的神秘启迪着人类的智慧，自然界的灵秀培养了人类的美感，自然界的厚德载物造就了人类的宽容和合作精神。

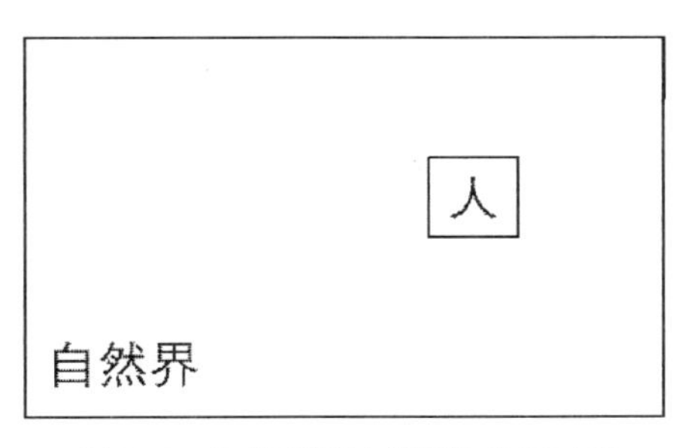

图 2-3 生态系统的共同体关系示意

马克思和恩格斯认为，人与自然的关系是人类生存与发展的基础关系，一部人类社会的发展史，也是人与自然的关系史。人类社会在认识、利用、改造和适应自然的过程中不断发展，人与自然和谐发展的历史演变也是从和谐到失衡，再到新的和谐的螺旋式上升的过程。随着人类社会生产力发展水平的不断提高和人类对客观自然规律认识的不断深化，人类社会在不同的发展阶段，对自然的影响和作用有显著的不同。我们必须从历史的长河中吸取教训，正确认识人与自然的关系，通过整体规划和区域协调实现人与自然的和谐发展。

(二) 树立尊重自然法则的理念

人作为自然的组成部分，不是在自然之外（或者之上），而是存在于自然之中的。人类离不开自然界，必须尊重和善待自然，而尊重自然最重要的就是尊重自然法则。

工业文明时代的自然观是一种机械自然观，认为各部分之间的联系是机械

---

① ② 马克思，恩格斯.马克思恩格斯全集(第42卷)[M].北京：人民出版社，1979.

的、线性的，因此人类只能看到自己的生产行动所导致的较为近期的影响和较为直接的作用结果，预见不到比较远的未来和间接产生的后果。人类对自然内在复杂性的低估和对自身认识和控制能力的高估，使人类对自然控制和开发利用的过程，变成了对作为文明根基的自然生态平衡的破坏。比如，西班牙的种植场主在利润的驱使下，对古巴山坡的森林大肆焚烧。这些种植场主并不会关心瓢泼大雨是否会将这片没有任何保护措施的沃土冲刷掉，而留下光秃秃的岩石，也无法预计这种行为对未来人类自身的发展会造成多么严重的负面影响。

与工业文明时代的自然观不同，生态文明建设的前提是尊重自然法则，将包括人类在内的整个自然界理解为一个整体，认为组成自然整体的各部分之间联系是有机、内在和动态发展的，人与自然界的其他存在物都是自然整体存在链上的环节。地球的资源储量和生态环境的承载能力是有限的，如果人类的经济活动超过生态限度，自然生态平衡就会遭到破坏，我国的水资源短缺现象就是另一个鲜活的例子。

马克思和恩格斯的思想要求我们在物质生产过程中，确立对自然的正确态度，即对自然应抱谦虚、尊重、负责和爱护的态度，遵循自然生态系统中的生态平衡规律，并按自然规律办事，把人类的生产和消费控制在自然生态系统可承受的范围内，尊重自然法则。如果以破坏自然界的生态平衡来满足人类不断增长的物质需求，只能导致整个自然资源的破坏和枯竭，最终危害的是人类自身。要建设天蓝、地绿、水净的美丽中国，必须首先树立尊重自然法则的理念。

（三）树立保护自然资源的理念

自然资源是指自然界天然存在、未经人类加工的资源，如土地、水、生物、能量和矿物等。它是在一定时间条件下，能够产生经济价值以提高人类当前和未来福利的自然环境因素的总和。

自然资源又分为非可再生资源和可再生资源。其中非可再生资源又属于比较特殊的资源。它主要指自然界的各种矿物、岩石和化石燃料，例如泥炭、煤、石油、天然气、金属矿产、非金属矿产等。这类资源是在地球长期演化的历史过程中，在一定阶段、一定地区和一定条件下，经历漫长地质时期形成的。与人类社会的发展相比，其形成非常缓慢，与其他资源相比，再生速度很慢，或几乎不能再生。人类对不可再生资源的开发和利用，只会消耗，而不可能保持其原有储量或再生。不可再生资源中一些可重新利用资源，如金、银、铜、铁、铅、锌等金属资源，但也有些不能重复利用的资源，如煤、石油、天然气等化石燃料，当它们作为能源利用而被燃烧后，尽管能量可以转换为另一种形式，但作为原有的物质形态已不复存在。对于这样有限的资源，我们必须树立保护它们的理念，科学地对待自然环境。

马克思和恩格斯认为，人类在自然的基础上进行创造性劳动，自然资源进入到社会物质生产过程，是人类劳动借以创造经济价值的源泉。人们之所以赋予自然以价值，是因为自然能满足人的需要，即它对人有用，这是由自然物质的性质和人的需要所决定的。在向自然索取的历史过程中，人类不断通过发明创造和使用更先进、更强有力的工具，在自然界留下自己意志的印迹来满足需求，却经常忽视资源的有限性，逐步造成了全球性资源短缺的困境。

自然资源不仅要满足当代的需要，还要满足人类世世代代繁衍生息和可持续发展的需要。我国正处在新型工业化、信息化、城镇化和农业现代化同步发展的历史进程中，发达国家在一二百年的工业化发展过程中逐步显现和解决的环境问题在我国累积叠加，在有限的生态资源和环境容量的限制下，我们必须树立保护自然资源的理念，打破资源环境瓶颈的制约、改善生态环境质量，转变自己的角色，从生物共同体中的征服者，转变为生物共同体中平等的一员，承担起对土壤、水、动植物等生物共同体的责任和义务。

（四）用系统性眼光看待生态文明

人与自然共同生活在生物圈这个不可分割的有机整体中，生态哲学的观点告诉我们，人类的价值应该在保护生态系统整体价值的基础上来实现。一方面，人类必须尊重自然、爱护自然，维护生态系统的稳定性、完整性和多样性，保护生物物种的多样性；另一方面，人类应该把人类整体与自然的协调发展作为自己的使命，把地球视为全人类共有的家园。

生态文明的整体性特征要求我们要以一种系统性眼光来建设生态文明。也就是说，我们要坚持以大自然生物圈整体运行的宏观视野来全面审视人类社会的发展问题，以相互关联的利益体的整体思维来处理人与自然、人与其他物种的关系。经济社会发展既要考虑人类生存发展的需要，也要顾及自然资源、环境与生态的承载力，要把人类的一切活动都放在自然界的大格局中去做整体的考量。比如，在世界范围内，大力推进工业化和城市化的历史时期，人们无节制地开发和利用资源，加上技术水平的落后，导致各种污染排放量都急剧增加，以城市为中心的生态环境每天都在恶化，并且逐渐向农村渗透。某些地方的生态环境污染和破坏已经严重地影响了经济的健康发展，甚至给人民大众的健康带来了直接的威胁。

习近平总书记强调，“山水林田湖是一个生命共同体”“在生态环境保护上，一定要树立大局观、长远观、整体观，不能因小失大、顾此失彼、寅吃卯粮、急功近利”。这些重要论述从自然生态要素的空间系统性和生态环境保护的时间系统性两个维度，形成了生态文明建设的系统观。推进生态文明建设，必须遵循生态系统的整体性、系统性及其内在规律，处理好部分与整体、个体与群体、当前与长远的关系，统筹考虑山上山下、地上地下、陆地海洋以及流域上下游等所包含的自然生态各要素，进行整体保护、系统修复、综合治理。

（五）用国际性视野看待生态文明

伴随着新自由市场资本主义在全球的扩张，新的科技浪潮不仅把发达国家送进了后工业化时代，也把人类带进了一个深刻反思现代生产与消费模式的时代。生态的系统性使世界上任何一个国家都无法完全脱离其他国家的影响。从全球层面来讲，尽管联合国在环境治理上具有重要地位，但它驾驭不了跨国公司的资本投资，也阻挡不住主权国家为追求国家利益而无序地驰骋国际市场。因此，生态文明的建设需要发挥国家和政府的重要作用，看待生态文明的视野也应具有全球性。

2008 年全球经济危机后，为了促进全球经济复苏、应对气候变化、能源资源危机等挑战，全球范围，特别是主要西方发达国家纷纷提出和推行“绿色新政”“绿色经济”和“绿色增长”，并演化成为一种新的国际话语权斗争。与此同时，中国生态文明建设，越来越成为包含政治、经济、民生工程和国际治理、全球博弈的综合性问题，成为衡量“五位一体”中国特色社会主义伟大事业是否全面的重要砝码。

我国在推进国内生态文明建设的同时，也积极推动着生态文明和绿色发展理念走出去。全球化石能源燃烧每年排放二氧化碳 300 多亿吨、二氧化硫约 1.2 亿吨、氮氧化物约 1 亿吨，还有大量烟尘等污染物，不仅对大气、水质、土壤等造成严重污染和破坏，更是导致气候变化的主要原因。在全球范围的气候变暖、生态恶化和环境污染的背景下，2015 年 9 月 26 日，习近平主席在联合国发展峰会上发表重要讲话时指出，“中国倡议探讨构建全球能源互联网，推动以清洁和绿色方式满足全球电力需求”。习近平主席的重要讲话，阐明了建设全球能源互联网的根本目的，为全球能源转型发展、形成全球清洁能源消费格局指明了方向，推动了中国与世界各国在国际合作、技术装备、标准建设等方面的合作，在建设全球能源治理新体系中唱响中国声音，为解决全球环境问题贡献中国智慧。

生态文明的国际视野不仅为深入理解生态危机、培养赋予时代意义的生态意识提供启迪，而且也为解决生态问题、丰富和发展新时代生态文明的建设提供了宽广的视角。2013 年 2 月召开的联合国环境规划署第 27 次理事会上，我国生态文明理念被正式写入决议案文。2016 年 5 月，联合国环境规划署发布《绿水青山就是金山银山：中国生态文明战略与行动》报告。

链接 2-1

《可持续发展多重途径》和《绿水青山就是金山银山：中国生态文明战略与行动》报告发布会在内罗毕召开

（中国环境报记者邓佳摄）

2016 年 5 月 26 日，由中国环境保护部、联合国环境规划署共同举办的《可持续发展多重途径》和《绿水青山就是金山银山：中国生态文明战略与行动》报告发布会在内罗毕环境署总部召开，环境保护部部长陈吉宁、联合国环境规划署执行主任施泰纳出席发布会。

中国环境报 5 月 26 日内罗毕讯　由中国环境保护部、联合国环境规划署共同举办的《可持续发展多重途径》和《绿水青山就是金山银山：中国生态文明战略与行动》报告发布会今日在内罗毕环境署总部召开，环境保护部部长陈吉宁、联合国环境规划署执行主任施泰纳出席发布会并分别致辞。

陈吉宁首先代表环境保护部对两份报告的发布表示祝贺，同时向施泰纳先生以及联合国环境规划署多年来对中国环保事业的支持表示感谢。

陈吉宁强调，中国政府高度重视生态文明建设，将保护环境、节约资源作为基本国策，努力在发展中破解经济与环境之间的矛盾。中共十八大以来，习近平主席明确提出“绿水青山就是金山银山”“保护生态环境就是保护生产力，改善生态环境就是发展生产力”，将生态文明建设推向新的高度，体制改革、环境治理、生态保护的进程明显加快，取得积极成效。

陈吉宁指出，中国的生态文明强调经济、政治、社会、文化与生态环境的深度整合、“五位一体”，以可持续发展、人与自然和谐为目标，将绿色理念融入生产生活的各个环节。同时强调政府与市场两个维度的制度创新：强化地方政府改善环境质量的责任，将生态环境纳入政府绩效考核体系，对官员任期内的生态环境损害进行终身追究；建立自然资源资产产权制度、资源有偿使用和生态补偿制度，不断完善污染治理和生态保护的市场体系。此外，中国生态文明注重加强环境基础设施建设，为改善生态环境质量提供硬件支撑。注重动员全社会的共同参与，通过广泛的宣传教育，鼓励公众生活、消费方式的绿色化。

陈吉宁表示，希望中国在生态文明建设方面的理念和实践能为其他国家提供借鉴，并与各国一起，探索生态环境与经济社会协调发展的成功范式，为全球可持续发展、为人类更加美好的未来做出应有的贡献。

施泰纳在致辞中指出，可持续发展的内涵丰富，实现路径具有多样性，不同国家应根据各自国情选择最佳的实施路径。中国的生态文明建设是对可持续发展理念的有益探索和具体实践，为其他国家应对类似的经济、环境和社会挑战提供了经验借鉴。

自2013年起，联合国环境规划署就不同国家迈向可持续发展的不同经验、模式和途径开展了系列研究工作。在此基础上，环境规划署形成了两份报告：一是《可持续发展多重途径》，总结了4个国家的相关经验和做法，包括不丹的国民幸福指数、博茨瓦纳的自然资本核算、哥斯达黎加的生态系统服务、德国及欧盟的循环经济。二是《绿水青山就是金山银山：中国生态文明战略与行动》，主要介绍中国生态文明建设的指导原则、基本理念和政策举措，特别是将生态文明融入到国家发展规划的做法和经验，旨在向国际社会展示中国建设生态文明、推动绿色发展的决心和成效。

（来源：中华人民共和国生态环境部网站 http://www.zhb.gov.cn/xxgk/hjyw/201605/t20160527_352225.shtml）

三、生态文明理论建设与创新的历程

中国的传统文化在生态文明领域的探讨不但具有古典人文气质，也体现了当代的科学精神，很早就对人与自然和谐相处之道进行了提炼。探讨中国古代生态文明思想的起源和西方近代生态观的发展史，以及两者在中国共产党历代核心领导下的融合与创新，对于丰富生态文明的内涵，了解生态文明建设的土壤，明晰中国生态观的特殊性，促进新时代生态文明的创新，具有重要理论意义。

（一）中国传统智慧中的生态观

1.“天人合一”的生态世界观

中国古代哲学主张“天人合一”，“天”不仅是自然意义上的“天”，还是神圣意义上的“天”，要求人类既要“知天”，也要“畏天”，它更符合现代生态伦理学的精神和原则，对于生态伦理学的发展有重大意义。

最早提出“天人合一”这一命题的是北宋哲学家张载，他指出：“因明致诚，因诚致明，故天人合一。致学而可以成圣，得天而未使遗人。”儒家的“天人合一”思想从天人整体观出发，强调宇宙万物的秩序与人类社会的秩序虽然各有其特点，但二者之间应该是和谐一致的。因此，它不仅是一种道德观、宇宙观，而且还是一种生态观。

它强调世界上万物的生命一体化。在儒家的“天人合一”思想中，“人”与“天”共同组成了宇宙这个统一整体。《序卦传》指出：“有天地，然后有万物；有万物，然后有男女；有男女，然后有夫妇；有夫妇，然后有父子；有父子，然后有君臣；有君臣，然后有上下；有上下，然后礼仪有所错。”这就表明，天地是万物的根源，有万物然后才有人类社会，人是天地自然变化的结果，自然环境是人类生命的源泉。“乾称父，坤称母；予兹藐焉，乃混然中处。故天地之塞吾其体，天地之帅吾其性。民吾同胞，物吾与也。”（《正蒙·乾称篇》）也就是说，人与天地万物都同源于一气，与自然和宇宙浑然一体，我们作为人类的一员，只是自然和宇宙间存在的一物。民众百姓都是我的同胞兄弟，应以仁爱相待；宇宙万物都是人类的朋友，应该爱护、保护。

它也强调人与自然和谐相处，共同发展。儒家“天人合一”思想最终所追求的目标是“与天地参”“辅相天地之宜”，使人与自然和谐相处、共同发展。首先，人在自然系统中具有主体地位，是与天时、地利相并列的一个要素。人与其他生物的本质区别在于人具有道德意识和道德责任，人在追求自身发展时，能够“兼呼万物”和“兼利天下”。其次，人类不要盲目地征服和改造自然，而要“致天命而用之”，在尊重自然规律的前提下，善于利用自然规律为自身服务，使人类和自然界建立一种协调关系，从而达到人类生存环境和自然生态系统相平衡的状态。

中国传统文化中的“天人合一”思想对当今的生态文明建设具有启迪意义。它反映了中国古人对人与自然关系的认识，告诉我们：人与天地万物同源于一气，人类只有与自然和谐相处，才能真正实现生态文明的发展要求。

2. “仁爱万物”的生态伦理观

尊重生命、仁爱万物是儒家生态伦理思想的固有价值观。儒家把尊重一切生命价值和爱护一切自然万物作为人类的崇高道德职责，因为所有生命出自一源，万物皆生于同一根本，人类应当效法天地之生德，应该具备与一切生命同乐的“大同”情怀来尊重生命，爱护和维护万物的存在。

“为天地立心，为生民立命。”儒家具有一种普遍的生命关怀、宇宙关怀。孔子讲“仁”，其内涵便是“爱人”。宋儒二程认为“学者须先识仁，仁者浑然与物同体。”学者识“仁”是首要任务，人一旦达到了“仁”的境界，就会与天地万物浑然一体。即所谓“若夫至仁，则天地为一身，而天地之间品物万形为四肢百体。夫人岂有视四肢而不爱者哉”。朱熹则将“仁”定义为“心之德而爱之理”，在天地则为“温然生物之心”，在人则为“利人爱物之心”（《文集·仁说》）。这就从根本上把爱人与爱护自然统一了起来，必须把自然看作是人类的朋友，像爱护朋友那样爱护自然。

儒家的生态伦理思想是推己及人、由人及物，由家庭、社会进一步拓展到自然界，是一种将人类社会的仁爱理想推行于宇宙万物的道德。董仲舒说：“质于爱民，以下至于鸟兽昆虫莫不爱，不爱，奚足以为仁？”（《春秋繁露·仁义法》）仅仅爱人还不足以称之为仁，只有将爱民扩大到爱鸟兽昆虫等生物，才算做到了仁。宋理学家程颢也提出：“仁者以天地万物为一体”，将天地万物视为统一的生命系统，把尊重自然，爱护万物看作是人的崇高道德，最终要把仁的对象和边界扩大到天地万物和整个自然界。

3.“天道生生”的生态发展观

“天道生生”在中国哲学发展中有重要的地位。所谓“天道”是指自然界的变化过程和规律，“生生”是指产生、出生，一切事物生生不已。儒家哲学主张的“天道生生”，就是世界万物生而又生，生生不息。孟子认为，只要按照自然规律行事，自然界就会为人类提供取之不尽的资源。“不违农时，谷不可胜食也；数罟不入洿池，鱼鳖不可胜食也；斧斤以时入山林，材木不可胜用也。谷与鱼鳖不可胜食，材木不可胜用”；荀子从他的“制天命而用之”的生态伦理思想路线出发，提出了“圣人之制”的生态资源观点，体现了“制用”和“爱护”相结合的生态伦理辩证思想。

道教的“道”是核心概念，是其所有思想的出发点。“道”并非一个具体的实物，但它构成了世间万物创生的内在根据，并由于其生长不息、运动不止的本性，所以能生世间万物。“道生一，一生二，二生三，三生万物，万物负阴而抱阳，冲气以为和。”（《道德经》第四十二章）无形之道生出一，一可以理解为原始状态的气，在有形和无形之间，实际上是有形的开始，可称为万物之母。道教认为，一切存在物都是道气所化的。天地间人与自然万物由于他们各自禀赋的道气清浊不同，构成了自然万物形态、性质各异的多样性世界，并且人与自然都是宇宙这个整体的有机组成部分，自然万物的存在都有其合理性。老子认为，所谓得道，就是体悟到了万物差别之中的同一，相异之中的不异。因此，人要与自然万物合为一体，物我无分，无此无彼。

4.“道法自然”的生态自然观

道教提出了“道法自然”的观点，认为人类与自然是整体的统一，并把个人作为自然有机体置于与他物平等相处的地位，在此前提下来确认自我、规范自我。“人法地，地法天，天法道，道法自然。”老子认为人、地、天、道、自然是有着整体性的关系链。在这个关系链中，自然占据着十分重要的作用，一切最终都法自自然。“自然”一词可以代表整个宇宙自然界，也代表自然界的秩序。人类要以地为法则，重视其安身立命的地球；地以天为法则，随整个宇宙的变化而变化；天以道为法则，运动变化都有其自身的客观运动规律。道的法则就是自然而然的，完全按事物的本性去发展，任万物自然生长。

庄子认为“万物皆种也，以不同形相禅，始卒若环，莫得其伦，是谓天均，天均者，天倪也。”（《庄子·寓言》）万物都是相互联系和变化的，整个宇宙是一部生生不息的有机整体。人生活在天地这个大环境中，要自觉服从和运用自然规律，崇尚自然，效法自然，使生命生生不息。道教主张“任物自然”“因应物性”“天道自然无为”，反对把人的意志强加给自然，人为地干涉大自然的进程；要维护自然生长变化的过程，不要人为地去破坏这个过程的本来面目，其一切行为都要考虑到对天地这个大环境所带来的严重后果。道教的这种整体自然观成为人类认识和把握自然界的根本法则。

5.“知行合一”的生态实践观

知行关系在中国哲学史上主要指道德认识与道德践履。《尚书·说命中》提出“知之匪艰，行之惟艰”。《左传》有“非知之实难，将在行之”之说。知行问题也是儒家道德规范的核心。孔子认为“生而知之”“学而知之”。孟子发展孔子的“生而知之”，提出“良知”“良能”说。荀子认为“不闻不若闻之，闻之不若见之，见之不若知之，知之不若行之”。

程朱理学针对“假道学”“伪君子”屡见不鲜的社会现象，持“知先行后”观。朱熹提出“论先后，知为先；论轻重，行为重”之说，即认为人在良知、圣人之言中的道德认识是容易的，不过之后的道德践履才是重点，人们应该努力去道德践履，并提出“真能知则真能行”。

王阳明发展了朱熹的“知行相须”观，对于知而不行的时弊，他认为：“某今说个知行合一，正是对病的药。又不是某凿空杜撰，知行本体原是如此。”他强调，“真知即所以为行，不行不足谓之知”“知是行之始，行是知之成”，又强调“圣学只是一个功夫，知行不可分作两事”。王阳明把执行范畴中的知理解为良知，认为圣学功夫即致良知，提倡“知行合一”。

“知行合一”的观念对生态文明的建设具有重要的启示意义，它提醒我们应该把生态文明的观念和生态文明的具体实践行动结合起来。只有将生态文明的真谛落实于生态文明建设的行动中，才能实现生态和谐、社会发展。

（二）西方生态观

1. 马克思主义生态观

首先，马克思和恩格斯批判地继承前人的哲学思想，抛弃了以往将人与自然二元对立的观点，创立了辩证唯物主义和历史唯物主义。

人与自然的关系是一切哲学自然观研究的核心问题。哲学自然观的任务就是对人与自然关系做出理解和阐释，以便为人们处理自身与自然的关系提供某种范式，规范人类对待自然的行为。马克思和恩格斯关于人与自然关系的阐述主要分为两个方面：一是，马克思和恩格斯从本体论的角度揭示了自然对人的先在性。在马克思和恩格斯看来，自然界先于人类而存在，人起源于自然界，并且是自然界发展到一定历史阶段的产物。同时，自然界是人生存和发展的前提和基础，人存在于他们的环境中并且和这个环境一起发展。因此，人离不开自然界，对自然界具有依赖性，人类必须尊重和善待自然。二是，从实践论的观点揭示了人与自然关系的一致性，决定了人类要与自然界共同进化、协调发展。实践是人与自然联系的中介，是人与自然关系的实现形式。人通过自己的活动将自己从自然界中提升出来，又在能动的实践中改造着自然，从而在实践的基础上实现人类与自然的和谐与统一。

其次，马克思和恩格斯科学地论述了劳动生产力的重要性。他们认为，人与自然的现实统一，不是像动物那样直接生活在自然界中，而是以社会和自然之间特殊的联系形式——劳动作为基础的。生产劳动是人的最基本的实践活动形式，它是人与自然之间的物质变换过程。

自然界不会自然地满足人类需求，人类必须通过自己的生产劳动，创造出自然界中既不现成存在也不会自然产生但却为人所需要的东西。“为了在对自身生活有用的形式上占有自然物质，人就使他身上的自然力——臂和腿、头和手运动起来。当他通过这种运动作用于他身外的自然并改变自然时，也就同时改变他自身的必然。他使自身的自然中沉睡着的潜力发挥出来，并且使这种力的活动受他控制。”①

人类的劳动与动物的本能活动不同，人类不仅使自然物发生形式的变化，还在自然物中实现自己的目的。人具有劳动的特质，也具有主观能动性，能把自身和自身之外的他物作为劳动的要素和作用对象。马克思指出动物也生产，但它的生产是片面的，比如蜜蜂、海狸只为自己营造巢穴或住所，而人的生产却是全面的。动物只是在直接的肉体需要的支配下生产，而人甚至不受肉体需要的支配也进行生产。动物只是按照它所属的那个物种的尺度和需要来建造，而人可以按照任何物种的尺度来进行生产。人类的生产应该是全面性、创造性，并与理智并存的。人类是理性的动物，人类要按照生态规律的要求从事生产，人的生产是负责任的、建设性的生产。

马克思主义生态经济学说的重要内容之一，就是认为劳动的自然生产力是劳动生产力的必不可少的重要组成部分。马克思所论的劳动的社会生产力就是社会生产力，就是“劳动自己的社会生产力”。而社会生产力要以自然生产力

① 马克思，恩格斯.马克思恩格斯全集(第23卷)[M].北京：人民出版社，1972.

为基础和前提，自然生产力制约、决定着社会生产力。马克思曾经明确指出劳动的自然生产力“是特别高的劳动生产力的自然基础”。在资本主义生产方式下，这种自然力是无偿加入生产的，因此表现为属于资本而与劳动相对立。所以，“资本主义方式以人对自然的支配为前提”，控制自然力、大兴工程从而使其为资本利用，这对产业史有着重大的作用。

马克思和恩格斯一直很重视科学技术在社会发展中的作用，在他们看来，科学技术是“历史上的有力杠杆”，是“最高意义上的革命力量”。然而科学技术是一把双刃剑，它通过促进经济和社会发展以造福于人类的同时也可能在一定条件下给人类的生存和发展带来消极后果。马克思提出用科学技术的生态化来促进产业的生态化理念，同时还论证了对资源的循环利用，通过变废为宝，使“这种废物本身重新成为商业的对象，从而成为新的生产要素”，对当前循环经济的建设具有很大的启发性。

最后，马克思关于废弃物循环利用的系统分析是循环经济理论的雏形，丰富了生态经济学的理论内涵。马克思认为：第一，废弃物的循环利用受资本循环过程中的生产条件制约；第二，废弃物的循环利用应建立在规模经济的基础之上；第三，废弃物的循环利用是一种资本逐利的行为。虽然他没有使用“循环经济”的称呼，而且他是从节约资源从而节约成本和提高利润率的角度来认识资源和废弃物的循环利用的，并没有与生态文明相结合，但是它确实在客观上促进了循环经济的讨论，我们可以将它看成是一种浅绿色循环经济（以节约资源、节约生产成本为主要目的而在客观上促进了生态和环境改善的废弃物循环利用）的起源。

2. 循环经济理论

循环经济一度成为生态经济学讨论的热点。总体来说，循环经济指的是一种以资源的高效利用为核心，以减量化（reduce）、再利用（reuse）、再循环（recycle）的3R为原则，以“低消耗、低排放、高效率”为基本特征，以生态产业链为发展载体，以清洁生产为重要手段，达到实现物质资源的有效利用和经济与生态相协调的经济发展方式。根据循环经济理论和实践的发展情况，除了上述马克思的浅绿色循环经济理论雏形，深绿色循环经济的思想发展也同样值得关注。

深绿色的循环经济思想是指以生态和环境保护为最终目的的循环经济发展方式。它萌芽于20世纪60年代。美国经济学家K·波尔丁（Kenneth Ewart Boulding）提出的“宇宙飞船理论”可视为早期代表。K·波尔丁形象地将地球比作在太空中飞行的宇宙飞船，要靠不断消耗自身有限的资源得以生存。人类好比宇宙飞船上的乘客，如果不合理开发资源并破坏环境，地球就会像宇宙飞船那样走向毁灭。K·波尔丁基于地球上不可再生资源的有限性，进一步提出循环经济是指废弃物经过加工处理变成再生资源，再回到生产过程中循环使用的经济发展模式。20 世纪 80 年代以来，发达国家通过对循环利用资源和废弃物进行专项立法，进而发展到进行综合立法促进了循环经济的发展。

从经济学的角度上说，循环经济是把上一生产过程产生的废料变为下一生产过程的原料，使一系列相互联系的生产过程实现环状式的有机组合，变成几乎无废料的生产。循环经济是一种生态经济，即按照自然生态物质循环方式运行的经济模式，它要求用生态学规律来指导人类社会的经济活动。

发展循环经济，关键要切实履行 3R 原则。一是减量化原则，即要求用较少的原料和能源投入来达到既定的生产目的或消费目的，进而从经济活动的源头就注意节约资源和减少污染，比如要求产品小型化和轻型化。二是再使用原则，要求制造产品和包装容器能够以初始的形式被反复使用。再使用原则要求抑制当今世界一次性用品的泛滥，生产者应该将制品及其包装当作一种日常生活器具来设计或者尽量延长产品的使用期。三是再循环原则，要求生产出来的物品在完成其使用功能后能重新变成可以利用的资源。按照循环经济的思想，再循环有两种情况：一种是原级再循环，即废品被循环用来生产同一类型的新产品，例如报纸——再生报纸；另一种是次级再循环，即将废物资源转化成其他产品的原料。

实施循环经济是实现保护生态环境与经济增长平衡的重要途径。20 世纪 90 年代，发展循环经济成为国际社会改善生态环境的重要途径。我国在 20 世纪 90 年代引入循环经济的发展理念。2017 年 10 月，党的十九大又强调“建立健全绿色低碳循环发展的经济体系，……推进资源全面节约和循环利用，实施国家节水行动，降低能耗、物耗，实现生产系统和生活系统循环链接”，循环经济已成为我国党和国家转变发展方式的战略手段。

3. 低碳经济理论

低碳经济是指温室气体排放量尽可能低的经济发展方式，尤其是要有效控制二氧化碳这一主要温室气体的排放量。在全球气候变暖的大背景下，低碳经济受到越来越多国家的关注。低碳经济以低能耗、低排放、低污染为基本特征，其实质是提高传统化石能源利用效率的同时降低二氧化碳排放量，以及增加清洁能源和可再生能源在能源供应中的比例以改变现有的能源供应结构，其核心是技术创新、制度创新和国家权益的全球性革命。

低碳经济理论的提出最早见于英国。作为第一次工业革命的先驱以及一个资源并不丰富的岛国，英国充分认识到了能源安全和气候变化的威胁，2003 年发布了英国能源白皮书《我们能源的未来：创建低碳经济》。

低碳经济理论主要源自四个方面：其一，生态足迹理论。它由加拿大生态学家 W · 雷斯在 1992 年提出，并由 M · 魏克内格逐步完善而形成的。生态足迹是指生产某人口群体所消费的物质资料的所有资源和吸纳这些人口所产生的所有废弃物质所需要的具有生物生产力的地域空间。它可以用来判断某个国家或区域的发展是否处于生态承载力范围内。于是被人们引申出了“碳足迹”的概念，用于衡量各种人类活动产生的温室气体排放量。如果人类使用化石能源多，导致地球变暖的二氧化碳等温室气体也就制造得多，因此表明碳足迹就越大。其二，生态现代化理论，由德国学者胡伯提出。要求采用预防和创新原则，推动经济增长与环境退化脱钩，实现经济与环境双赢。其三，环境库茨涅茨曲线理论。该理论认为，在经济发展过程中，环境状况先是恶化而后得到逐步改善。人类从高碳经济到低碳经济的转型轨迹也必然要经历这样一个过程，在此过程中人们虽不能改变倒 U 形轨迹，但可以努力削减倒 U 形轨迹的峰值，并促进倒 U 形轨迹尽早经过拐点。其四，“城市矿山”理论。即认为被丢弃的可回收金属是沉睡在城市里的“矿山”，为我们依靠技术创新和政策支持，加强可再生资源利用，提高能源效率，实现高碳经济向低碳经济转变。

低碳经济主要从四个方面对人们的生产活动提出要求：一是节能，主要通过提高能源使用效率来实现，比如推广节能电器、小排量汽车等。二是减少排放，例如通过碳捕获技术、清洁煤技术等新技术大量降低排放量，或是通过行政问责、经济处罚等治理手段来达到减排效果。三是使用新能源，例如用核电、风电和光伏发电作为替代能源。四是增强碳吸收能力，例如增强森林、草原、耕地碳汇能力，来实现捕获和减少二氧化碳的目的。

近年来，全球气候变暖、生态失衡和环境污染等原因，已经导致全球范围内自然灾害和极端气候条件频发，也使得气候变化成为全球面临的最严峻的挑战之一。只有大力发展低碳经济，减少温室气体的排放，保障能源供应的安全，减轻经济增长对生态环境和全球气候的不利影响，才能引领经济和社会实现长期、可持续的繁荣和发展，进而实现生态文明。

我国二氧化碳排放面临严峻的形势和巨大的国际压力。与全球气温的上升趋势相一致，我国近百年来的气温也呈明显上升趋势。我国明确把发展低碳经济作为促进经济增长、实现节能减排、应对气候变暖的主要着力点。“十三五”规划纲要明确了低碳发展的目标任务，着力推动我国二氧化碳排放 2030 年左右达到峰值并争取尽早达峰。国务院还印发了《“十三五”控制温室气体排放工作方案》，加快推进绿色低碳发展。

4. 绿色发展理论

所谓绿色发展是指国家的生理代谢、运行机制和行为方式等建立在遵循自然规律、有利于保护生态环境的基础之上；国家经济社会发展要与生态环境容量相适应，不以损害和降低生态环境的承载能力、危害和牺牲人类健康幸福为代价；追求经济、社会与生态环境的协调可持续发展，以实现生产、生活与生态三者互动和谐、共生共赢为目标。绿色发展着重体现的生态文明和绿色文明，它既反对人类中心主义，又反对自然中心主义，而是以人类社会与自然界相互作用、保持动态平衡为中心，强调人与自然的整体与和谐双赢式发展。

“绿色程度”可以用来表示对环境和发展问题的不同思考，其中浅绿色的观念是20世纪六七十年代第一次环境运动的基调，它建立在环境与发展分离的思想基础上；而深绿色的观念则是20世纪90年代以来以可持续发展为标志的绿色新思想，它要求将环境与发展进行整合性思考，是真正能够促进跨越式发展的绿色发展思想。从“浅绿”到“深绿”的转变，是绿色发展思潮的成功演进，标志着真正的绿色发展时代的到来。

推动绿色发展、促进绿色消费，是加快转变经济发展方式、提高发展质量和效益的内在要求。而绿色消费，主要是指以节约资源和保护环境为特征的消费行为，表现为崇尚勤俭节约，减少损失浪费，选择高效、环保的产品和服务，降低消费过程中的资源消耗和污染排放。

当前，我国已进入消费需求持续增长、消费拉动经济作用明显增强的重要阶段，加快绿色发展不仅需要供给侧持续发力，同时也要靠需求侧持续拉动。在这一过程中，既要培育绿色理念，构建绿色消费机制，还要发展生态产业，增加绿色消费供给；既要善用营销策略，激发绿色消费需求，还要强化生态监管，切实保障绿色消费。2016年2月17日，国家发展改革委、中宣部、科技部等十部门联合出台了《关于促进绿色消费的指导意见》，对绿色产品消费、绿色服务供给、金融扶持等进行了部署，还提及“支持发展共享经济，鼓励个人闲置资源有效利用，有序发展网络预约拼车”等。

“绿色发展是生态文明建设的必然要求，代表了当今科技和产业变革方向，是最有前途的发展领域。人类发展活动必须尊重自然、顺应自然、保护自然，否则就会受到大自然的报复。这个规律谁也无法抗拒。要加深对自然规律的认识，自觉以对规律的认识指导行动。不仅要研究生态恢复治理防护的措施，而且要加深对生物多样性等科学规律的认识；不仅要从政策上加强管理和保护，而且要从全球变化、碳循环机理等方面加深认识，依靠科技创新破解绿色发展难题，形成人与自然和谐发展新格局。”①

总之，源自于中国传统和西方的生态观中有关人与自然的关系、有关生态生产力和生态经济学中有关规模、效率、公平问题的看法，可以对我国生态文明建设、对思考自然资源稀缺条件下的中国发展带来启示。事实上，这些理论也已在中国学术界得到发展，并结合中国实际得以本土化改进和应用(表2-1)。我们可以从马克思主义生态观中得到高度重视人与自然、人与人、人与社会的

① 习近平.为建设世界科技强国而奋斗[M].北京：人民出版社，2016.

和谐关系的理念，从循环经济、低碳经济、绿色发展等具体经济理论中提取高度重视土地、能源、水以及重要原材料的资源生产率、重视生态生产力的生态经济学的启示，从而为我们的生态文明建设服务。

表 2-1 循环经济、低碳经济和绿色发展的理论内涵

理念	理论出处	核心概念	我国的借鉴经验
循环经济	浅绿色：马克思； 深绿色：K·波尔丁（Kenneth Ewart Boulding）	以减量化、再利用、再循环的 3R 为原则； 以低消耗、低排放、高效率为基本特征	我国从 20 世纪 90 年代引入循环经济的发展理念； 2017 年 10 月，党的十九大强调"建立健全绿色低碳循环发展的经济体系"
低碳经济	英国能源白皮书《我们能源的未来：创建低碳经济》	以低能耗、低排放、低污染为基本特征； 尤其是要有效控制二氧化碳这一主要温室气体的排放量	"十三五"规划纲要明确了低碳发展的目标任务
绿色发展	浅绿色：20 世纪六七十年代； 深绿色：20 世纪 90 年代	追求经济、社会与生态环境协调可持续发展，以实现生产、生活与生态三者互动和谐、共生共赢为目标	2016 年，国家发展改革委、中宣部、科技部等十部门联合出台了《关于促进绿色消费的指导意见》，对绿色产品消费、绿色服务供给、金融扶持等进行了部署

（三）中国共产党生态文明的理论发展

1. 毛泽东与"绿化祖国""大地园林化"

中华人民共和国成立之初，我国的生态问题主要由长期战争和自然灾害带来，工业化才刚刚起步，由工业化带来的环境污染和生态破坏只在局部地区出现，程度较轻，并未带来具有影响力的生态问题。毛泽东在马克思主义认识论主客体关系方面，尝试阐释了人与自然之间的辩证关系，也进行了一系列的实践。

毛泽东认为："吾人虽为自然所规定，而亦即为自然之一部分。故自然有规定吾人之力，吾人亦有规定自然之力；吾人之力虽微，而不能谓其无影响（于）自然。"①他认为人是自然的一部分，人虽受制于自然，但也可以在认识自然的基础上，充分发挥主观能动性，从而改造自然。

在这种认识下，以毛泽东为代表的中央领导集体提倡"计划生育"。1954 年 1 月，中共中央批准卫生部《关于节育问题的报告》，并第一次以正式文件的形式发出了《关于控制人口问题的指示》。1957 年 10 月 25 日，我国正式公布了由毛泽东亲自主持制定的《1956 年到 1967 年全国农业发展纲要》。其中第二十九条提出：除了少数民族地区外，在一切人口稠密的地方，宣传和推广计划生育，提倡有计划地生育子女，使家庭避免过重的生活负担，使子女受

---

① 毛泽东.毛泽东著作选读（上册）[C].北京：人民出版社，1986.

到较好的教育，并且得到充分的就业机会。这标志着中国计划生育政策的基本形成。

毛泽东在处理人与自然关系的实践中也曾发出“绿化祖国”的号召。1949年以来，党和国家十分重视绿化建设。20世纪50年代中期，毛泽东号召“绿化祖国”、实行“大地园林化”，并对荒山和村庄的绿化进行规划，期望通过植树造林改变祖国的面貌。20世纪50年代末，党中央还意识到植树造林对农业、工业发展的重要作用。毛泽东还在1958年11月的郑州会议上强调了林业的重要性。20世纪60年代，毛泽东意识到植树造林的环保作用，认为：“房前屋后、公路两旁、道路两旁、火车路两旁、渠道两旁，都可以栽树，树多了，空气当中的水分就多了。树还可以防风、防沙，夏天劳动者还可以休息，还可以用材，种水果树还可以吃水果。”①

杨玫和郭卫东（2017）认为，毛泽东针对人与自然之间辩证关系的思想拓展了马克思主义针对人与自然之间关系二重性的规律，但也在一些具体的实践中出现了一些问题。这一时期人们把人与自然的关系当作中国历史发展中一场新的“战争”，对大自然开战，发展中国的经济、文化，从而建设成一个新的中国。“大跃进”运动、“全民炼钢”运动以及“文化大革命”期间以粮为纲、毁坏山林开辟土地等使自然环境持续地恶化，经济却不见得发展。②

他们同样指出，毛泽东在针对人与自然之间关系认识所存在的局限性和实践中所发生的失误一定程度上是中国特定历史环境下的产物。在中华人民共和国成立之初，经济落后，百废待兴，一心想着发展生产力，因此可能存在自然规划上没有周全的认知等问题。

2. 邓小平与环境保护、全民义务植树

在经历了“文化大革命”之后，水土流失、沙漠化等一系列中国生态环境问题开始恶化，邓小平同志为加强生态环境保护，开始展开对经济和生态协调发展等问题的讨论。他不仅强调植树绿化、环境保护等具体的工作，也强调要处理好经济发展速度、人口结构增速、资源环境的承受能力等之间的关系问题，在深刻总结历史经验教训、清醒认识中国国情的基础上，确立了经济建设必须与人口、资源、环境相协调的生态思想。

邓小平认为“人多有好的一面，也有坏的一面”。虽然庞大的人口数量可以生产出更多的生活资料，但是这也同样意味着人们要对大自然索取更多的自然资源，生态环境也同样要承受更大的压力。邓小平十分了解人口同资源、环境的密切关系，主张积极控制人口增长，他是较早意识到人口增长过快会给经

① 顾龙生.毛泽东经济年谱[M].北京:中共中央党校出版社,1993.

② 杨玫,郭卫东.生态文明与美丽中国建设研究[M].北京:中国水利水电出版社,2017.

济建设造成严重困难的中央领导人。1953 年 8 月，他指示卫生部改正限制节育、禁止避孕药和用具进口的做法。政务院还指示卫生部要帮助群众节育，批准卫生部修订提倡避孕的《避孕及人工流产办法》。当时卫生部受到传统观念影响，“避孕是不合乎自然规律的”“生育是个人私事不能管”这样的旧观念很流行，邓小平对此也作过批评。他是为保证我国人口有计划增长，积极主张制定一对夫妇只有一个孩子政策的中央领导人。

他还推动了人口控制的政策制定。邓小平认为制度建设带有根本性、全局性、稳定性和长期性。在邓小平的积极倡导下，1978 年 3 月 5 日，第五届全国人大第一次会议通过的宪法第 53 条规定：“国家提倡和推行计划生育。”从此计划生育被确定为我国的一项基本国策。1980 年 9 月，为了争取在 20 世纪末把我国人口总数控制在 12 亿以内，国务院向全国人民发出号召，提倡一对夫妇只生育一个孩子，为此，9 月 25 日，中共中央发布《致全体共产党员共青团员的公开信》，强调：“控制我国人口增长，这是一项关系到四个现代化建设的速度和前途，关系到子孙后代的健康和幸福，符合全国人民长远利益和当前利益的重大措施。中央要求所有共产党员、共青团员特别是各级干部，用实际行动带头响应国务院的号召，并且积极负责地、耐心细致地向广大群众进行宣传教育。”2004 年 3 月 14 日，第十届全国人大第二次会议第 9 次修订宪法，第 25 条计划生育在文字上有所修改，更明确规定：“国家推行计划生育，使人口的增长同经济和社会发展计划相适应。”

邓小平通过法律制度建设构建了生态文明制度。1979 年五届人大常委会第十一次会议颁布了《中华人民共和国环境保护法(试行)》，它是我国环境保护的基本法，标志着我国环境保护开始走上了法制轨道。他还提倡建设生态农业现代化建设道路，明确指出了我国农业政策的目的和农业发展的根本方向。

邓小平非常关注科学技术对环境保护和资源开发的作用。“科学技术是第一生产力”，在他看来，要想更好解决农村能源、进行生态环境保护问题，最终都要依靠科学，我们可以通过有效利用科学技术来开发出更多新能源。

邓小平特别重视经济建设与环境保护之间的辩证关系，强调企业节约资源、保护环境，充分发挥企业在生态文明建设中的重要作用。他提出了建设生态型企业，他认为良好的生态环境有助于提高企业经济效益。“提高产品质量是最大的节约。”他还将植树种草与改善生态、脱贫致富紧密结合，通过对环境的保护，实现当地的生态效益、经济效益和社会效益的多赢目标。并提出：“植树造林，绿化祖国，造福后代。”

邓小平作为我国改革开放和现代化建设的总设计师，在抓经济建设的同时，也非常重视环境保护和生态建设，在探索构建中国特色社会主义理论的过程中，他开展中国特色社会主义生态理论建设，并在实践中予以推行，推动了我国的生态文明建设。

3. 江泽民推动可持续发展

面对中国改革开放进一步深化，经济社会全面发展的需要，江泽民在继承和发展毛泽东、邓小平关于植树造林、保护环境的思想基础上，顺应国际范围内日益兴起的生态文明建设呼声，高屋建瓴地提出了实施可持续发展战略的思想，制定并实施了一系列重大决策和部署，推动了生态文明建设水平的提高。这一时期的理论和实践推进主要体现在以下几个方面：

首先是对可持续发展战略内涵的理解。1992 年在巴西里约热内卢召开环境与发展“世界首脑会议”，通过了《里约宣言》和《21 世纪议程》等重要文件。包括我国在内的与会各国一致承诺将保护生态，防止环境污染，走可持续发展道路作为未来的长期共同的发展战略。这也使我国中央领导集体对可持续发展战略的内涵有了深刻的理解，并且先后多次作过全面精辟的论述。1995 年党的十四届五中全会将可持续发展战略正式纳入了国民经济和社会发展“九五”计划和 2010 远景，要求把社会全面发展放在重要战略地位，大力推进经济与社会相互协调和可持续发展。这也是在中国共产党的文件中第一次使用“可持续发展”概念。江泽民指出：发展经济、消除贫困是实现可持续发展的前提；合理控制人口规模是实现可持续发展的首要问题；合理利用资源、保护环境、消除污染是实现可持续发展的必然要求；提高人民群众生活水平和生活质量，实现社会的全面进步是可持续发展战略的最终目的。

其次是全面贯彻计划生育的基本国策。江泽民高度重视我国的人口问题，并把人口问题放在经济社会与资源环境承载能力的高度加以全面落实，为了更好地推动计划生育工作，每年都对人口资源环境的问题进行专门研究部署。江泽民在党的十五大报告中强调，立足中国人口众多、资源相对不足的实际，必须要实施可持续发展战略，并要求要“坚持计划生育和保护环境的基本国策，正确处理经济发展同人口、资源、环境的关系。资源开发和节约并举，把节约放在首位，提高资源利用效率”。

特别值得注意的是，江泽民还把环境意识和环境质量提高到文明的高度：“环境意识和环境质量如何，是衡量一个国家和民族的文明程度的一个重要标志。”[①]他也推动了一系列立法和机构建设。1993 年全国人大成立了环境保护委员会，次年更名为全国人大资源与环境保护委员会。

第三是实施西部大开发战略。在确立了实施可持续发展战略的情况下，采取了许多行之有效的重要举措。实施西部大开发战略就是其中之一。在西

---

① 江泽民.江泽民文选(第一卷)[M].北京:人民出版社,2006.

部大开发工作中，江泽民特别重视生态环境建设，明确提出西部地区资源丰富，要把那里的资源优势转变为经济优势，必须坚持合理利用和节约能源的原则。

江泽民对生态环境建设的认识是通过全国的实践，从1992年的“努力改善生态环境”发展到2002年的“生产发展、生活富裕、生态良好的文明发展道路”，并作为我国社会主义初级阶段小康社会的四大目标之一。生态环境建设与文明建设初步结合，反映了我们党对社会主义建设规律认识的不断深化与发展。

4. 胡锦涛与科学发展观

进入21世纪，我国不断加快工业化、城镇化进程。经济社会快速发展的同时，对自然资源也有着与日俱增的需求。党的十六大后，以胡锦涛为总书记的党中央在带领全国人民全面建设小康社会的实践中，在过去生态建设的成功经验基础上，汲取了人类社会关于发展的有益探索，紧密联系当前中国经济社会发展实际和阶段性特征，提出了科学发展观、构筑社会主义和谐社会、建设生态文明等思想理论，将中国生态文明建设的理论和实践推向了新的高度。

党的十六届四中全会提出了“构建社会主义和谐社会”的命题。胡锦涛强调“我们所要建设的社会主义和谐社会，应该是民主法治、公平正义、诚信友爱、充满活力、安定有序、人与自然和谐相处的社会”，从而将生态文明建设纳入中国特色社会主义现代化建设事业总体布局。

党的十七大将生态文明建设作为全面建设小康社会的奋斗目标首次写入党的政治报告，这是我们党对社会主义现代化建设规律认识的新发展，标志着我国人口、生态环境保护与经济建设之间的科学发展关系基本形成。党的十七大把生态文明建设和经济建设、政治建设、文化建设、社会建设并列为全面建设小康社会奋斗目标的五大目标之一。报告指出：“建设生态文明，基本形成节约能源资源和保护生态环境的产业结构、增长方式、消费模式。循环经济形成较大规模，可再生能源比重显著上升。主要污染物排放得到有效控制，生态环境质量明显改善。生态文明观念在全社会牢固树立。”①

2008年9月19日，胡锦涛在全党深入学习实践科学发展观活动动员大会暨省部级主要领导干部专题研讨班上的讲话中又对生态文明思想进行了深入阐述：“我们必须走生产发展、生活富裕、生态良好的文明发展道路，全面推进社会主义经济建设、政治建设、文化建设、社会建设以及生态文明建设，努力加快实现以人为本、全面协调可持续的科学发展。”

---

① 胡锦涛.高举中国特色社会主义伟大旗帜，为夺取全面建设小康社会新胜利而奋斗[M].北京：人民出版社，2007.

将生态环境问题放到与人类文明同等的高度，并且提出了生态文明的理念，从而形成了中国特色的生态文明建设思想，进一步标志着中国共产党领导人生态观方面的高度成熟及完全确立。

党的十八大以前，中国共产党生态文明理论的发展过程见表 2-2。

表 2-2　党的十八大以前中国共产党生态文明理论的发展

阶段划分	历史背景	主要生态理论与实践	重要价值
萌芽阶段 （1948~1978 年）	战争创伤； 自然灾害	倡导计划生育； 提倡“绿化中国”、保护环境； 阐释人与自然的主客体关系，并重视按照自然规律治理大自然	丰富了马克思恩格斯生态文明思想的内容； 为当代中国生态文明思想的形成和发展奠定了基础
初步形成 （1978~2002 年）	水土流失； 沙漠化	推动人口控制的政策制定，推行计划生育； 构建生态制度文明； 关注科学技术对环境保护和资源开发的作用； 重视经济建设与环境保护之间的辩证关系	丰富了马克思恩格斯生态文明思想的内容； 开始重视科学技术在环境保护和资源开发中的作用
	工业文明向生态文明转型的历史潮流； 生态安全面临的严峻形势	实施可持续发展战略； 全面贯彻计划生育的基本国策； 实施西部大开发战略	实现了从经济增长向可持续发展范式的转换； 构建了发展的基本原则：和谐、可持续
逐步完善 （2002~2012 年）	生态环境的进一步恶化； 传统工业化道路弊端显现； 科学发展任务紧迫	生态文明建设作为全面建设小康社会的奋斗目标首次写入党的政治报告； 形成“五位一体”社会主义事业总布局的雏形	解决了处于社会主义初级阶段、工业文明尚未完成的发展中国家如何建设生态文明的问题； 提出了如何建设社会主义生态文明的具体途径

（四）新时代生态文明的理论发展

1. 习近平的生态观

在快速发展的工业化、城镇化进程中，发展方式粗放，消耗大、浪费多，能源、资源供给矛盾变得十分突出，环境污染较为严重，水、土壤、空气污染加重的趋势尚未得到根本遏制，部分大中城市大气污染问题严重，雾霾等极端天气增多，给人民群众身心健康带来严重危害；人民群众对美好生活环境的向往、对环境权的维护、对公共生态产品的需求与生态资源环境的承载力、生态公共产品不足、生态环保形势严峻之间的矛盾也日益凸显；再加上全球化进程的加快使全球生态安全共悬一线。在这种背景下，围绕生态文明建设和美丽中国的目标，党和国家进一步升华了中国特色社会主义生态文明思想。

理念是行动的先导。党的十八大已经明确地把生态文明建设纳入到中国国家总体布局之中，其中“五位一体”的总体布局全面勾勒了一幅未来中国发展的蓝图，中国健康有序地发展的一个重要前提就是要进行生态文明建设。党的十九大报告以“加快生态文明体制改革，建设美丽中国”为题，独立成篇阐述了我国生态文明的理念、举措、要求，指明了我国未来生态文明发展的道路、方向、目标；提出生态文明建设是中华民族永续发展的千年大计，充分体现出以习近平同志为核心的党中央对我国生态文明建设的高度重视。把生态文明建设提高到前所未有的高度，成为习近平新时代中国特色社会主义思想科学内涵极为重要的组成部分。因此，如何学习领会我国生态建设不平衡不充分的发展态势，如何解读新时代中国共产党如何带领人民践行人与自然和谐共生的发展理念，就成为了党的十九大以后我国生态文明建设的重要课题。

这一时期，党对生态文明体制改革的阐述日趋完善。而习近平一系列生态观念的提出，为生态文明建设进行了理论推进和实践指导。

习近平总书记提出“美丽中国”，描绘了生态文明建设的远景蓝图，对生态文明建设提出了多维度的要求。首先，美丽中国是一种良好的社会状态。一个强大而幸福的现代化中国，不但需要富强的经济基础和综合国力，而且也需要公平的社会秩序和优美的生活环境。因此，美丽中国不只是生态文明建设，而且是指以生态文明建设为根本途径，通过建设资源节约型、环境友好型社会，达到生产发展、生态良好、社会和谐、人民幸福的一种社会状态。其次，美丽中国是生态文明建设的价值目标。良好的生态是人类文明进步的重要基础，是人类文明整体推进的重要目标。生态文明建设是途径，美丽中国是目标，生态文明建设就是要打造适合人需求的美丽中国环境。

习近平总书记提出“绿水青山就是金山银山”的绿色发展理念，这也是生态文明建设的根本要求，它更新了关于生态与资源的传统认识，打破了简单把发展与保护对立起来的思维束缚，指明了实现发展和保护内在统一、相互促进和协调共生的方法论，带来的是发展理念和方式的深刻转变，也是执政理念和方式的深刻转变，为生态文明建设提供了根本遵循。推进生态文明建设就要坚持“绿水青山就是金山银山”的绿色发展理念，从根本上处理好经济发展与生态环境保护的关系，努力实现两者协调共赢。他深刻地认识到破坏自然的严重性，认为人类要与大自然和谐共处，人类要做大自然的好朋友以及守护者，要尊重自然界各种规律和规则，合理有效地开发大自然。习近平还在马克思自然生产力理念的基础上提出了生态生产力观念，认为“良好的生态环境本身就是生产力，就是发展后劲，也是一个地区的核心竞争力”，强调了保护自然的重要思想，指出了综合竞争力的关键。

习近平总书记提出生态文明建设的核心要义。习近平总书记指出：“环境就是民生，青山就是美丽，蓝天也是幸福。”建设生态文明既是民生，也是民意。随着社会发展和人民生活水平不断提高，良好生态环境成为人民生活质量的重要内容，在群众生活幸福指数中的地位不断凸显。建设生态文明的核心就是增加优质生态产品供给，让良好生态环境成为普惠的民生福祉，成为提升人民群众获得感、幸福感的增长点。

习近平总书记指明了生态文明建设的主阵地。习近平总书记指出，“要像保护眼睛一样保护生态环境，像对待生命一样对待生态环境。”推进生态文明建设，关键在于打破资源环境瓶颈制约、改善生态环境质量，生态环境保护必然是主阵地和主力军。我国正处在新型工业化、信息化、城镇化、农业现代化同步发展的进程中，发达国家在一二百年工业化发展过程中逐步显现和解决的环境问题在我国累积叠加，生态环境已经成为全面建成小康社会的突出短板。要加大环境治理和生态保护工作力度、投资力度、政策力度，以改善环境质量为核心，切实解决损害群众健康的突出环境问题。

习近平总书记还指出生态文明建设的系统观和国际视野，前面第二节已有阐述，此处就不再赘述。习近平总书记一系列的生态文明思想，凸显了在探寻中国经济社会发展从传统向现代的转换中全心全意为人民服务的宗旨意识，又不断以对人民负责的态度引导人们生产方式、生活方式的重大变革，深刻反映了人本情怀、民生福祉的本质特征。

2. 新时代中国生态观的意义

习近平总书记指出，“生态兴则文明兴，生态衰则文明衰。”建设生态文明是关系人民福祉、关乎民族未来的大计，是实现中华民族伟大复兴中国梦的重要内容。同时，也是加快转变经济发展方式、提高发展质量和效益的内在要求，是全面建成小康社会、建设美丽中国的时代抉择，是积极应对气候变化、维护全球生态安全的重大举措。面对资源约束趋紧、环境污染严重、生态系统退化的严峻形势，必须站在中国特色社会主义全面发展和中华民族永续发展的战略高度，来深化认识和大力推进生态文明建设，努力开创社会主义生态文明新时代。

建设生态文明既实现了马克思和恩格斯生态文明思想的中国化，又体现了中国发展理念的飞跃，丰富了中国特色社会主义理论体系的内容。从科学发展到绿色发展，“绿色化”成为统领生态文明建设实践的目标导向，成为指导我国实现生态文明的重要价值理念；它提供了发展中国家建设生态文明的经验总结，坚定了发展中国家建设生态文明的信念和信心，开创了社会主义文明发展道路的新探索，增强了世界社会主义的实力，扩大了社会主义的影响。对我国而言，只要我们坚持建设社会主义生态文明，世界上就将有1/5的人享受生态文明的建设成果。中国绿色发展的实践体现了全球问题的中国思考，并为世界提供了中国智慧，推动了世界范围内生态文明理论的发展。

四、新时代生态文明理论建设的创新方向

新时代建设美丽中国和践行绿色发展理念，完成生态文明的重大战略任务，需要在经济、政治、文化、传播等领域全面推进生态文明的理论创新。

（一）生态文明建设中的经济理论创新

生态经济理论建构是生态文明建设的基础。根据马克思经济基础在人类社会经济发展中的地位和作用的原理，构建生态文明理论首先应建构生态经济理论，或具体表现为构建中国特色的生态经济学理论（表2–3）。

表2–3　生态文明建设的经济理论创新

生态生产力的理论建构	1. 生产力的核心地位和构成要素； 2. 生态生产力和自然生产力的相关论述； 3.“科学技术是第一生产力”； 4.“良好的环境就是生产力”
生态经济学的理论内涵	1. 宏观生态经济学：政府的作用； 2. 微观生态经济学：循环经济、绿色经济、低碳经济等理论的借鉴和创新； 3. 消费生态经济学：树立正确的生态消费观

1. 生态生产力的理论建构

马克思和恩格斯确立了生产力在人类社会发展中的核心地位，明确了生产力的构成要素。从社会和自然的关系角度可以把生产力划分为社会生产力和自然生产力。中国特色社会主义在实践中丰富和发展马克思主义生产力理论，开始研究生态生产力，发展马克思主义的自然生产力思想；中国共产党深化“科学技术是第一生产力”思想，在经济价值的基础上融入精神价值，提升文化价值品位；确定生态生产力的构成要素及发展趋势，明确生态价值是第一价值。习近平指出“良好的生态环境本身就是生产力，就是发展后劲，也是一个地区

的核心竞争力”。

2. 丰富生态经济学的理论内涵

生态经济学旨在应对日益严重的资源、生态危机提出可行的经济对策。西方生态经济学的理论建设在一定程度上对我国的生态经济建设具有启示作用，但我们还是应该立足我国的基本国情进行理论探索，从而构建具有中国特色的生态经济理论。

首先，应该明确政府角色的重要性。科学的宏观调控，有效的政府治理，是发挥社会主义市场经济体制优势的可靠手段。在党的领导下，通过政府主导，号召广大人民群众积极参与，从而建构宏观生态经济学，是生态经济学建构的有效路径。其次，是构建微观生态经济学，在经济活动中纳入人与自然关系的考量，全面认识工业化、信息化、城镇化、市场化、国际化的新趋势，从而构建中国特色微观生态经济学，为加快转变经济发展方式，推动产业结构优化升级，建设生态农业、绿色工业、人文服务业和新型生态产业提供理论指导。我们可以通过充分吸收借鉴循环经济、绿色经济和低碳经济的理论，通过创新驱动生产方式的转变，从而走出一条科技含量高、经济效益好、资源消耗低、环境污染少、人力资源得到充分发挥的现代化生态新路径。第三，构建消费生态经济学。从满足环保节能的生态需要出发，培养正确的消费观，倡导适度消费、健康消费和绿色消费，加快生态文明建设，推动经济社会绿色发展。

（二）生态文明建设中的政治理论创新

生态文明建设中的政治理论创新主要体现在生态政治制度文明的建设和生态文明行政职能的完善（表2–4）。

表2–4 生态文明建设的政治理论创新

政治制度文明的建设	1. 生态文明建设宏观层面的战略管理和立法工作； 2. 深化改革、制度创新、法治保障
行政职能的完善和发展	1. 建立健全监督约束机制：纳入政绩考量； 2. 重视生态行政建设； 3. 推进生态民主建设：积极推动广大人民群体的主动参与

1. 生态政治制度文明的建设

政治文明建设特别是政治制度文明建设，在我国生态文明建设中居于核心地位。要积极推动政治体制改革，建立与中国特色生态文明建设相适应，并指导中国特色生态文明建设的中国特色生态政治文明体制机制。

政治制度文明的建设主要体现在生态文明建设宏观层面的战略管理和立法工作。党的十八大以来，以习近平同志为核心的党中央高度重视立法工作在法治建设中的重要作用。习近平同志长期以来非常重视生态立法工作的重要性，并强调要通过加强生态立法来完善各项生态法律制度。党的十八大以来，习近平总书记从加强资源保护、科学界定自然资源的所有权、加快国土国家开发保护等方面，论证了生态法治建设必须要以这些相关制度的法律化为基础的重要性。习近平生态法治思想特别注重运用包括法治在内的各种综合治理的手段和方式来提高生态文明建设的水平。2015 年 3 月 24 日，在习近平总书记的主持下，中共中央政治局审议通过了《关于加快推进生态文明建设的意见》。该意见非常明确地要求“必须把制度建设作为推进生态文明建设的重中之重，按照国家治理体系和治理能力现代化的要求，着力破解制约生态文明建设的体制机制障碍，以资源环境生态红线管控、自然资源资产产权和用途管制、自然资源资产负债表、自然资源资产离任审计、生态环境损害赔偿和责任追究、生态补偿等重大制度为突破口，深化生态文明体制改革，尽快出台相关改革方案，建立系统完整的制度体系，把生态文明建设纳入法治化、制度化轨道”。为此，在生态文明建设中，必须要从深化改革、制度创新、法治保障等有机结合的角度来为生态文明建设、美丽中国建设创造一个良好的制度环境和条件。

2. 生态文明的行政职能的发展和完善

生态政治文明建设中，行政职能的发展体现着生态政治文明的进步。绿色政治视角下行政职能的完善，第一，体现在把生态文明建设的绩效纳入各级党委、政府及领导干部的政绩考核指标中，建立健全监督约束机制。2015 年 3 月，环境保护部重启绿色 GDP 研究项目，致力于把资源消耗、环境损害、生态效益等体现生态文明建设状况的指标纳入经济社会发展评价体系。第二，重视生态行政建设。深刻认识发展与人口、资源、环境之间的互动关系，了解经济活动对生态变化的影响，掌握变化规律，提高对生态质量影响的判断能力以及解决问题的能力，提高保护和改善生态环境、建设生态文明的主观能动性。第三，推进生态民主建设，积极推动广大人民群众的主动参与。没有人民群众的参与热情和主动推进，生态文明建设将一事无成。培养人民群众的参与意识并维护其知情权和监督权，让其从生态文明建设中深刻了解和明确认识自己的利益所在，从而激发人民群众参与生态文明建设的热情。

(三) 生态文明建设中的文化理论创新

生态文明中文化视角的理论创新主要体现在：培育生态文明意识、普及生态文明教育和加强生态文化理论研究三个方面(表 2-5)。

表 2-5　生态文明建设的文化理论创新

培育生态文明意识	1. 将生态文明的个体意识上升为群体意识,并通过国家意志表现出来； 2. 形成强烈的生态文明民主和公平意识； 3. 将生态文明的思想内化为人民群众的生态伦理意识
普及生态文明教育	1. 探索生态素养教育理论； 2. 充分利用现代传媒形式和手段； 3. 生态文明基层共建； 4. 加强生态文化基地建设
加强生态文化理论研究	1. 构建理想生态文化模式； 2. 加强环境伦理道德建设； 3. 加强生态道德教育

1. 培育生态文明意识

培育生态文明意识是社会发展的过程，更是文明进步的过程。生态文明意识作为社会意识的一个子系统，历经从无到有，从分散、自发的个人意识到国家意志，体现了生态文明这一社会存在的不断发展，反映了人类主体对生态文明建设的深层把握。

我国的生态文明意识建设主要从以下几方面作出努力：首先是将生态文明的个体意识上升为群体意识，并通过国家意志表现出来。在生态文明意识建设中，公民仅有个人生态意识和环保行为是不够的，因为个人意识、群体意识的产生有自发性，不一定是自觉意识，且个人意识和群体意识还具有多样性、非统一性、不系统性、不稳定性等，主要通过感情、风俗、习惯、成见、自发倾向和信念、愿望、审美情趣等表现出来。要形成稳定的生态文明国家政治意志，必须遵循个体意识上升为群体意识，群体意识上升为国家意志的路径，使人民负有生态珍惜和生态保护的义务，并最后通过国家将集体意志的结论通过政治、法律等途径确认下来。其次是形成强烈的生态文明民主和公平意识。它不仅能使公民自觉关注生态环境，通过参政议政等政治途径或非正式的民间途径改善本地区的环境问题，还能促进公民关注全国的、全球的环境问题，将生态文明的视野放宽、放远。最后是将生态文明的思想内化为人民群众的生态伦理意识。我们树立生态文明意识的最终目标是使公民真正认可生态文明的行为，并自觉尊重、珍爱生态环境，从而使公民自觉表现出生态文明的行为方式。

2. 普及生态文明教育

要培育生态文明意识，就必须普及生态教育。通过教育提升人们对生态文化的认同感，增强人们日常行为的生态自律意识，牢固树立生态文化观念，是处理生态问题的一条重要途径。需要从这几个方面逐步展开：第一，探索生态素养教育理论，完善学校教育体系，将生态素养融入到教学体系中；探索生态素养的概念与内涵，研究不同阶段的学生应具备怎样的生态素养，以及这些素养教育在教育体系中的融入方法；用研究理论指导实践，在实践中进一步发展生态素养理论。第二，充分利用现代传媒形式和手段，通过电影、广播、报纸杂志、互联网、绘画、广告以及大型公益活动，在全社会广泛开展人口、资源、环境、国情教育和生态科普教育，引导全社会树立人口资源环境意识和可持续发展意识。第三，加强生态文明基层共建。把广大人民群众在生产、生活实践中所培养的好的生态环境保护习俗加以巩固、弘扬和创新，不断赋予其新的内涵，使其成为生态文明建设的观念基础。第四，加强生态文化基地建设。通过建立自然保护区、森林公园、野生动植物园、湿地建设等生态文化建设，积极开发自然山水、民族、人文特色生态园，普及生态知识，发挥它们对人们生态文化教育的作用，为公众认识生态、探索自然提供场所和条件。

3. 加强生态文化理论研究

我们要建设生态文明，就必须构建与其相适应的表达体系，并使其具有科学性、民族性和时代性，从而充分指导我们的生态文明建设实践，因此加强生态文化理论研究是生态文明建设文化理论创新的重中之重。

首先，可以通过整理艺术创作作品提炼文化遗产中的精华，利用优秀电影、小说等作品所渗透出的先进生态文化观念，唤醒人民对大自然的爱和感知，从而指导生态文明建设的具体实践。

其次，构建生态文化体系。通过构建理想生态文化模式，为人们描绘理想生活的蓝图，培育人们自觉追求人与人、人与自然和谐的幸福观。加强环境伦理道德建设，构建生态环境伦理道德体系，包括人与自然和谐相处的生态价值观、生态伦理观和环境道德观。通过生态道德的引导实现“内化于心，外化于行”。

（四）生态文明建设中的传播理论创新

政治、经济和文化理论的创新目的在于指导实践，而成功的生态实践离不开政府、企业与公众之间的有效沟通和互动。现代信息技术的快速发展和新媒体的普遍使用，为生态文明理念的推广提供了有力的传播渠道和手段。一方面，政府可以利用新兴媒体来面向公众宣传生态观念，从而促进个人生态文明意识的提升。另一方面，公众可以利用新媒体技术的赋权，通过监督、建言、转发信息、网络参与等方法扩大社会生态文明建设的参与度。因此，生态文明理论内涵的发展还需要发展以传播者、传播渠道、传播方式等为核心的生态传播理论（表2–6）。

表2–6　生态文明建设的传播理论创新

建构多主体的传播者体系	1. 以政府为主导； 2. 发挥非政府组织、公众和企业等多主体的积极作用
发展新时代整合传播渠道	1. 利用新媒体的便利性使环境传播快速及时； 2. 利用新媒体内容的多样性使环境传播立体呈现； 3. 利用新媒体去中心化和互动机制扩大社会参与程度； 4. 利用大众传播媒体的权威优势使环境传播持久广泛
探索生态文明传播的有效模式	1. 采取多层次的传播策略； 2. 采取多元化的传播策略； 3. 开展传播效果研究，探寻有效的传播策略

1. 建构多主体的传播者体系

生态文明传播理论的发展应以政府为主导，同时发挥非政府组织、公众和企业等积极作用，建构起多主体的传播者体系。

政府是环境传播的主导者。一方面，作为具有引导性的主体，政府应加强对生态文明各项制度内涵和改革方向的解读和宣传，普及培育生态文化，提高生态文明意识，倡导绿色发展方式和生活方式，形成崇尚生态文明、合力推进生态文明建设和生态文明体制改革的社会氛围。另一发面，政策的正确制定和顺利实施离不开企业和公众的支持。政府在加强话语建设的同时，应鼓励这些主体理性发声，形成基于信任的良性互动与合作网络，以有效引导环境舆论、进行政策的反馈和调整，从而共同推动环境治理的进程。政府在合作过程中应发挥引导者的角色，通过提升非政府组织、公众和企业的参与度来提高环境治理的效率及营造和谐氛围。尤其是，在现代化进程中，社会风险几乎不可避免。在一些环境风险议题中，出现了民众的感知风险高于技术风险（物理性的、实际有形的、可被量化的风险）的现象。例如，在建造垃圾处理厂、PX化工项目、核电站等事件中，主流媒体、相关领域专家以及公众利用新媒体赋权而展开的意见争夺决定了风险信息的互动过程和风险走向。利益方的暗箱操作、信息控制和社会团体缺失等因素导致公众有很强的不信任感和不安全感，从而“对抗性解读”政府信息，并进行非理性表达，这增加了社会风险。风险认知的放大会对风险沟通和社会稳定构成挑战，这个时候充分利用政府、非政府组织、公众和企业等多主体进行沟通和发声来缓冲矛盾、减少风险尤为重要。

2. 壮大新时代整合传播渠道

相对于传统媒体，以网络信息技术为支撑的新媒体信息传播速度更快、开放性更强、方式更灵活、互动更及时。新媒体在中国的普遍使用为发展生态文明传播的整合渠道从传播便利性、内容多样性、参与平等性以及多媒体互动性四个方面提供了可能。

首先，利用新媒体的便利性使环境传播更快速及时。新媒体为政策的宣传、解读和公众对环境议题的关注提供了便利性。受众可以通过手机、电脑等媒体直接而快速地接触接受环境信息，从而增加生态知识、提升生态素养、增强生态文明理念。为确保理念的即时宣传和普及，可以通过手机直播等形式第一时间直播重要的会议或传播重要的新闻，以帮助公众更快、更及时地理解生态政策和理念提出的背景和具体内涵，从而加深其对生态文明的理解。

其次，利用新媒体内容的多样性使环境传播立体呈现。新媒体时代的宣传不仅仅是新闻文本的传播和说服，而是包含视频、动画、手机 H5 页面等多种形式的组合信息传播。例如，一些省份在开展“美丽乡村”建设时，利用微视频传递传统村落文化，展现乡村的青山绿水和淳朴民风，讲述乡村故事，制造热点话题，借鉴病毒式营销的传播机制，增强公众对生态的认识，促进公众的环境参与行为。

第三，利用新媒体去中心化和互动机制扩大社会参与程度。在传播内容的提供层面，应从源头把控官方公众号平台或官方微博平台内容的质量，生产优质和社交属性强的内容。在内容的接受层面，新媒体使社会大众获得了更多的权利。公众可以通过主动的信息搜寻、在社交平台上订阅公众号，关注国内甚至全球的环境问题；也可以通过社交媒体上的社群进行人际传播，共享环境规范或者为本地的环境问题建言献策；又或者利用新媒体技术，自己成为一个自媒体，创办个人公众号，向他人传输正确的生态观念或者号召大家共同参与生态文明建设实践。公众的绿色信息传递行为值得鼓励，它不仅是生态文明理论最终与实践结合的路径，也是理论发展的大众思想源泉。

第四，利用大众传播媒体的权威优势使环境传播持久广泛。相较新媒体，电视、报纸、杂志等大众传播媒体在公信力、权威性和专业性等方面仍具优势，大众传媒是现代社会的主要信息提供者和议题设置者，媒体要广泛、持续地进行高效环境传播，以提高公众的环境意识和能力。同时，应促进环境传播领域的传统媒体和新媒体的媒介融合进程，通过促进传统媒体的新传播模式转型，比如建立官方微信公众号或在报社设立融媒体中心等，实现优势互补，增强生态文明传播的覆盖面。

3. 探索生态文明传播的有效模式

中国是个人口大国，生态文明的建设需要每一个社会公众成员的参与，他们是环境的直接受益者或受害者。公众要形成绿色的生活习惯、开展绿色行为，离不开生态素养的提升。政府需要探究科学有效的传播策略，分步骤、有计划地开展针对性传播，制定生态文明传播的长效机制。

第一，采取多层次的传播策略。中国地大物博，不同地域的气候和资源差异较大。因此，传播应对受众群体进行细分，基于地理、区域、经济发展状态、突出环境问题等形成多层级的传播态势。

第二，采取多元化的传播策略。包括通过生态污染的图片使受众切身感受生态环境污染的恶劣；通过数据呈现和逻辑推演使受众意识到生态文明建设的科学性；通过报道生态改造的典型案例来加强受众对生态文明的具体感知；通过环境事件的亲身经历者讲出他的故事、提供证词来加强传播冲击力。

第三，开展传播效果研究，探寻有效的传播策略。目前我国已开展大量的环境传播，包括公益性广告、纪录片、环境新闻、公益组织信息等。应进一步探讨这些传播的内容和方式是否符合公众的接收心理，是否能有效提升公众的生态素养、促进绿色行为。这需要加强理论研究，进而指导实践。

总之，在新时代，我们应充分利用新媒体传播生态环境提供的契机，构建以传播者、传播渠道、传播方式等为核心的生态传播理论，形成多主体的良性生态信息流动，从而在更好地实现理论指导实践的同时，为生态文明理论建设提供更广泛的思想来源。

第三章

加快推进生态文明建设的战略目标

——中华民族永续发展的千年大计

党的十九大报告提出，坚持人与自然和谐共生的发展方略：“建设生态文明是中华民族永续发展的千年大计。坚定走生产发展、生活富裕、生态良好的文明发展道路，建设美丽中国，为人民创造良好生产生活环境，为全球生态安全作出贡献。”加快推进生态文明建设，实现中华民族永续发展，是经济建设、政治建设、文化建设、社会建设以及生态文明建设“五位一体”总体布局的战略要求，也是践行创新、协调、绿色、开放、共享新发展理念的具体行动，对实现“两个一百年”奋斗目标和中华民族伟大复兴具有重大意义。

一、生态文明建设的缘起

（一）人民对美好自然的向往

中国领土辽阔广大，东西相距约 5000 公里，大陆海岸线长达 18000 多公里，总面积约 960 万平方公里，仅次于俄罗斯、加拿大，居世界第 3 位，差不多同整个欧洲面积相等。在中国辽阔的大地上，地势西高东低，山地、高原和丘陵约占陆地面积的 67%，盆地和平原约占陆地面积的 33%。山脉多呈东西和东北—西南走向，有雄伟的高原、起伏的山岭、广阔的平原、低缓的丘陵，还有四周群山环抱、中间低平的大小盆地。中国有许多源远流长的大江大河，其中流域面积超过 1000 平方公里的河流就有 1500 多条。中国湖泊众多，共有湖泊 24800 多个，其中面积在 1 平方公里以上的天然湖泊就有 2800 多个。这些河流、湖泊不仅是中国地理环境的重要组成部分，而且还蕴藏着丰富的自然资源，黄河、长江、珠江、澜沧江等世界级河流，适宜内河航运和水利资源的利用。中国广袤的领土多位于中纬度地区，气候温和，对于经济活动至关重要。

中国拥有世界上最强的季风，东南季风和西南季风带来了充沛的降水，使得中国东部雨热同期，极有利于农业发展。丰富的自然资源和优良的自然环境，为中国人居环境和经济发展提供了优异的条件。

中国历史文化悠久而灿烂。在漫长的中国社会发展中，经济文化的基础是农耕自然经济，但也包括牧业、林业和渔业等，它们是农业经济的补充，对农业经济的发展，起到了重要的作用。农耕文明决定了中华文化的特征。聚族而居、精耕细作的农耕文明孕育了内敛式自给自足的生活方式、文化传统、农政思想、乡村管理制度等，且农耕文明的地域多样性、民族多元性、历史传承性和乡土民间性，正是中华文化之所以绵延不断、长盛不衰的重要原因。以渔樵耕读为代表的农耕文明是千百年来中华民族生产生活的实践总结，是华夏儿女以不同形式延续下来的精华浓缩并传承至今的一种文化形态。农耕文明培养和孕育出爱国、团结、独立、和平的文化传统和尊老爱幼、吃苦耐劳、勤俭节约、邻里相帮等价值理念。

中国人民在历史长河中形成了对自然环境的深刻认识,特别是崇尚宜居环境、追求美好生活的向往一直流传。回眸历史长河，田园生活自古便受人喜爱。早在先秦时期民间流传的《击壤歌》有云：“日出而作，日入而息，凿井而饮，耕田而食。”就描述了乡村闾里人们击打土壤，歌颂太平盛世的情景。春秋时期，范蠡告别名利场，与西施泛舟于太湖之上；东晋有陶渊明弃职而去，归隐田园；唐代更有王维将山水园林“搬”至家中，赏林游湖。置身山水田园，自有诗意闲情在心间。田园生活，山水为邻，花鸟相伴。既有“采菊东篱下，悠然见南山”的惬意，亦含“行至水穷处，坐看云起时”的闲适。古代文人的情怀能反映出民族传统文化底蕴，脍炙人口的文字，传递出人们情感的共鸣。农耕文明推崇自然和谐，契合中华文化对于人生最高修养的乐天知命原则，乐天是知晓宇宙的法则和规律，知命则是懂得生命的价值和真谛。

（二）工业革命带来的生态灾难

迄今为止，人类完成了三次工业革命，社会生产力极大提高，给人民的物质生活带来了极大便利和满足。第一次工业革命开始于 18 世纪 60 年代，到 19 世纪中期，是指资本主义工业化的早期历程，即资本主义生产完成了从工场手工业向机器大工业过渡的阶段，从英国开始传播到欧洲，再发展到北美洲。一般认为，蒸汽机、煤、铁和钢是促成工业革命技术加速发展的四项主要因素，极大地提高了社会生产力，资本主义制度得到巩固与广泛建立，殖民侵略进入以商品输出为主的时期。第二次工业革命是从 19 世纪下半叶到 20 世纪初，人类开始进入电气时代，内燃机开始出现，并在信息革命、资讯革命中达到顶峰，自然科学取得突破性进展，科学技术与工业生产紧密结合，推动了生产力的快速发展。世界市场的出现和资本主义世界体系的形成，进一步扩大了对商品的需求。第三次工业革命属于20世纪后半期，科学理论取得重大突破，科学技术转化为直接生产力的速度加快，科学和技术密切结合相互促进，最典型的代表是计算机和信息技术革命，代表人类进入科技时代，极大地推动了社会生产力的发展。三次工业革命后经济全球化和世界市场逐步形成，物质产品和服务市场极大繁荣。

然而，工业大发展的基础是能源革命，不管是早期的煤炭还是后面的石油和天然气，都是传统的化石能源。煤和石油的大规模开采并利用，在提供动力以推动制造业和交通业方便人们日常生活的同时，也必然会释放大量的烟尘、二氧化硫、二氧化碳、一氧化碳和其他有害的污染物质。另外，制造业的原材料大多来源于矿产资源，矿冶工业的发展既排出大量的二氧化硫，又释放许多重金属，如铅、锌、镉、铜、砷等，污染了大气、土壤和水域。化学工业的迅速发展，构成了环境污染的又一重要来源。还有水泥工业的粉尘与造纸工业的废液，也会对大气和水体造成严重污染。自20世纪20年代以来，随着以石油和天然气为主要原料的有机化学工业的发展，西方国家不仅合成了橡胶、塑料和纤维三大高分子合成材料，还生产了多种多样的有机化学制品，如合成洗涤剂、合成油脂、有机农药、食品与饲料添加剂等。就在有机化学工业为人类带来琳琅满目和方便耐用的产品时，它对环境的破坏也渐渐增强，久而久之便构成对环境的有机毒害和污染。20世纪50年代起，世界经济由战后恢复转入发展时期，西方大国竞相发展经济，因为工业化与城市化的推进，一方面带来了资源和原料的大量需求和消耗，另一方面使得工业生产和城市生活的大量废弃物排向土壤、河流和大气之中，最终造成环境污染的大爆发，使世界环境污染危机进一步加重。环境污染已成为国际社会一个重大的社会问题，公害事故频繁发生，公害病患者和死亡人数大幅度上升，人们实际生活在一个缺乏安全、危机四伏的环境之中。

链接3-1　生态足迹

生态足迹(ecological footprint)也称“生态占用”,是指特定数量人群按照某一种生活方式所消费的,自然生态系统提供的,各种商品和服务功能,以及在这一过程中所产生的废弃物需要环境(生态系统) 吸纳生态足迹 ,并以生物生产性土地(或水域) 面积来表示的一种可操作的定量方法。它的应用意义是:通过对生态足迹需求与自然生态系统的承载力(亦称生态足迹供给) 进行比较,即可以定量地判断某一国家或地区目前可持续发展的状态,以便对未来人类生存和社会经济发展做出科学规划和建议。

(三) 生态文明建设的兴起

20世纪50年代末，美国环境问题开始突出。美国海洋生物学家蕾切尔·卡逊通过大量调研和查阅官方报告，于1962年出版《寂静的春天》一书，将滥用农药等造成环境污染、生态破坏的大量触目惊心的事实揭示于美国公众面前，引起美国朝野的震动，并推动全世界公众对环境污染问题的深切关注。20世纪60～70年代以来，学者们纷纷深刻地反思他们赖以生存和时时享受的工业文明以及工业文明对待自然的态度。在这种氛围下，西方国家和社会普遍从传统工业化发展所造成的恶果中醒悟，懂得了保护环境的必要性和重要性。人们开始冷静地反思过去，转变并抛弃无视自然的传统观念，确立重视自然、与自然和睦相处并协调发展的现代观念。很多国家开始采取行动，积极调整人与自然的关系，不少国家把经济发展与环境保护统一起来，在发展经济的同时，普遍增加了环境保护投入。与此同时，大力宣传和普及环保理念，人们消费观念也在转变，开始自觉地把消费与环境联系起来。环境道德越来越被人们所接受，成为人们自觉遵守的规范，约束和调节着人们的环境行为，对美好环境的追求已成为一种社会时尚，环境保护已从法律和行政的层次扩展到道德层次，进入更为自觉的阶段。

在公众的强烈要求和压力下，1972年6月联合国在瑞典的斯德哥尔摩召开了人类环境会议，试图通过国际合作为从事保护和改善人类环境的政府和国际组织提供帮助，消除环境污染造成的损害。会议发布了《人类环境宣言》："保护和改善人类环境是关系到全世界各国人民的幸福和经济发展的重要问题，也是全世界各国人民的迫切希望和各国政府的责任。"呼吁全人类要保护和改善自然环境，因为保护自然环境就是保护人类自己。这次会议无疑是世界环境保护工作的一个里程碑，它加深了人们对环境问题的认识，把环境与人口、资源和发展联系在一起，力图从整体上解决环境问题。1992年6月联合国在巴西里约热内卢举行环境与发展大会，就世界环境与发展问题共商对策，探求协调今后环境与人类社会发展的方法，以实现"可持续的发展"。里约峰会正式否定了工业革命以来的那种"高生产、高消费、高污染"的传统发展模式，环境保护和经济发展相协调的理念成为人们的共识，"环境与发展"则成为世界环保工作的主题。2012年6月，世界各国领导人再次聚集在里约热内卢，召开联合国可持续发展会议（里约地球首脑会议+20），探讨新的可持续发展战略，对各国现有的环保承诺进行评估，以应对新的挑战。这次会议集中讨论绿色经济在可持续发展和消除贫困方面的作用以及可持续发展的体制框架两个主题。会议在坚持共同但有区别的责任、发展模式多样化、多方参与、协商一致等基本原则上均具有共识，很多国家也提出了设立可持续发展目标。

人们对传统工业文明进行深刻反思——工业文明以人类征服自然为主要特征，世界工业化的发展使征服自然的文化达到极致，全球性生态危机说明地球再没能力支持工业文明的继续发展，需要开创一个新的文明形态来延续人类的生存，这就是生态文明。如果说农业文明是“黄色文明”，工业文明是“黑色文明”，那生态文明就是“绿色文明”。生态文明，是指人类遵循人、自然、社会和谐发展这一客观规律而取得的物质与精神成果的总和；是指人与自然、人与人、人与社会和谐共生、良性循环、全面发展、持续繁荣为基本宗旨的文化伦理形态。生态文明是人类文明的一种形态，以建立可持续的生产方式和消费方式为内涵，以引导人们走上持续、和谐的发展道路为着眼点。生态文明强调人的自觉与自律，强调人与自然环境的相互依存、相互促进、共处共融，既追求人与生态的和谐，也追求人与人的和谐，而且人与人的和谐是人与自然和谐的前提。可以说，生态文明是人类对传统文明形态特别是工业文明进行深刻反思的成果，是人类文明形态和文明发展理念、道路和模式的重大进步。只有制定生态文明建设的伟大战略目标，加快推进生态文明建设进程，构建生态文明建设制度保障体系，大力发展循环绿色经济产业，才能走上“绿水青山就是金山银山”的科学发展之路。

链接 3–2　联合国可持续发展目标

联合国可持续发展目标是一系列新的发展目标，即在千年发展目标到期之后继续指导 2015~2030 年的全球发展工作。2015 年 9 月 25 日，联合国可持续发展峰会在纽约总部召开，联合国 193 个成员国在峰会上正式通过 17 个可持续发展目标。可持续发展目标旨在从 2015 年到 2030 年间以综合方式彻底解决社会、经济和环境三个维度的发展问题，转向可持续发展道路。具体包括：消除贫困；消除饥饿；良好健康与福祉；优质教育；性别平等；清洁饮水与卫生设施；廉价和清洁能源；体面工作和经济增长；工业、创新和基础设施；缩小差距；可持续城市和社区；负责任的消费和生产；气候行动；水下生物；陆地生物；和平、正义与强大机构；促进目标实现的伙伴关系。

二、生态文明建设面临着巨大挑战

千百年来，人类在不断适应和调整人与自然的关系中也提高了自我的认知能力，从原始社会在自然面前无能为力而产生的图腾崇拜，到农业社会开始了对自然资源的初步利用而产生的“天人合一”，再到工业社会对自然资源的肆意利用而产生的“人定胜天”“向自然宣战”，人类在一次次应对自然灾害中显示智慧和伟大，也在不断认识自然规律作用过程中调整人与自然的关系。虽然每次重大生态危机都会加深人们保护生态环境的意识，但是在经济利益驱使下，在人与自然关系得到暂时缓解的形势下，人类又会凌驾于自然之上，为追求经济利益而牺牲生态利益，由此酿造新一轮生态危机。在危机—调整—破坏—再次危机的循环中，人与自然之间的裂痕越来越大。生态文明建设就是要彻底摆脱这一恶性循环，把生态利益置于所有利益至上，通过制定最严格的制度，最严密的法律，确保人们的行为在生态环境可控制、可承载的范围内，强调人类在改造自然的同时必须尊重自然、顺应自然和保护自然，实现更高发展阶段的人与自然的和谐。当前，能源枯竭、气候变暖、环境恶化正困扰着全球可持续发展，已经超过了环境的自我恢复能力，对人类自身发展造成了严重的威胁，生态文明建设是实现人与自然和谐发展的现实而紧迫的选择。

自从工业革命以来，以牺牲环境为代价的工业化导致资源能源的大量消耗和污染物排放的迅速增加，环境污染和破坏事件频发。早在 20 世纪 30～60 年代，就发生了震惊世界的比利时马斯河谷烟雾事件、伦敦烟雾事件、美国洛杉矶光化学烟雾事件、日本水俣病事件等公害事件，工业化国家花了巨大的代价应对环境危机事件，但至今仍无法完全根除环境污染“后遗症”的影响。发展中国家在工业化的中前期几乎是复制了发达国家“先污染，后治理”的发展路径，造成了巨大的环境破坏，面对着日益紧缺的资源和不断蔓延的污染，全球经济持续增长面临着巨大的压力。2017 年，在肯尼亚内罗毕举行的第三届联合国环境大会上，联合国环境规划署发布的最新报告《迈向零污染地球》，沉痛地指出了环境污染和破坏给人类带来的灾难：有 9/10 的人呼吸着不安全的空气，20000 人将因此死亡，而 5 岁以下儿童中将有近 2000 名死于不洁净水和不良个人卫生导致的疾病，我们每年向海洋倾倒高达 1300 万吨塑料，并在陆地上丢弃 5000 万吨电子废物。人类在迈向生态文明的进程中面临着巨大的压力和挑战，一些突出而紧迫的生态环境难题亟待解决。

（一）水资源短缺

地球虽然大部分面积被水覆盖，水资源总量达 14 亿立方公里，但海洋咸水占 97.2%，淡水仅占 2.8%，而且大部分淡水储存在南极冰原和北极冰山中，能被用于人类生产和生活的地表淡水仅占地球总水量的 0.77%。地球上的淡水资源如果合理利用是可以满足人类需求的，但是水资源的浪费和污染造成世界淡水资源日渐短缺，水、旱灾害愈演愈烈，破坏了地球系统的循环与稳定。联合国发布的《2018年世界水资源开发报告》称，目前全球约有36亿人口，相当于将近一半的人口居住在缺水地区，到2050年，全球将有50多亿人面临缺水。由于人口增长、经济发展和消费方式转变等因素，全球对水资源的需求正以每年1%的速度增长。淡水资源供需矛盾突出，水资源危机随时可能爆发。

（二）土地荒漠化扩大

由于人类不合理的经济活动，干旱区、半干旱区和干旱亚湿润区的土地荒漠化现象十分严重，缺乏对风沙的防范和治理，沙漠化的扩散每年要侵蚀大量的土地，不仅破坏了生态资源，而且会引发严重的社会问题，给人类带来贫困和不稳定。据统计，目前全球荒漠化面积已达到3600万平方公里，占整个地球陆地面积的1/4，相当于俄罗斯、加拿大、中国和美国面积之和。更严峻的是，土地荒漠化还在不断扩大，以每年5万～7万平方公里面积的速度在蔓延，相当于爱尔兰的面积。全世界有100多个国家受到荒漠化影响，这使本来就短缺的土地资源更加稀缺，对全球粮食安全和贫困化减少问题形成巨大挑战。

（三）森林资源减少

森林是天然的空气净化器。20世纪初，地球上的森林面积大约有5000万平方公里，但是经过了1个世纪，人们对木材需求量以及以木材为原料的纸制品等产品需求的增加，不断增加的农业用地等，都对森林资源造成了极大的破坏，森林面积减少到不足4000万平方公里。根据联合国粮农组织2015年开展的全球森林调查以及发布的《2015年全球森林资源评估报告》显示，在对234个国家和地区进行评估中发现，随着人口不断增长，林地转变为农田和其他用途，世界森林面积持续减少，自1990年以来，全球已丧失森林1.29亿公顷，几乎与南非的面积相当。森林资源的减少不利于空气质量的改善。

（四）生物多样性锐减

生物多样性是地球上生物体和生活环境的丰富性。世界上生物物种总量估计有1400多万种，已经鉴定的物种种类约为170万种，但是受外来物种的引进、生态环境破坏、肆意狩猎等因素影响，引发大量生物物种种类灭绝消失，物种种类的灭绝会引发连锁反应，如1种植物的灭绝至少会影响20种昆虫因食物链破坏而消亡。据世界自然基金会（WWF）发布《2016地球生命力报告》中指出，人类活动将会造成全球野生动物种群数量在1970～2020年的50年间减少67%。在1970～2012年间，鱼类、鸟类、哺乳类、两栖类和爬行类的动物已经减少了58%。这意味着当前趋势下全球野生动物种群数量有可能在2020年减少到2/3。生物多样性的减少会通过食物链的连锁反应广泛影响到生物圈的平衡。

（五）海洋污染蔓延

海洋覆盖了地球的大部分面积，为人类生存和发展提供了丰富的资源，海洋与陆地形成的生态循环系统维护了地球的生态平衡。然而，污染物的排放和过度捕捞等对海洋生态系统造成了极大的破坏。据统计，每年有超过800万吨塑料被遗弃在海洋，联合国教科文组织下属的政府间海洋学委员会2016年发布的报告称，受气候变化和人类活动影响，全球66个大型海洋生态系统中，50%的渔业资源被过度捕捞，有64个大型海洋生态系统受到海水变暖等影响。2017年发表在英国《自然·生态学与进化论》杂志上的研究报告指出，在远离工业区、彼此间隔近7000公里、深度超过10公里的海沟中发现了持久性有机污染物多氯联苯（PCB）和多溴联苯醚（PBDE）等高浓度的污染物，表明“人类活动产生的污染已能到达地球的‘最偏远角落’”。

（六）大气污染严重

世界卫生组织指出，工业化的发展带来的工业企业数量的增加、汽车的普及、燃煤电厂对能源的低效使用等导致大量未经处理的废气向空气中排放，同时沙粒和沙尘、废物燃烧、森林砍伐等也是造成空气污染的主要原因。全球80%的城市和城镇空气中所含颗粒物的浓度都超出了世界卫生组织建议的水平。特别是在发展中国家和落后国家，绝大多数地区的空气污染物都严重超标。根据世界卫生组织的调查，在全世界人口超过10万的中低收入国家中，高达98%的城市地区空气质量都达不到该组织制定的标准，根据估算，由于空气污染而引发的各种疾病，全球每年大约有700万人因空气污染而死亡，其中，约430万人死于室内空气污染。

（七）全球气候变暖

全球气候变暖会导致冰川融化、海平面上升，直接影响全球水循环。二氧化碳是最重要的人为温室气体。工业化前，全球大气中二氧化碳平均浓度为278微升/升，但是工业化进程中大量化石燃料燃烧、森林破坏等导致二氧化碳排放量急剧上升，2016年，全球大气中的二氧化碳平均浓度已上升至403.3微升/升。有地质记录表明，目前的全球二氧化碳水平相当于与300多万年前的平均气温相比，其平均温度升高了2～3℃，温度上升使格陵兰冰盖和西南极洲冰盖融化，甚至东南极洲一些地区冰量损失，导致海平面比现在高10～20米。全球气候变暖还会引发全球水循环失衡，旱灾和洪灾交替出现，生物生存环境破坏，物种消失。

(八) 化学污染危害及其他

化学污染指的是化学物质进入环境后形成的环境污染，如煤的燃烧以及工业生产中形成的二氧化硫气体会形成酸雨，石油燃烧的氮氧化物含铅化物、氟氯代烷等污染物进入土壤、水体后会使土壤酸化、破坏土质结构、造成臭氧层空洞等。农业化肥的不合理使用造成土壤肥力下降，大量的汽车尾气、石油化工废气等一次排放源，在当地较强的太阳辐射下形成了一系列的混合污染物，称之为光化学污染。此外，还有危险废弃物的任意处置，据估计，全球每年的危险废物产生量约为3.3亿吨，由于处置费用高，发达国家一般选择向发展中国家转移。电子垃圾是一种新兴污染物，据联合国环境规划署估计，全世界每年产生2000万～5000万吨电子垃圾，其中含有有毒物质和元素，目前多数只是随意丢弃或简单填埋。

资源能源不足和生态环境污染对全球可持续发展造成了巨大的压力，束缚了经济的可持续发展，也是生态文明建设中推动实现人与自然和谐要突破的瓶颈。

三、生态文明建设的伟大意义

(一) 中华民族永续发展的必然选择

中国历史文化源远流长，创造了灿烂的古代中华文明。但近现代以来，中国在经济、文化、政治、军事等方面全面落后于西方发达国家，经历了漫长而屈辱的贫困岁月。改革开放使中国焕发了生机，在工业化、城市化和信息化道路上快速前进，经济社会大踏步地发展，社会生产力迅速提高，虽然仍然属于发展中国家，但经济规模居于世界第二，人均收入跨入世界中等偏上水平，人们生活水平大大提高，正在迈入小康社会。在取得举世瞩目的经济发展成就的同时，我国经济社会发展也面临着内在资源和生态环境挑战。一是资源承载力不足。我国人口众多,资源相对不足,很多重要资源人均占有量低于世界平均水平,比如,淡水、耕地、森林、煤炭、石油、铁矿石、铝土矿等。改革开放以来,随着工业化、城镇化快速推进以及发展方式粗放,能源和资源消耗大、浪费多,能源、资源供给矛盾变得十分突出，石油和矿产等重要资源的国外依赖程度过高。随着我国工业化、城镇化的加快推进，未来较长时期内,各类能源、资源的人均消费量还要增加,能源、资源对于经济社会发展的瓶颈约束将更加明显,我国将长期面临粮食安全、能源安全、淡水安全的严重挑战。二是环境污染问题严重。我国传统的发展方式导致主要污染物排放量过大,固体废弃物、化学需氧量、二氧化硫、氮氧化物等主要污染物的排放量均居世界第一位,都远超环境容量。饮用水安全受到威胁,近3亿农村人口喝不上安全饮用水,近6000万城镇人口饮用水源水质不合格。土壤污染面积扩大,重金属、持久性有机物污染加重。京津冀、长三角、珠三角地区及部分大中城市大气污染问题突出,极端天气现象增多。环境污染给人民群众身心健康带来严重的危害,公共环境质量与人民群众期望的美好生态环境的差距过大,环境群体性事件频发。三是生态系统退化现象。森林生态系统质量不高,森林覆盖率和森林蓄积量难以提升,草原退化、水土流失、土地沙化、地质灾害频发,湿地面积缩小、地面沉降、海洋自然岸线减少等现象也十分严峻。全国近80%以上草原出现不同程度的退化,水土流失面积占国土总面积的37%,沙化土地面积占国土总面积的18%,石漠化面积占国土总面积的1.3%,海洋自然岸线不足42%。资源的过度无序开采和地下水超采造成土地沉陷和破坏。生物多样性遭到破坏,濒危动物和濒危植物种类数量急剧增加,生态系统缓解各种自然灾害的自我修复能力不断减弱。四是气候变化问题突出。我国已经是世界上能源消耗和温室气体排放量最大的国家,而且排放量快速增长的趋势没有改变,需要持续较长一段时间。温室气体排放总量加大、增速较快的污染问题没有解决,新问题却不断出现,气候变化造成的极端天气对我国工农业生产经营产生极大影响,自然灾害的规模和频次都在增加。

我国很早就清醒地认识到,经济发展过程中伴随的环境问题不可避免,但不能走西方发达国家“先污染后治理”的老路,也没有西方发达国家转移污染产业和掠夺国外资源的条件。我国的工业化和城镇化还没有完成,我们要在短期内完成西方发达国家几百年完成的工业化任务,也必须在短期内解决资源和环境问题。要有壮士断腕的决心摒弃传统粗放发展模式,摒弃过分追求经济高速增长忽略资源环境问题的发展路径,要把经济发展转变到提升质量上来,加快转变经济发展方式,走新型工业化和城镇化道路。我们只有更加重视生态环境这一生产力要素,更加尊重自然生态的发展规律,保护和利用好生态环境,才能更好地发展生产力,在更高层次上实现人与自然的和谐。要克服把保护生态与发展生产力对立起来的传统思维,下大决心、花大气力改变不合理的产业结构、资源利用方式、能源结构、空间布局、生活方式,更加自觉地推动绿色发展、循环发展、低碳发展,探索走出一条环境保护新路,实现经济社会发展与生态环境保护的共赢。这就要求我们必须立足于我国国情,深入贯彻绿色发展理念,加快生态文明建设,推进可持续发展,保护青山绿水,才能为后代子孙留下发展空间,实现中华民族永续发展。

链接3-3 雾 霾

雾霾，是雾和霾的组合词。雾霾天气是一种大气污染状态，雾霾是对大气中各种悬浮颗粒物含量超标的笼统表述，尤其是PM2.5（空气动力学当量直径小于等于2.5微米的颗粒物）被认为是造成雾霾天气的元凶。雾霾的源头多种多样，比如汽车尾气、工业排放、建筑扬尘、垃圾焚烧，甚至火山喷发等。雾霾天气通常是多种污染源混合作用形成的，只是各地区的雾霾天气中，不同污染源的作用程度各有差异。雾霾里面含有各种对人体有害的细颗粒物、有毒物质达20多种，包括了酸、碱、盐、胺、酚等以及尘埃、花粉、螨虫、流感病毒、结核杆菌、肺炎球菌等，其含量是普通大气水滴的几十倍。与雾相比，霾对人的身体健康的危害更大。由于霾中细小粉粒状的飘浮颗粒物直径一般在0.01微米以下，可直接通过呼吸系统进入支气管，甚至肺部。所以，霾影响最大的就是人的呼吸系统，造成的疾病主要集中在呼吸道疾病、脑血管疾病、鼻腔炎症等病种上。同时，灰霾天气时，气压降低、空气中可吸入颗粒物骤增、空气流动性差，有害细菌和病毒向周围扩散的速度变慢，导致空气中病毒浓度增高，疾病传播的风险很高。

（二）人民追求美好生活的共同心声

有人类生活的地方，就有梦想飞翔，梦想决定着人们奋发努力的方向。长期以来，中华文明以其独有的特色和辉煌走在了世界文明发展的前列，为世界文明进步作出过巨大的贡献。然而，随着资本主义生产方式的兴起，随着近代工业革命脚步的加快，中国落伍了。长期以来，中国人民经历战争和动乱，生活在水深火热之中，经济发展落后，大部分底层人民生活饥寒交迫，解决温饱问题成为普通大众最大的梦想。改革开放为我们带来了福音。改革开放以来，我国工业经济快速发展，农业生产力迅速提高，工农业产品很快丰富起来，逐步解决了广大群众的衣食住行问题，物质生活丰富起来。特别是进入新世纪以来，我国进一步加快改革开放，建立起全球最完善的工业生产体系，甚至成为“世界工厂”，许多工业产品产量长期居世界首位，很多工农业产品不但满足本国人民生活需求，还远销世界各国，在国际市场上占据很大份额。经过40年改革开放，人民生活水平迅速提高，我国长期存在的落后社会生产力与人民群众日益增长的物质文化需求之间的矛盾也得到明显缓解。经过长期努力，中国特色社会主义进入了新时代，我国社会主要矛盾已经转化为人民日益增长的美好生活需要和不平衡不充分的发展之间的矛盾，人民群众对美好生活的需要日益广泛，不仅对物质文化生活提出了更高要求，而且在民主、法治、公平、正义、安全、环境等方面的要求日益增长，特别是近年来环境污染事件频发，美好生态环境成为人民最迫切的向往。

"绿水青山"最普惠的民生福祉。人类是自然的一部分，所有行为方式必须符合自然规律，对自然界不能只讲索取不讲投入、只讲利用不讲建设，否则难免会遭到"自然界的报复"。近年来，我国经济发展取得巨大成就，人民生活水平大大提高，同时对干净的水、清新的空气、安全的食品、优美的环境等方面的要求也越来越高，从过去"盼温饱"到现在"盼环保"，从过去"求生存"到现在"求生态"，生态环境在群众生活幸福指数中的地位不断凸显，环境问题日益成为重要的民生问题。良好生态环境是最公平的公共产品，是最普惠的民生福祉。保护生态环境，关系最广大人民的根本利益，关系中华民族发展的长远利益，必须清醒地认识到保护生态、治理污染的紧迫性和艰巨性。习近平总书记深刻指出："人民对美好生活的向往，就是我们的奋斗目标。"这充分体现了党情系群众、关注民生的为民情怀，也指明了新的历史条件下党对人民的责任。解决好老百姓关心关注的民生问题，使人民学习得更好、工作得更好、生活得更好，是人民的期盼，也是中国梦的重要组成部分。

党的十七大报告将"建设生态文明"作为全面建设小康社会的新要求，明确提出要使主要污染物排放得到有效控制，生态环境质量明显改善，生态文明观念在全社会牢固树立。建设生态文明，是深入贯彻落实科学发展观、全面建设小康社会的必然要求和重大任务，为保护生态环境、实现可持续发展进一步指明了方向。

美丽中国的生态文明建设目标在党的十八大第一次被写进了政治报告。经过五年气势磅礴的伟大实践之后,我国生态文明建设在理论思考和实践举措上均有了重大创新。党的十九大提出了构成新时代坚持和发展中国特色社会主义基本方略的"十四条坚持",其中就明确地提出"坚持人与自然和谐共生"，还提出了"像对待生命一样对待生态环境""实行最严格的生态环境保护制度"等论断,提出了"打赢蓝天保卫战"的理念。生态环境的治理和维护由此成为了新时代中国共产党的重要历史使命之一。

建设生态文明，本质上是选择发展方式的问题，是用什么办法、靠什么途径实现发展、持续发展的问题。建设生态文明，不仅仅是防治污染和环境保护，更不是停止发展来保护环境，而是要用绿色、循环、低碳的方式实现发展，做到生产方式和生活方式的绿色转变，在各个环节减少污染物的产生和排放，实施资源永续和环境自净。通过这条环境友好型的发展之路，才能实现由"环境换取增长"向"环境优化增长"的转变，真正做到经济建设与生态建设同步推进，产业竞争力与环境竞争力一起提升，物质文明与生态文明共同发展，才能既培育好"金山银山"成为新的经济增长点，又保护好"绿水青山"，在生态建设方面取得新的进展。

链接 3-4 美丽中国

"美丽中国"是中国共产党第十八次全国代表大会提出的概念,强调把生态文明建设放在突出地位,融入经济建设、政治建设、文化建设、社会建设各方面和全过程。2012年11月8日,在党的十八大报告中首次作为执政理念出现。2015年10月召开的十八届五中全会上,美丽中国被纳入"十三五"规划,首次被纳入五年计划。2017年10月18日,习近平总书记在党的十九大报告中指出,加快生态文明体制改革,建设美丽中国。

(三)"人类共同家园"的国际责任

西方国家在环境污染发生初期，采取过一些限制性措施，颁布了一些环境保护法规。但是，由于人们尚未搞清污染以及公害的原因和机理，仅采取一些限制性措施或颁布某些保护性法规并未能阻止环境污染蔓延的势头。西方国家频繁发生的污染公害事件，不仅影响了经济的发展，而且污染了人群的居住环境，损害了人们的身体健康，造成了许多死亡、残疾、病患的惨剧，终于使公众从公害的痛苦中普遍觉醒。到 20 世纪 50～70 年代初环境污染问题日益加重时，西方国家相继成立环境保护专门机构，颁布和制定了一些环境保护的法规和标准，加强法治，以图解决这一问题。随着环境管制的加强，使得污染型企业的生产受到限制，在环保方面的投入增加了企业的生产成本，使得很多污染企业开始转移到发展中国家投资生产，发展中国家由于经济较为落后，对外部资本的需求非常大，对环境保护的重视程度较低，也就容易接受发达国家的污染产业，这样，污染产业的跨国转移也把污染带到了世界各地。

发达国家和地区向落后国家和地区的污染转移主要有四种形式：一是产业投资转移，或称污染行业的转移，指具有危险的公害型企业的转移；二是污染型产品转移，发达国家将本国禁止销售和使用的产品出口到落后国家和地区；三是废弃物转移，废弃物被放置或扔在发展中国家；四是掠夺性进口别国资源造成的污染隐性转移，如大量进口矿石导致出口国在矿石开采过程中的环境污染和生态破坏。

发达国家长期以来的经济发展模式是不可持续性的，对全球生态环境恶化、自然资源枯竭负有不可推卸的责任，但许多发达国家并不愿承担环境污染的治理责任，反而通过污染转移，自己享受良好生态环境，而让其他国家污染问题严重。国际污染转移实际上就是发达国家将其应承担的污染处理责任转嫁给欠发达的国家和地区，是一种以邻为壑的行为。污染转移并不能降低污染程度，对地球而言，只不过是把污染从发达国家转移到发展中国家，反而使得污染防治能力大大下降，对环境的损害更为严重。

地球是全人类的共同家园，也是人类的唯一家园。人类工业活动造成的气候变化带来的冰川融化、降水失调、海平面上升等问题，不仅给小岛国带来灭顶之灾，也将给世界数十个沿海发达城市造成极大危害。资源能源短缺涉及人类文明能否延续，环境污染导致怪病多发并跨境流行。面对越来越多的全球性环境问题，任何国家都不可能独善其身，不仅仅要考虑自己环境安全，也要考虑别人的环境安全。

中国的工业经济已经崛起，在国际上占据非常重要的地位，中国企业的能源消耗和污染排放规模非常巨大，对全球环境的影响日益显著。中国不能走发达国家“先污染后治理”老路，也不能走以邻为壑把污染转移给别国的歪路。中国的崛起，中国梦的实现，根本不同于西方发达国家，是基于中华民族美好愿望和坚定意志，是以和平发展、科学发展为基本路径和基本方式，中国的发展不是建立在掠夺和侵犯他国利益的基础上，而是与其他国家和民族携手发展、和谐发展、共同发展、共享繁荣。追求美好生活、改善生态环境是各国的共同奋斗目标，让人民群众过上自然美好生活是各国的共同期许。我们要坚定地推进生态文明建设，并且呼吁和带动其他国家也加强生态文明建设，共同保护地球这个“人类共同家园”，担当起各自的责任。

四、生态文明建设的战略目标

（一）美丽中国的中国梦

2012 年，党的十八大报告明确指出：“建设生态文明，是关系人民福祉、关乎民族未来的长远大计。面对资源约束趋紧、环境污染严重、生态系统退化的严峻形势，必须树立尊重自然、顺应自然、保护自然的生态文明理念，把生态文明建设放在突出地位，融入经济建设、政治建设、文化建设、社会建设各方面和全过程，努力建设美丽中国，实现中华民族永续发展。”党的十八大报告将推进生态文明建设独立成篇集中论述，并系统性提出了今后五年大力推进生态文明建设的总体要求，强调要把生态文明建设放在突出地位，要纳入社会主义现代化建设总体布局。2012 年 11 月 15 日，新当选的中国共产党总书记习近平在中共中央政治局常委见面会上的讲话中提到：“我们的人民热爱生活，期盼有更好的教育、更稳定的工作、更满意的收入、更可靠的社会保障、更高水平的医疗卫生服务、更舒适的居住条件、更优美的环境，期盼着孩子们能成长得

链接 3-5　气候变化

气候变化(climate change)是指气候平均状态统计学意义上的巨大改变或者持续较长一段时间(典型的为30年或更长)的气候变动。气候变化不但包括平均值的变化，也包括变率的变化。气候变化一词在联合国政府间气候变化专门委员会(IPCC)的使用中，是指气候随时间的任何变化，无论其原因是自然变率，还是人类活动的结果。到目前为止，联合国气候变化框架条约(UNFCCC)已经收到来自185个国家的批准、接受、支持或添改文件，并成功地举行了多次有各缔约国参加的缔约方大会。尽管各缔约方还没有就气候变化问题综合治理所采取的措施达成共识，但全球气候变化会给人类带来难以估量的损失，气候变化会使人类付出巨额代价的观念已为世界所广泛接受，并成为广泛关注和研究的全球性环境问题。

在地质历史上，地球的气候发生过显著的变化。一万年前，最后一次冰河期结束，地球的气候相对稳定在当前人类习以为常的状态。地球的温度是由太阳辐射地球表面的速率和吸热后的地球将红外辐射散发到空间的速率决定的。从长期来看，地球从太阳吸收的能量必须同地球及大气层向外散发的辐射能相平衡。大气中的水蒸气、二氧化碳和其他微量气体，如甲烷、臭氧、氟利昂等，可以使太阳的短波辐射几乎无衰减地通过，但却可以吸收地球的长波辐射。因此，这类气体有类似温室的效应，被称为温室气体。温室气体吸收长波辐射并再反射回地球，从而减少向外层空间的能量净排放，大气层和地球表面将变得热起来，这就是温室效应。大气中能产生温室效应的气体已经发现近30种，其中二氧化碳起重要的作用，甲烷、氟利昂和氧化亚氮也起相当重要的作用。从长期气候数据比较来看，在气温和二氧化碳之间存在显著的相关关系。国际社会所讨论的气候变化问题，主要是指温室气体增加产生的气候变暖问题。

地球温度上升导致喜马拉雅等高山的冰川消融、对淡水资源形成长期隐患；海平面上升，上海、广州等人口密集的沿海地区面临咸潮破坏，甚至淹没之灾；冻土融化，日益威胁当地居民生计和道路工程设施；热浪、干旱、暴雨、台风等极端天气、气候灾害等越来越频繁，导致当地居民生命财产损失加剧；粮食减产，千百万人面临饥饿威胁；全球每年因气候变化导致腹泻、疟疾、营养不良多发而死亡的人数高达15万，主要发生在非洲及其他发展中国家。2020年，这个数字预期会增加一倍；珊瑚礁、红树林、极地、高山生态系统、热带雨林、草原、湿地等自然生态系统受到严重的威胁，生物多样性受损害。无论气候变化的影响规模大小，贫困人群将受害最深。贫穷国家因没有足够的能力解决海平面上升、疾病传播及农作物减产所带来的问题，气候变化的影响将比发达国家更为严重。

更好、工作得更好、生活得更好。人民对美好生活的向往，就是我们的奋斗目标。”经过五年的伟大实践之后,我国生态文明建设在理论思考和实践举措上均有了重大创新。

2017 年 10 月，党的十九大报告指出要加快生态文明体制改革，建设美丽中国。人与自然是生命共同体，人类必须尊重自然、顺应自然、保护自然。人类只有遵循自然规律才能有效防止在开发利用自然上走弯路，人类对大自然的伤害最终会伤及人类自身，这是无法抗拒的规律。我们要建设的现代化是人与自然和谐共生的现代化，既要创造更多物质财富和精神财富以满足人民日益增长的美好生活需要，也要提供更多优质生态产品以满足人民日益增长的优美生态环境需要。必须坚持节约优先、保护优先、自然恢复为主的方针，形成节约资源和保护环境的空间格局、产业结构、生产方式、生活方式，还自然以宁静、和谐、美丽。

生态文明建设功在当代、利在千秋。我们要牢固树立社会主义生态文明观，推动形成人与自然和谐发展的现代化建设新格局，为保护生态环境作出我们这代人的努力。党的十九大报告把生态文明建设作为党的执政方略的重要组成部分，在全面建设社会主义现代化国家新征程过程中，2020～2035 年为第一个阶段，在全面建成小康社会的基础上，再奋斗十五年，基本实现社会主义现代化。到那时，生态环境根本好转，美丽中国目标基本实现。2035 年到 21 世纪中叶为第二个阶段，在基本实现现代化的基础上，再奋斗十五年，把我国建成富强民主文明和谐美丽的社会主义现代化强国。

到 2035 年，生态环境质量实现根本好转，美丽中国目标基本实现；到 21 世纪中叶，物质文明、政治文明、精神文明、社会文明、生态文明全面提升，绿色发展方式和生活方式全面形成，人与自然和谐共生，生态环境领域国家治理体系和治理能力现代化全面实现，建成美丽中国，这是党中央对生态文明建设划出的时间表，也是共产党人的庄严承诺。美丽中国意味着经济发展、生态良好、社会和谐、政治进步。首先，美丽中国是发展的中国。中国还是一个发展中国家，经济发展水平不高，发展不充分不平衡现象较为突出,发展仍是我国的第一要务。推进生态文明建设和美丽中国建设,应当全面落实节约资源和保护环境的基本国策,在资源和环境承载能力前提下,要加快推动现代化建设，走上以人为本、全面协调可持续的科学发展轨道。其次,美丽中国是和谐的中国。建设美丽中国,在新时代面临新的社会主要矛盾，只有提高环境质量改善生态系统,提供更多更优的生态产品,满足人民群众享有美好生态环境的愿望，是社会主义现代化的根本要求。美丽中国意味着人与自然之间和谐，人与人之间的和谐，人类社会与自然系统协调发展、和谐共处、互惠共存。

美丽中国是生态文明建设的目标指向,建设生态文明是实现美丽中国的必由之路。美丽中国赋予我国生态文明建设前所未有的广度和深度。美丽中国的建设目标意味着反对西方发达国家在生态环境上曾经主张并实践的“先污染,后治理,再转移”的理念,而是选择“尊重自然、顺应自然、保护自然的生态文明理念”。在当前全球化、城市化和工业化背景下，中国已经没有再重复“先污染,后治理,再转移”老路的资本和空间,也没有这样的主观意愿,而是要走一条新的生态文明框架下的经济增长道路。美丽中国意味着中国将不再延续过去多年实践并取得经济增长成功的粗放式的增长老路，高投入、高排放、高污染的传统模式已经难以为继，美丽中国的目标就是要求建设社会主义生态文明，坚持节约资源和保护环境的基本国策,坚持节约优先、保护优先、自然恢复为主的方针,实质就是要求加快转变经济发展模式，实现经济的集约化高质量增长,实现生态环境的更好保护和能源资源的更高效利用。美丽中国意味着中国有必要改变“唯增长速度”和“唯政绩化”的发展观念，必须以人为本，从公众幸福感和满意度出发，从满足人民群众对美好生活的向往出发，把高质量的生态环境作为发展的必要前提，从而保障社会经济的长治久安。

(二)“绿色青山就是金山银山”的绿色发展之路

推进生态文明建设，确保优异生态环境质量，不能把环境保护和经济发展对立起来，而是要把经济发展和环境保护有效结合起来，走绿色发展道路，在保持经济稳定增长的同时，实施环境优化的目标。一个洁净的环境、洁净的空气、洁净的饮用水对每个人都非常重要，但经济发展依然是保障人民生活水平提高的基础。

2013 年 5 月，习近平总书记在中央政治局第六次集体学习时指出,“要正确处理好经济发展同生态环境保护的关系，牢固树立保护生态环境就是保护生产力、改善生态环境就是发展生产力的理念”。这一重要论述，深刻阐明了生态环境与生产力之间的关系，是对生产力理论的重大发展，饱含尊重自然、谋求人与自然和谐发展的价值理念和发展理念。

党的十九大报告进一步提出了绿色发展的战略举措，要按照创新、协调、绿色、开放、共享的发展理念的要求，实现真正的绿色发展、实现人与自然相和谐的发展，绝不能因为发展破坏自然环境，破坏之后很难修复，破坏之后发展本来的目的也改变了。要通过发展提高生活质量，建立健全绿色、低碳、循环发展的经济体系。

绿色发展是在传统发展基础上的一种模式创新，是建立在生态环境容量和资源承载力的约束条件下，将环境保护作为实现可持续发展重要支柱的一种新型发展模式。具体来说包括以下几个要点:一是要将环境资源作为社会经济发展的内在要素；二是要把实现经济、社会和环境的可持续发展作为绿色发展的目标；三是要把经济活动过程和结果的“绿色化”“生态化”作为绿色发展的主要内容和途径。

习近平指出：“中国明确把生态环境保护摆在更加突出的位置。我们既要绿水青山，也要金山银山。宁要绿水青山，不要金山银山，而且绿水青山就是金山银山。我们绝不能以牺牲生态环境为代价换取经济的一时发展。”“绿水青山既是自然财富，又是社会财富、经济财富。”

在生态文明建设的实践过程中，对“绿水青山”和“金山银山”辩证关系的认识经历了一个不断发展的过程：经济发展刚刚起步的时候，为了保证经济增长速度，不考虑或者很少考虑环境的承载能力，一味索取资源，用“绿水青山”换“金山银山”；当经济发展与资源匮乏、环境恶化之间的矛盾开始突显出来的时候，开始考虑到生态环境的重要性，就既要“金山银山”，也要“保住绿水青山”；当经济发展到较高水平，人民群众对生活环境提出较高要求时，需要把生态优势变成经济优势，让“绿水青山”源源不断地带来“金山银山”，就能够形成浑然一体、和谐统一的关系。“绿水青山”本身就是“金山银山”，这是在理论和实践中的升华，体现了经济发展方式的转变，体现了发展观念的不断进步，也体现了人与自然关系在不断调整、趋向和谐。

绿色发展要求建设资源节约与环境友好型社会，这就要求主体功能区布局基本形成，经济发展质量和效益显著提高，生态文明主流价值观在全社会得到推行，生态文明建设水平与全面建成小康社会目标相适应。一是国土空间开发格局进一步优化，实现经济、人口布局的均衡发展，陆海空间开发强度、城市空间规模得到有效控制，城乡结构和空间布局明显优化。二是资源利用更加高效，单位国内生产总值的能源消耗强度和碳排放强度持续显著下降，单位工业增加值用水量明显下降，资源产出率大幅提高。三是生态环境质量总体改善，主要污染物排放总量继续减少，大气环境质量、重点流域和近岸海域水环境质量明显改善，饮用水安全保障水平持续提升，土壤环境质量总体保持稳定，环境风险得到有效控制。森林覆盖率、草原综合植被覆盖度明显上升，湿地面积有效保护，沙化土地得到治理，生物多样性得到有效维护，全国生态系统稳定性明显增强。

习近平指出：“绿色发展是生态文明建设的必然要求，代表了当今科技和产业变革方向，是最有前途的发展领域。人类发展活动必须尊重自然、顺应自然、保护自然，否则就会受到大自然的报复。这个规律谁也无法抗拒。要加深对自然规律的认识，自觉以对规律的认识指导行动。不仅要研究生态恢复治理防护的措施，而且要加深对生物多样性等科学规律的认识；不仅要从政策上加强管理和保护，而且要从全球变化、碳循环机理等方面加深认识，依靠科技创新破解绿色发展难题，形成人与自然和谐发展新格局。”绿色发展的关键是依靠科技进步，降低经济活动对自然环境的影响，提升经济发展质量。工业是国民经济中最重要的物质生产部门之一，中国工业肩负重要的使命和任务，节能减排与可再生能源资源的开发利用、资源的回收利用均需要依靠工业生产技术。加快推进工业绿色发展，是推进供给侧结构性改革、促进工业稳增长调结构的重要举措。当前，全球正处于以绿色发展、智能制造为主题的新一轮工业革命孕育期，我国应该抓住这一发展的历史机遇，在绿色发展的道路上不断强化动力、加快步伐。加快推进工业绿色发展，不仅有利于推进节能降耗、实现降成本增效益，有利于增加绿色产品和服务有效供给、补齐绿色发展短板，更有利于发掘新的绿色经济增长点，形成工业发展新动能。

（三）生态文明体系全面覆盖

2018 年 5 月 18 日，全国生态环境保护大会在北京召开，国家主席习近平提出我国生态文明建设正处于压力叠加、负重前行的关键期，已进入提供更多优质生态产品以满足人民日益增长的优美生态环境需要的攻坚期，也到了有条件有能力解决生态环境突出问题的窗口期。强调要加强构建生态文明体系，确保到 2035 年，生态环境质量实现根本好转，美丽中国目标基本实现。到 21 世纪中叶，物质文明、政治文明、精神文明、社会文明、生态文明全面提升，绿色发展方式和生活方式全面形成，人与自然和谐共生，生态环境领域国家治理体系和治理能力现代化全面实现，建成美丽中国。

1. 以生态价值观念为准则的生态文化体系

2018 年 4 月 26 日，习近平在深入推动长江经济带发展座谈会上发表重要讲话，指出我们还是要发展，但是我们要立下规矩，生态优先，不能用破坏自然的方式去发展经济。他多次提出，“绿水青山就是金山银山”，以破坏性的方式利用绿水青山，是社会主义生态文明价值体系所不容的。习近平主席还多次提出“像爱护眼睛一样去保护生态环境”“像对待生命一样对待生态环境”，这都是一系列的价值理念。有了优美的生态环境，不愁中华文明在将来不长期繁荣昌盛下去。习近平总书记指出“山水林田湖是一个生命共同体，人的命脉在田，田的命脉在水，水的命脉在山，山的命脉在土，土的命脉在树”，道出了生态文化关于人与自然生态生命生存关系的思想精髓。所以从这一点来看，习近平生态文明思想是中华文明继续繁荣昌盛的一个很重要的指导思想。

尊重自然、保护自然，最终目的也是为了人类自身的生存与发展。建立健全以生态价值观念为准则的生态文化体系要大力倡导生态伦理和生态道德，提倡先进的生态价值观和生态审美观，注重对广大人民群众的舆论引导，在全社会大力倡导绿色消费模式，引导人们树立绿色、环保、节约的文明消费模式和生活方式。只有当低碳环保的理念深入人心，绿色生活方式成为习惯，生态文化才能真正发挥出它的作用，生态文明建设就有了内核。

2016年4月7日国家林业局印发《中国生态文化发展纲要（2016～2020年）》，提出将培育生态文化作为重要支撑和现代公共文化服务体系建设的重要内容，因地制宜构建山水林田湖有机结合、空间均衡、城乡一体、生态文化底蕴深厚、特色鲜明的绿色城市、智慧城市、森林城市和美丽乡村，为城乡居民提供生态福利和普惠空间；着力推广和打造统一规范的国家生态文明试验示范区，创建一批生态文化教育基地，发挥良好的示范和辐射带动作用；挖掘优秀传统生态文化思想和资源创作一批文化作品，做好“一带一路”内陆和沿海城市、村镇生态文化遗产资源的保护和发掘，拓展“丝绸之路生态文化万里行”活动，助推国际间和区域间生态文化务实合作，全面提升生态文化的引导融合能力和公共服务功能，推进生态文明制度体系和治理能力现代化。

2. 以产业生态化和生态产业化为主体的生态经济体系

生态经济体系是生态文明建设的物质基础。绿水青山就是金山银山。保护生态环境就是保护生产力，改善生态环境就是发展生产力。生态产业化和产业生态化，是从不同的侧面看问题。生态文明是生产发展、生活富裕、生活良好，生产不发展不是生态文明，所以还得靠经济，靠绿色经济、生态经济来支撑，没有生态经济的支撑，生态文明建设是很难的。产业生态化是指在自然系统承载能力内，对特定地域空间内产业系统、自然系统与社会系统之间进行耦合优化，达到充分利用资源，消除环境破坏，协调自然、社会与经济的可持续发展。产业生态化就是让所有的产业符合环境保护的要求，体现生态优先的原则。这是一个原则性的要求，需要我们发展生态环境保护的技术，发展环境保护的产业，在保护中发展，在发展中保护。只有这样，环境保护和经济发展在不同的阶段相协调，实现协同共进。只有这样，环境保护才具有可持续性。生态产业化依据生态学和经济学等的生态服务和公共产品理论，将生态环境资源作为特殊资本来运营，实现保值增值，促进经济与生态良性循环。将生态服务由无偿享用的资源转变为需要支付购买的商品，按照社会化大生产、市场化经营的方式来实现生态服务和生态产品的价值。有一些生态建设，比如植树造林，如果只有社会效益而没有经济效益，老百姓也是不怎么支持的。就是说，在环境保护的同时，要有一些经济效益，让老百姓和企业能够得到实惠，让社会得到实惠，实现经济效益和环境效益的统一。

构建以产业生态化和生态产业化为主体的生态经济体系，就是通过深化供给侧结构性改革，坚持传统制造业改造提升与新兴产业培育并重、扩大总量与提质增效并重、扶大扶优扶强与选商引资引智并重，抓好生态工业、生态农业、抓好全域旅游，实现一二三产业融合发展，让生态优势变成经济优势，形成一种浑然一体、和谐统一的关系，真正实现“绿水青山就是金山银山”。

3. 以改善生态环境质量为核心的目标责任体系

环境质量改善是坚持以人为本、增进人民福祉的重要体现，是生态环境保护的根本目标，也是评判一切工作的最终标尺。党中央作出以改善环境质量为核心、实现生态环境质量总体改善等一系列决策部署，可以使环境治理成效与老百姓的感受更加贴近，让人民群众有明显的获得感；可以更好地调动地方积极性，让地方的环境治理措施更有针对性；可以更好地统筹运用结构优化、污染治理、总量减排、达标排放、生态保护等改善环境质量的多种手段，形成工作合力和联动效应。

生态环保目标落实得好不好，领导干部是关键，要树立新发展理念、转变政绩观，就要建立健全考核评价机制，压实责任、强化担当。习近平指出：“我们一定要彻底转变观念，就是再也不能以国内生产总值增长率来论英雄了，一定要把生态环境放在经济社会发展评价体系的突出位置。如果生态环境指标很差，一个地方一个部门的表面成绩再好看也不行，不说一票否决，但这一票一定要占很大的权重。”强化质量目标导向，完善以环境质量改善为核心的目标责任考核评价体系，将环境质量指标作为对地方党委政府的硬约束，严格考核问责。习近平指出：“要针对决策、执行、监管中的责任，明确各级领导干部责任追究情形。对造成生态环境损害负有责任的领导干部，不论是否已调离、提拔或者退休，都必须严肃追责。各级党委和政府要切实重视、加强领导，纪检监察机关、组织部门和政府有关监管部门要各尽其责、形成合力。一旦发现需要追责的情形，必须追责到底，决不能让制度规定成为没有牙齿的老虎。”同时，坚持实事求是，充分调动地方的积极性、主动性和创造性，提高地方治理的科学性、系统性和针对性，解决突出环境问题。

4. 以治理体系和治理能力现代化为保障的生态文明制度体系

没有制度的保障，生态文明建设就是空中楼阁。2013 年 5 月 24 日，习近平总书记在主持十八届中央政治局第六次集体学习时指出：“只有实行最严格的制度、最严密的法治，才能为生态文明建设提供可靠保障。最重要的是要完善经济社会发展考核评价体系，把资源消耗、环境损害、生态效益等体现生态文明建设状况的指标纳入经济社会发展评价体系，使之成为推进生态文明建设的重要导向和约束。要建立责任追究制度，对那些不顾生态环境盲目决策、造成严重后果的人，必须追究其责任，而且应该终身追究。要加强生态文明宣传教育，增强全民节约意识、环保意识、生态意识，营造爱护生态环境的良好风气。”习近平总书记强调必须建立健全的生态文明制度体系，包括党的十九大修改《中国共产党党章》，把生态文明制度体系也写进去了。实行最严格的环境保护制度，这是继最严格的耕地保护制度、最严格的水资源保护制度之后，中央提出的第三个最严格的制度。“最严格”体现了党中央、国务院高度重视环境保护的意志决心，体现了积极回应人民群众对良好生态环境新期待的鲜明态度，体现了从源头、全过程和生产、流通、消费各环节来加强环境保护的新思路。

习近平指出：“从制度上来说，我们要建立健全资源生态环境管理制度，加快建立国土空间开发保护制度，强化水、大气、土壤等污染防治制度，建立反映市场供求和资源稀缺程度、体现生态价值、代际补偿的资源有偿使用制度和生态补偿制度，健全生态环境保护责任追究制度和环境损害赔偿制度，强化制度约束作用。”构建系统规范的激励约束机制，加快推进生态环境治理体系和治理能力现代化，为推进绿色发展、建设美丽中国提供持久的动力和保障。落实这一要求，需要加快推进制度改革，构建以空间规划为基础、以用途管制为主要手段的国土空间开发保护制度，划定生态保护红线，推动战略和规划环评落地，着力解决无序开发、过度开发、分散开发导致的生态空间占用过多、生态破坏、环境污染等问题；构建监管统一、执法严明、多方参与的环境治理体系，着力解决污染防治能力弱、监管职能交叉、权责不一致等问题；构建企业落实主体责任、排污许可、达标排放的管理制度，着力解决企业违法成本低等问题；构建更多运用经济手段进行环境治理和生态保护的市场体系，着力解决市场主体和市场体系发育滞后等问题；构建充分反映资源消耗、环境损害和生态效益的生态文明绩效评价考核和责任追究制度，着力解决发展绩效评价不全面、责任落实不到位、损害责任追究缺失等问题。

5. 以生态系统良性循环和环境风险有效防控为重点的生态安全体系

生态安全关系人民群众福祉、经济社会可持续发展和社会长久稳定，是国家安全体系的重要基石，是经济社会持续健康发展的重要保障。建立生态安全体系是加强生态文明建设的应有之义，是必须守住的基本底线。建设生态文明体系的目的，就是为了保障生态安全，让大家生活在有利于健康、有利于生活的环境之中，享受社会主义的美好生活，就是生态安全体系。总书记强调生态安全体系是国家安全体系的重大组成部分，这是他反复强调的。按照习近平总书记“山水林田湖是一个生命共同体”的系统观，遵循生态系统的整体性、系统性及其内在规律，进行整体保护、系统修复、综合治理，统筹好部分与全局、个体与群体、当前与长远之间关系，实现环保理念认识的系统化、管理思路的系统化、手段措施的系统化。要有效防范生态环境风险，把生态环境风险纳入常态化管理，系统构建全过程、多层级生态环境风险防范体系，确保生态系统的良性循环，妥善处理好国内发展面临的资源环境瓶颈、生态承载力不足的问题，以及突发环境事件问题，这是维护生态安全的重要着力点，是最具有现实性和紧迫性的问题。

（四）生态文明重大制度改革永远在路上

习近平总书记强调，环境治理是一个系统工程，必须作为重大民生实事紧紧抓在手上。这就是说生态文明建设要以制度建设为保障，推进生态文明建设的体制机制改革，加快生态文明建设的制度创新，通过顶层制度设计和地方实践经验相结合，建立科学的制度体系和管理体系，实行最严格的生态环境保护制度，建立起有利于生态文明建设的长效机制。

建设生态文明是一场涉及生产方式、生活方式、思维方式和价值观念的革命性变革。实现这样的根本性变革，必须依靠制度和法治。我国生态环境保护中存在的一些突出问题，大多与体制不完善、机制不健全、法治不完备有关。习近平总书记指出："只有实行最严格的制度、最严密的法治，才能为生态文明建设提供可靠保障。"必须建立系统完整的制度体系，用制度保护生态环境、推进生态文明建设。环境保护工作不能只靠环保部门来完成，而是需要全社会的共同努力，坚持"五位一体"总体布局，深入贯彻习近平总书记环境保护新生产力理论，注重生态文明建设制度创新，全面实施"党政同责"，把环境保护作为党委工作的重点内容，落实好各级党委政府的属地环保责任。推进体制机制改革，狠抓顶层设计，全面推行"党政同责""一岗双责"，最大程度地拓展各级政府和业务部门参与环境保护的广度和深度。

习近平强调："最重要的是要完善经济社会发展考核评价体系，把资源消耗、环境损害、生态效益等体现生态文明建设状况的指标纳入经济社会发展评价体系，使之成为推进生态文明建设的重要导向和约束。要建立责任追究制度，对那些不顾生态环境盲目决策、造成严重后果的人，必须追究其责任，而且应该终身追究。要加强生态文明宣传教育，增强全民节约意识、环保意识、生态意识，营造爱护生态环境的良好风气。"科学的考核评价体系犹如指挥棒，在生态文明制度建设中是最重要的。要把资源消耗、环境损害、生态效益等体现生态文明建设状况的指标纳入经济社会发展评价体系，建立体现生态文明要求的目标体系、考核办法、奖惩机制，使之成为推进生态文明建设的重要导向和约束。习近平指出："要给你们去掉紧箍咒，生产总值即便滑到第七、第八位了，但在绿色发展方面搞上去了，在治理大气污染、解决雾霾方面作出贡献了，那就可以挂红花、当英雄。"要把生态环境放在经济社会发展评价体系的突出位置，如果生态环境指标很差，一个地方一个部门的表面成绩再好看也不行。通过党政同部署、党政同责任、党政同考核等"三个同步"，有力地推动地方主要领导切实负起本地区生态环境保护的主要责任，确保属地责任落实到位。资源环境是公共产品，对其造成损害和破坏必须追究责任。对那些不顾生态环境盲目决策、导致严重后果的领导干部，必须追究其责任，而且应该终身追究。不能把一个地方环境搞得一塌糊涂，然后拍拍屁股走人，官还照当，不负任何责任。要对领导干部实行自然资源资产离任审计，建立生态环境损害责任终身追究制。

习近平强调："从制度上来说，我们要建立健全资源生态环境管理制度，加快建立国土空间开发保护制度，强化水、大气、土壤等污染防治制度，建立反映市场供求和资源稀缺程度、体现生态价值、代际补偿的资源有偿使用制度和生态补偿制度，健全生态环境保护责任追究制度和环境损害赔偿制度，强化制度约束作用。"健全自然资源资产产权制度和用途管制制度，加快建立国土空间开发保护制度，健全能源、水、土地节约集约使用制度，强化水、大气、土壤等污染防治制度，建立反映市场供求和资源稀缺程度、体现生态价值和代际补偿的资源有偿使用制度和生态补偿制度，健全环境损害赔偿制度，强化制度约束作用。加强生态文明宣传教育，增强全民节约意识、环保意识、生态意识，营造爱护生态环境的良好风气。

第四章

加快推进生态文明建设的制度保障

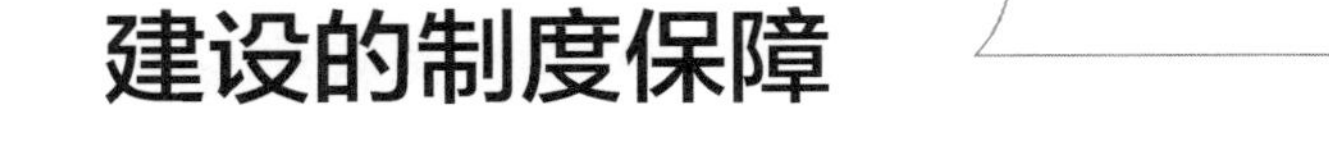

——从摸着石头过河到顶层设计的科学跨越

加快推进生态文明建设的制度保障，构建系统完整的生态文明制度体系，以夯实建设生态文明的制度基础，是践行社会主义核心价值观，实现人与自然和谐共生现代化新格局的重要保障。从党的十七大报告第一次提到“生态文明”概念，摸索总结我国多年来生态环境保护和可持续发展经验，并提出生态文明建设的目标，到党的十八大明确提出要“加强生态文明制度建设”“完善生态文明制度体系建设”，把生态文明建设提升到制度层面，再到党的十九大强调要“加快生态文明体制改革”“实行最严格的生态环境保护制度”“像对待生命一样对待生态环境”，创新生态文明制度供给，生态文明制度建设实现了从摸着石头过河到顶层设计的科学跨越。这既是对中国特色社会主义进入新时代的与时俱进，也是中华民族永续发展的千年大计。

一、加快生态文明制度建设的必要性

生态文明建设是我国经济发展史上的一次深刻变革。在中国特色社会主义进入了新时代的同时，我国生态文明建设也见证了我国发展的新的历史方位。改革开放40年来，我国经济建设取得了举世瞩目的成就，经济发展日新月异。40年来，我国平均年经济增长速度达到了9.6%，创造了整个人类经济发展的奇迹。但我国经济得到迅猛发展的同时，生态环境恶化、能源资源短缺等环境问题愈加严重，社会经济发展不平衡、不协调和不可持续问题愈加突出，并形成了整个国家社会经济发展的制约因素，从而影响了整个国民经济发展的活力。因此，保护生态环境，完善生态文明制度建设，形成绿色发展方式和生活方式，是生态文明建设和绿色发展迫在眉睫要处理的关键问题。

（一）生态文明制度建设是生态文明建设的重要支撑

目前，我国生态文明建设还存在很多的短板和漏洞，尤其生态文明技术支撑体系和生态文明制度体系的欠缺，很大程度上限制了我国经济发展与生态环境、生态治理的协调性发展。我国生态文明建设在经历了“摸着石头过河”的经验摸索阶段后，实现了从生态认知到生态文化理论的跨越，已经形成了相对成熟的理论支撑，为生态文明制度的设计思路和设计原则奠定了理论基础。当前，我国生态文明制度正逐渐进入顶层设计的发展阶段以及落地实施的加速阶段，亟需完善相关生态文明制度，尤其是强调构建系统性、全局性、完整性和先进性的生态文明制度。因为生态文明建设是一项系统性、全局性和长期性的工作，亟需一系列具有引导性、规范性和制约性的行为规范和行为守则，形成我国生态文明建设的重要支撑，以真正起到制度保障的根本作用。

党的十八大以来，以习近平同志为核心的党中央高度重视生态文明体制改革，积极打造建设美丽中国的制度屏障。党的十九大强调“建设生态文明是中华民族永续发展的千年大计”，更是将生态文明建设提升到了前所未有的全局高度和战略高度，实施了一系列与生态文明建设相适应的重大决策和制度体系。实践证明，没有生态文明制度建设的制定和完善，就没有生态文明建设实践的发展和完成，生态文明建设成果也必将大打折扣。从构建最严格的生态文明制度到构建最严密的生态法制体系，从摸着石头过河到顶层设计再到全面部署，我国生态文明制度建设逐渐培育了一套科学有效的生态文明制度和系统完善的生态文明制度体系。其中，科学有效的生态文明制度加强了我国生态文明建设的价值取向和指导方针，而系统完善的生态文明制度体系保证了我国生态文明建设的有序推进。因此，充分利用生态文明制度的严肃性和权威性支撑生态文明建设成了重要手段。

（二）生态文明制度建设是社会主义制度体系的重要内容

生态文明建设是习近平新时代中国特色社会主义思想的一个重要组成部分。生态文明制度建设也是我国社会主义制度体系的重要内容。生态文明建设是关系人民福祉的长远大计，也是中国特色社会主义“五位一体”国家战略的重要布局，关乎新时代健全人民当家作主制度体系建设。从根本上来看，生态文明建设是人类社会走向现代文明的重要标志，而生态文明制度建设是科学社会主义理论的重要实践。二者在理论上是一脉相承的。一方面，生态文明制度建设与马克思的科学社会主义理论的理论基础是一致的，都是综合人类文明成果和要求社会发展理论的与时俱进。另一方面，生态文明制度建设是马克思的科学社会主义在中国的当代实践，是立足中国国情、富有中国特色的科学实践。可见，生态文明制度建设是科学社会主义理论在当代中国的新发展。

梳理党的十二大以来的报告，我们也可以发现，生态文明建设是中国特色社会主义建设的重要组成部分，生态文明制度也是中国特色社会主义制度的重要内容。从党的十二大到十五大，我们党一直强调中国特色社会主义物质文明和精神文明建设。党的十六大把政治文明建设纳入中国特色社会主义建设进程，十七大提出了把建设生态文明作为全面建设小康社会的目标，十八大则在此基础上把生态文明建设提升到中国特色社会主义事业“五位一体”的总体布局中。党的十八届三中全会强调“加快建立生态文明制度”，以此来完善中国特色社会主义制度，推进国家治理体系和治理能力现代化；党的十八届四中全会把“建立生态文明法律制度”作为重点立法领域。党的十九大强调明确“控制线”和制度规范，如提出“生态文明建设完成生态保护红线、永久基本农田、城镇开发边界三条控制线划定工作”“提高污染排放标准，强化排污者责任，健全环保信用评价、信息强制性披露、严惩重罚等制度”“健全耕地草原森林河流湖泊休养生息制度，建立市场化、多元化生态补偿机制”“构建国土空间开发保护制度，完善主体功能区配套政策，建立以国家公园为主体的自然保护地体系”等；其中，“城镇开发边界”控制线划定、“严惩重罚”制度、“市场化、多元化生态补偿机制”“以国家公园为主体的自然保护地体系”都是新提法。实施这些制度、采取这些措施，将有力推进生态文明建设工作①。

(三) 生态文明制度建设是全面建成小康社会的重要保障

加强生态文明建设，协调经济、社会和环境发展，是全面建设小康社会的必然要求。生态环境的保护，不是一人之力，也不可能一蹴而就。它是一个需要达成共识和公众合力的长期过程。开展生态环境保护，建设生态文明制度，既是人民对新时代美好生活的需要，也是社会经济充分和平衡发展的需要。以征服自然为目的的工业文明，给人类创造巨大生产力的同时，却也使得人与自然的关系一度恶化到了难以调和的程度，甚至给人类的生存和发展带来潜在的威胁。人们必须反思工业文明下人类社会发展的困境，坚持以可持续发展思想为基础的生态文明，以进一步优化人与人、人与自然、人与社会的和谐共生和良性循环。可见，要实现全面建设小康社会的目标，必须要在经济建设、政治建设、文化建设的基础上，加强生态文明建设，尤其是生态文明制度的建设，

---

① 李佐军．生态文明在十九大报告中被提升为千年大计．经济参考报，http://jjckb.xinhuanet.com/2017-10/23/c_136698924.htm,2017-10-23.

才能确保推进人类社会永续发展。

党的十九大强调，“从现在到 2020 年，是全面建成小康社会决胜期”。从历史的角度来看，全面建成小康社会的要求已经发生了与时俱进的变化，从过去注重温饱、解决生存问题，转向追求生态、注重未来发展问题。这正是顺应了人民新时代新期待——美好生活、美丽中国——的体现。习近平指出：“小康全面不全面，生态环境是关键。要创新发展思路，发挥后发优势。因地制宜选择好发展产业，让绿水青山充分发挥经济社会效益，切实做到经济效益、社会效益同步提升，实现百姓富、生态美的有机统一。”可见，在建设生态文明制度的基础上，加快我国各地区生态环境优势转化为生态农业、生态工业、生态旅游等生态经济优势，把绿水青山变成金山银山，坚持走“产业发展生态化、生态建设产业化”的绿色发展道路，对有效实现生态文明建设和全面建成小康社会有深远意义。此外，全面建成小康社会，是党从当代中国国情出发获得做出的理论选择，其本身也是生态文明建设的重要实践。全国生态文明制度建设与全面建成小康社会相辅相成、对立统一、和谐发展。

（四）生态文明制度建设是实现可持续发展的重要基石

生态文明制度建设需要解决的首要问题就是要协调经济与自然的关系，坚持人与自然的可持续发展，从根本上确保可持续发展战略的实施，助推生态文明发展。反之，经济可持续发展也会为生态文明制度建设提供强有力的物质基础，助力生态文明建设。可见，生态文明制度建设与可持续发展相互促进、相互依存。如果生态环境进一步恶化，资源、环境、生态等问题将成为经济发展的制约因素和桎梏力量，阻碍经济转型升级，也会影响国民经济的健康稳定发展。因此，积极完善生态文明制度建设，通过环境保护形成对经济结构优化的倒逼机制，从制度层面推动实现绿色发展、循环发展等，从而为经济可持续发展奠定重要基石。

党的十九大强调，要以新发展理念为引领，推进中国经济平稳健康可持续发展。可见，加强以绿色发展理念引领生态文明新时代，是实现中国经济平稳健康发展的迫切要求。从根本上来看，社会经济的可持续发展与生态环境保护之间并不是真正对立的关系。社会经济的发展并非一定要以破坏生态环境为前提。保护生态环境也并不排斥社会经济的发展。建设生态文明制度的目标具有双重性。一方面是为了从制度层面协调和强调各个层面各个市场主体的行为，以更好地保障生态环境保护和生态建设进展。另一方面是从理论层面指导和建设生态文明的经济发展方式，以更好促进经济社会的发展。生态文明制度作为约束和规范人民行为的关键驱动力量，是推动社会发展和维护社会秩序的有效手段。从国际范围来看，当前，全球约有60%的生态系统处于不可持续发展状态[①]。从国内范围来看，改革开放40年来，中国经济迅猛发展，但长期注重数量的粗放型的经济发展方式也导致中国生态系统陷于不可持续的困境中。因此，作为世界人口第一、国土面积第三的最大发展中国家，在日益严峻复杂的国内外形势影响下，中国正面临可持续发展的紧迫任务。而建设生态文明制度实际上是对可持续发展战略的拓展与创新。生态文明制度的健全必将促进生态保护与经济社会平稳健康的发展。

（五）生态文明制度建设是全面深化改革的重要任务

生态文明制度建设是全面深化改革的重要任务，也是全面深化改革的应有之义。中国的改革开放创造了举世瞩目的“中国奇迹”，而今已经迎来第40个年头，也进入了攻坚克难的阶段。在这关键的时期，总结40年改革开放的经验教训，在新的历史起点上，开启全面深化改革的新航程，是建设新时代中国特色社会主义制度体系和发挥中国特色社会主义制度优势的必由之路。从根本上来看，持续深化生态文明体制改革，为生态文明建设提供制度和法律保障，是中国特色社会主义生态文明建设的根本要求，也是全面深化改革和建设美丽中国的重要保证。实践证明，只有建立成熟的生态文明制度体系，我国生态文明建设才能突破瓶颈、迈上新台阶。

全面深化的生态文明建设方面的改革和生态文明制度层面的建设，体现了党和政府加强生态文明建设的决心。党的十八届三中全会《中共中央关于全面深化改革若干重大问题的决定》提出要“加快建设生态文明制度”，党的十九大报告则进一步强调，既要创造更多物质财富和精神财富以满足人民日益增长的美好生活需要，也要提供更多优质生态产品以满足人民日益增长的优美生态环境需要[②]。这说明生态文明建设已经开始从传统的注重理论转向创新的制度建设的新阶段，整个社会经济对生态文明建设提出了更高要求、更高水平的任务。一方面，要求微观市场主体减少排污、扩大绿化、治理污染，自觉而主动地保护中国生态环境建设；另一方面，要求对整个社会经济的生态系统进行修护与维护，系统而有序地落实生态文明制度。因此，只有遵循生态经济发展规律，才能从根本上提高社会建设的质量，并按照全面深化改革任务的要求，实现美丽中国目标。

---

① Joseph Kahn, Jim Yardley. As China rise, pollution soars.https://theeconomics.wordpress.com/2008/05/22/special-report-as-china-rises-pollution-soars-by-joseph-kahn-and-jim-yardley/

② 张樵苏．从十九大报告看全面深化改革．新华网,http://www.xinhuanet.com/politics/19cpcnc/2017-10/21/c_1121835934.htm,2017-10-21.

（六）生态文明制度建设是实现绿色发展的重要引领

当前，我国生态文明建设已经渗透到经济建设的整个过程中。在整个社会大生产的生产、分配、交换和消费等环节中，强调绿色生产、绿色消费、绿色制度等生态文明思想在各个社会大生产中的实践。其中，绿色生产主要是强调清洁生产，在生产中促进节能减排和资源再生，利用循环生产、低碳生产等生态化的生产方式；绿色消费主要是强调合理消费，在消费中提倡低碳环保和健康节约，倡导消费正义、生活正义等可持续的消费方式；绿色制度主要是强调绿色发展，协同推进自然资源核算制度和产权制度、政绩考核制度、环境管理制度、地区间环保协调和利益平衡制度、绿色经济政策和绿色技术创新政策等六类制度①，强力引导全社会绿色发展功能。

党的十九大报告已经为未来中国推进生态文明建设和绿色发展指明了路线图，强调建设生态文明制度，建立健全绿色低碳循环发展的经济体系，加快推进绿色制度体系框架构建，引领全社会走绿色发展之路。党的十九大关于绿色发展的理论，引领绿色经济成为新的经济增长引擎，助力生态文明制度体系的构建。可见，只有进一步完善生态文明制度体系，才能将绿色发展理念贯彻落实到经济社会的各个方面，通过以制度引领绿色发展、发展绿色生产、倡导绿色生活，为实现人与自然和谐共生的现代化提供强有力的保障，推动全国各省区市加快实现绿水青山与金山银山的内在统一。与此同时，绿色发展也是新时代生态文明建设的治本之策，注重从生态角度布局产业，坚持走“绿色化”“生态化”的发展道路，通过产业生态化和生态产业化的发展路径，为实现经济转型升级优化提供提供强有力的支撑，推动全国各省区市实现经济发展和环境负荷的脱钩发展。

二、生态文明建设制度的基本内容

（一）健全自然资源资产产权制度

自然资产产权制度是生态文明制度体系的重要内容。建立健全自然资源资产产权制度是深化生态文明体制改革的重要举措，为自然资源资产的开发、利用、监管及保护提供了基础性的制度保障。水流、森林、山岭、草原、荒地、滩涂以及探明储量的矿产资源是建设美丽中国、深化生态文明制度改革的根本

---

① 董大伟．从六个方面建立绿色制度体系[N]．学习时报，第A1版，2017-12-19.

载体，是重要的资源资产。

完善自然资源资产产权制度的关键前提是明晰自然资源产权，并通过对自然资源资产进行合理定价来准确反映自然资源资产的真实成本，充分发挥市场导向作用，进而促进市场经济条件下生态环境资源的优化配置。

产权是经济所有制关系的法律表现形式。一般地，产权可以看做是财产权概念的简称，包括财产的所有权、支配权、使用权、收益权及处置权等，是法定经济主体依法对特定资产（经济客体）所有、占有、支配、使用、处置及获得相应收益的权利。从构成上看，产权由产权主体、产权客体及产权权利三个基本要素构成。产权主体是指享有或者拥有财产的所有权、占有权、支配权、使用权、收益权及处置权的人（包括自然人及法人）或组织；产权客体是指产权主体所拥有的权能所指向的对象，即各种可以被产权主体占有、控制或支配的资源资产；产权的权利由所有权、支配权及使用权等一系列具体权利构成，是产权概念的核心内容。

自然资源产权是指特定产权客体——自然资源的所有、使用、支配及处分、收益等相关权利的总和。基于自然资源资产的特殊性，自然资源产权存在典型的复杂性及动态性。首先，按照不同的标准，可以将自然资源产权划分为不同类型：依据资源的类型不同，自然资源产权可以分为地权、水权、矿权、林权等；依据资源的产权主体不同，自然资源产权可以分为公有（全面所有及集体所有）和私有等；依据资源的财产关系差异，自然资源产权可以分为物权、债权及股权等。因此自然资源产权具有复杂性。其次，自然资源产权受到时空的作用和制约，其收益权等权利在时间上及空间上具有突出的周期性及动态性。

自然资源产权制度是关于自然资源资产产权主体、产权客体及产权权利的一系列法律制度的总称，主要面向产权主体的结构及行为、产权客体的范围、产权权利的指向等方面，包括自然资源的所有权制度、使用权制度、经营权制度等内容。

自然资源资产产权制度，是生态文明制度体系的一项基本制度，其重要性主要体现在两个方面：第一，自然资源资产产权制度对自然资源资产的归属关系具有重要的规定性作用，其直接关系到自然资源资产产权的主体责任、主体权利及主体利益，进而对自然资源资产的保全、利用及增值起到重要的推动作用，对全国范围内的自然资源资产保护与开发产生重要影响。第二，人类赖以生存的生态环境是自然资源资产的核心与关键。因此自然资源资产产权制度不仅关系到山、河、湖、海、林及草等自然资源资产的监管与保护，还关系到土壤、水、大气等生态环境的改善与保护。健全的自然资源资产产权制度，有利于提升自然资源资产开发与利用的科学性和合理性，显著改善生态环境。

我国当前的自然资源资产产权制度大体形成于20世纪90年代，为改革开放40年间的高速发展提供了重要的支撑性作用。然而，伴随着社会主义市场经济体系的不断完善，产权边界的清晰性、产权收益的合理性及产权价值的科学性等诸多问题逐渐引起了广泛的关注。

党的十八届三中全会首次提出要健全自然资源资产产权制度。习近平同志在全会上指出："我国生态环境保护中存在的一些突出问题，一定程度上与体制不健全有关，原因之一是全民所有自然资源资产的所有权人不到位，所有权人权益不落实。针对这一问题，全会决定提出健全国家自然资源管理体制的要求。总的思路是，按照所有者和管理者分开和一件事情由一个部门管理的原则，落实全民所有自然资源资产所有权，建立统一行使全民所有自然资源资产所有权人职责的体制。"

2015年9月11日，中共中央政治局审议通过的《生态文明体制改革总体方案》中明确指出："构建归属清晰、权责明确、监管有效的自然资源资产产权制度，着力解决自然资源所有者不到位、所有权边界模糊等问题。"

自然资源资产产权制度改革是一个关键而复杂的问题。在分析与实践过程中应坚持产权主体结构合理、产权权属边界清晰、产权权能完整健全、产权权利流转高效的总体改革方向。

确权登记是建立自然资源资产产权制度的关键，也是对自然资产产权交易进行管理的首要和前提。要建立统一的确权登记系统，要以坚持物权法定、资源共有为基础，对国土空间范围内的各种类型自然资源的产权主体、产权客体（水流、森林、山岭、草原、荒地、滩涂等）及产权权利进行统一的确权登记。建立统一的确权登记系统有利于划清不同自然资源资产所有者之间的边界，有利于对全民所有的自然资源资产统一进行监管、保护与开发，从法律上强化所有者及经营者保护自然资源的义务与责任。

产权体系是自然资源资产产权制度的核心和主体。首先，构建自然资源资产产权体系需要明确各种类型的自然资源资产产权主体权利，在一定范围内创新全体所有和集体所有权的具体实现形式，进而适度扩大使用权的转让、出租等权能，提高权属人的产权收益。其次，健全完善全民所有自然资源资产有偿使用制度，严禁无偿或低价出让。全民所有自然资源是宪法和法律规定属于国家所有的各类自然资源，主要包括国有土地资源、水资源、矿产资源、国有森林资源、国有草原资源、海域海岛资源等。国务院《关于全民所有自然资源资产有偿使用制度改革的指导意见》中明确指出：到2020年，基本建立产权明晰、权能丰富、规则完善、监管有效、权益落实的全民所有自然资源资产有偿使用制度，使全民所有自然资源资产使用权体系更加完善，市场配置资源的决定性作用和政府的服务监管作用充分发挥，所有者和使用者权益得到切实维护，自然资源保护和合理利用水平显著提升，实现自然资源开发利用和保护的生态、经济、社会效益相统一。最后，统筹规划建设自然资源资产交易平台，依托公共资源交易平台开展自然资源资产交易，充分发挥市场在自然资源资产配置中的无形作用。

管理体制是自然资源资产产权制度的保障和关键。按照所有者和监管者分开、一件事情由一个部门负责的原则，整合分散的全民所有自然资源资产所有者职责，明确由一个部门并授权其代表国家对在同一国土空间的全民所有的矿藏、水流、森林、山岭、荒地、海域、滩涂等各类自然资源资产统一行使所有权。将分散在国土资源、水利、农业、林业等部门的全民所有自然资源资产所有者职责剥离，整合组建国有自然资源资产管理机构，承担全民所有自然资源资产所有者职责，探索建立归属清晰、权责明确、监管有效的自然资源资产管理体制。

（二）建立国土空间开发保护制度

党的十八大报告指出“加快建立生态文明制度，健全国土空间开发、资源节约、生态环境保护的体制机制，推动形成人与自然和谐发展现代化建设新格局”，首次将国土空间、资源与生态环境整合为生态文明三大领域。此后，中共中央、国务院印发《生态文明体制改革总体方案》（2015 年 9 月 21 日），第一次提出要树立“空间均衡的理念”，要通过把握“人口、经济、资源环境的平衡点”来推动经济发展，区域的人口规模、产业结构及经济增长速度不能超出当地水土资源的承载能力和最大化的环境容量。为了确保空间均衡理念的实施与落实，《生态文明体制改革总体方案》中明确提出建立“国土空间开发保护制度”。

国土空间是指国家主权与主权权利管辖下的地域空间，是国民生存的场所和环境，包括陆地、陆上水域、内水、领海、领空等。一般地，按照其提供的产品的类别进行分类，一个国家或地区的国土空间可以分为生态空间、城市空间、农业空间及其他空间，相应地，城市空间的主体功能是提供服务产品和工业品；农业空间的主体功能是提供农产品；生态空间的主体功能是提供生态服务及生态产品；其他空间指的是贯穿于城市空间、农业空间及生态空间之间的基础设施、军事用地、水利设施及宗教用地等特殊的空间。

国土空间是人类社会经济发展的依托。尽管中国幅员辽阔，但是大约 60% 的国土空间是山地或高原，适宜人们生存与发展的人均国土空间面积狭小。近年来，中国城市化进程不断加快，城市人口大量增加，经济快速发展，对城市空间的需求逐步加大。与此同时，广大人民群众对于美好生活的需要对生态空间、农业空间及其他空间也提出了更高的要求。因此，新形势下如何协调社会经济加速发展带来的空间需求压力与客观存在的有限的国土空间之间的矛盾，充分保障经济社会可持续发展，建设生态宜居的美丽中国，是亟待解决的重要问题。

国土是生态文明建设的空间载体，必须珍惜每一寸国土。《生态文明体制改革总体方案》提出要构建以空间规划为基础、以用途管制为主要手段的国土空间开发保护制度，着力解决因无序开发、过度开发、分散开发导致的优质耕地和生态空间占用过多、生态破坏、环境污染等问题。2017 年 10 月，习近平总书记在党的十九大报告中进一步强调“构建国土空间开发保护制度，完善主体功能区配套政策，建立以国家公园为主体的自然保护地体系”。

构建国土空间开发保护制度。要按照人口、资源、环境相互均衡，经济效益、社会效益与生态效益相互统一的原则，治理空间结构，调控开发强度，科学布局三大功能空间（生活空间、生产空间和生态空间），以规划为依据，以制度为保障，综合运用行政与市场手段，控制开发强度，调整空间结构，进而促进生产空间更加集约高效、生活空间更加宜居适度、生态空间更加山清水秀，给自然留下更多修复与发展空间。

完善主体功能区配套政策。主体功能区指基于不同区域的资源环境承载能力、现有开发密度和发展潜力等，将特定区域确定为特定主体功能定位类型的一种空间单元。2010 年国务院印发《全国主体功能区规划》、党的十七届五中全会提出实施主体功能区战略，特别是党的十八届三中全会明确坚定不移实施主体功能区制度以来，我国主体功能区建设取得了积极成效。主体功能区理念已成为广泛共识。主体功能区在国家空间发展中的重要作用日益凸显。2017 年 8 月 29 日，习近平总书记主持召开中央全面深化改革领导小组第三十八次会议并发表重要讲话，会议审议通过了《关于完善主体功能区战略和制度的若干意见》等文件,会议指出，建设主体功能区是我国经济发展和生态环境保护的大战略。完善主体功能区战略和制度，要发挥主体功能区作为国土空间开发保护基础制度作用，推动主体功能区战略格局在市县层面精准落地，健全不同主体功能区差异化协同发展长效机制，加快体制改革和法治建设，为优化国土空间开发保护格局、创新国家空间发展模式夯实基础。要坚定做好全国主体功能区规划实施工作，加快构建“两横三纵”为主体的城市化战略格局、“七区二十三带”为主体的农业战略格局、“两屏三带”为主体的生态安全战略格局等科学合理的国土空间开发三大战略格局。要建立健全政策体系，特别是针对优化开发、重点开发、限制开发和禁止开发四类不同主体功能区，形成差别化的财政政策、投资政策、产业政策、土地政策、农业政策、人口政策、民族政策、环境政策、应对气候变化政策和绩效考核评价体系，推动各地区按照主体功能定位发展，构筑区域经济优势互补、主体功能定位清晰、国土空间高效利用、人与自然和谐共生的区域发展格局。

建立以国家公园为主体的自然保护地体系。目前，我国已经形成包括自然保护区、风景名胜区、森林公园及地质公园等多类保护地在内的多层级、多类型的自然保护地体系。国家公园是我国自然保护地的最重要类型之一。建立国家公园体制是改革生态环境监管体制的重要举措，统一、规范、高效的中国特色国家公园体制可以有效解决我国自然保护地广泛存在的交叉重叠、多头管理的碎片化问题。2017年9月，中共中央办公厅、国务院办公厅印发的《建立国家公园体制试点方案》说明，国家拟在多地试点五项内容，主要包括突出生态保护、统一规范管理、明晰资源归属、创新经营管理和促进社区发展。国家公园体制以保障国家生态安全为根本目的，以加强自然生态系统原真性、完整性保护为基础，以实现国家所有、全民共享、世代相承为目标，以具有国家代表性和典型性的大面积自然生态系统和自然遗产为基本保护对象，将国家公园确定为属于全国主体功能区规划中的禁止开发区域，纳入全国生态保护红线区域管控范围,实现最严格的保护。这是对现有分头设置自然保护区、风景名胜区、文化自然遗产、森林公园、地质公园等禁止开发区域的体制进行整合，实行统一有效的管理和保护，是包括自然保护区在内的各类保护区统一协调的自然保护地体系。

（三）建立空间规划体系

空间规划体系是以对空间资源进行合理保护和有效利用为前提，从土地资源、海洋资源及生态资源等空间资源的保护、要素统筹、结构优化及利用效率提升、收益格局合理等方面为切入点，探索构建“多规合一”框架下的空间规划编制、实施过程和监管机制，加快建立全国范围内，覆盖国家、省、市（县）三个层面的空间规划体系，有助于厘清各级政府以及个相关部门空间管理权责，统筹推进土地等生态资源利用、保护、监督及管理各个环节。

2013年11月，党的十八届三中全会通过的《关于全面深化改革若干重大问题的决定》指出，“通过建立空间规划体系，划定生产、生活、生态空间开发管制界限，落实用途管制。”其后，2013年12月，习近平总书记在中央城镇化工作会议上指出要“建立空间规划体系，推进规划体制改革，加快规划立法工作”。2015年9月中共中央、国务院颁发的《生态文明体制改革总体方案》强调指出“空间规划是国家空间发展的指南、可持续发展的空间蓝图，是各类开发建设活动的基本依据”，并且进一步要求“构建以空间治理和空间结构优化为主要内容，全国统一、相互衔接、分级管理的空间规划体系，着力解决空间性规划重叠冲突、部门职责交叉重复、地方规划朝令夕改等问题”。同时指出“要整合目前各部门分头编制的各类空间性规划，编制统一的空间规划，实现规划全覆盖”。

2015年10月，十八届五中全会公报文件指出“加快建设主体功能区，发挥主体功能区作为国土空间开发保护基础制度的作用”。其后，《中共中央关于制定国民经济和社会发展第十三个五年规划的建议》进一步指出“推动各地区宜居主体功能定位发展。以主体功能区规划为基础统筹各类空间性规划，推进'多规合一”。

2016年10月，习近平总书记主持召开中央全面深化改革领导小组第二十八次会议。会上审议了《省级空间规划试点方案》。会议强调，开展省级空间规划试点，要统筹各类空间性规划，编制统一的省级空间规划，为实现“多规合一”、建立健全国土空间开发保护制度积累经验、提供示范。

迄今为止，我国尚未真正建立覆盖全国范围的国家空间规划体系。当前，各层政府、相关部门林立的种种空间规划各自为政，杂乱无章，规划主体及规划内容均明显缺乏有效的协调与衔接。伴随着我国经济社会的高速发展，原有空间规划的科学性、客观性以及与经济社会发展的适宜性均面临严峻的挑战与质疑，重构完整、科学、全面的空间规划体系势在必行。然而，空间规划体系牵涉到的利益主体较多，构建工作相对复杂。

编制空间规划，是建立空间规划体系的首要任务。目前，我国各类空间规划分级及划分方法和标准均较为混乱，应系统梳理各种类型空间规划的内容和结构，按照《省级空间规划试点方案》的要求将空间规划统一划分为国家、省、市县（设区的市空间规划范围为市辖区）三级，探索以主体功能区规划为主体，“多规合一”的实现路径。在对区域内资源环境承载力进行客观评价基础上，精准划定城市、农业及生态国土空间，科学确定生态保护红线，探索建立统一规范的空间规划编制机制。

推进“多规合一”，是建立空间规划体系的关键路径。“多规合一”，是指将国民经济和社会发展规划、城乡规划、土地利用规划、生态环境保护规划等多个规划融合到一个区域上，实现一个市县一本规划、一张蓝图，解决现有各类规划自成体系、内容冲突、缺乏衔接等问题。“多规合一”并不是将一个区域内的此前各种规划进行简单的叠加成一个规划，而是通过对区域的发展思路，各主体功能区的空间布局进行顶层设计，统一土地分类分级标准，统一数据来源与格式、统一空间性规划制图标准及统一空间信息交互平台等等，进而实现合理配置国土资源，优化调整空间布局，“一张蓝图”绘到底的总目标。

创新规划编制方法，是推动空间规划体系逐步完善的重要保障。编制区域空间规划是一项具有专业性、科学性的工作，编制人员需要具备专业化知识，还需要进行客观深入的实地调查，全面掌握规划编制区域的空间利用情况。因此，规划编制工作应由相对固定的专业人员及相应的行政管理机构专门负责。

《省级空间规划试点方案》中提出要“成立由专业人员和有关方面代表组成的规划评议委员会”，在规划监制过程中，应具有规范化的编制程序，除资源环境承载能力评价、公布规划草案、征求公众意见、评议委员会论证等编制过程中的程序外，还应规范规划执行过程中的监督、举报、检查及问责程序。

（四）完善资源总量管理和全面节约制度

资源是对一个国家（或地区）所拥有的人力、物力、财力等各种物质要素的总称。基于不同的分类标准，可以将资源分作不同的类型。一般地，按照资源的性质，可以将资源分类为自然资源、社会经济资源和技术资源三个主要类别。生态文明建设过程中讨论的资源，主要是指自然资源。自然资源一般是指一切物质资源和自然产生过程，通常是指在一定技术经济环境条件下对人类有益的资源，如土地资源、水资源、矿产资源等等。中国自然资源储量丰富，品种较多，但是人均占有量较少，资源质量不高，分布不均衡性突出，开发和利用较为粗放，效率较低。我国的基本国情、资源禀赋和发展的阶段性特征，决定了必须全面节约和高效利用资源。

贯彻落实全面节约和高效利用资源的战略部署是推进生态文明建设，缓解资源约束，全面建成小康社会的重要举措，因此，《生态文明体制改革总体方案》中明确提出要完善资源总量管理和全面节约制度，并详细阐述了完善土地资源、水资源、能源、林地、草原及海洋资源等多类型自然资源总量管理及全面节约制度的推进路径。

近年来，党中央、国务院印发的一系列重要文件中，均对耕地保护和土地节约集约利用提出了明确要求。为了贯彻落实最严格的耕地保护制度，2014 年 2 月，国土资源部下发《关于强化管控落实最严格耕地保护制度的通知》，提出耕地保护红线、土地用途管制、土地执法督察及落实共同责任四个方面坚决落实最严格的耕地保护制度，管好用好耕地资源。其后，《生态文明体制改革总体方案》就划定永久基本农田红线、加强耕地质量等级评定与监测、完善耕地占补平衡三个方面强调了最严格的耕地保护制度的改革路径，并提出建立节约集约用地激励和约束机制来调整结构、盘活存量、合理控制建设用地。2016 年 6 月，国土资源部下发《全国土地利用总体规划纲要（2006～2020 年）调整方案》。方案要求建设用地安排要避让优质耕地、河道滩地、优质林地，合理安排生产、生活、生态用地空间，并且再次强调要坚持最严格的耕地保护制度和最严格的节约用地制度，要求各地对基本农田布局优化调整，将城市周边、道路沿线和平原坝区优质耕地划入基本农田，切实提高基本农田质量。

党的十八大以来，以习近平同志为总书记的党中央高度重视水资源问题，明确提出“节水优先、空间均衡、系统治理、两手发力”的水治理新思路，推动水资源管理工作取得新的明显成效。2011 年，中央 1 号文件和中央水利工作会议明确要求实行最严格水资源管理制度，确立水资源开发利用控制、用水效率控制和水功能区限制纳污“三条红线”，从制度上推动经济社会发展与水资源水环境承载能力相适应。针对中央关于水资源管理的战略决策，2012 年，国务院发布了《关于实行最严格水资源管理制度的意见》，对实行最严格水资源管理制度工作进行全面部署和具体安排，进一步明确水资源管理“三条红线”的主要目标，提出具体管理措施，全面部署工作任务，落实有关责任，必将全面推动最严格水资源管理制度贯彻落实，促进水资源合理开发利用和节约保护，保障经济社会可持续发展。2013 年 1 月 2 日，国务院办公厅发布《实行最严格水资源管理制度考核办法》。2015 年，《中共中央关于制定国民经济和社会发展第十三个五年规划的建议》明确提出，“实行最严格的水资源管理制度，以水定产、以水定城，建设节水型社会”。《生态文明体制改革总体方案》进一步强调按照节水优先、空间均衡、系统治理、两手发力的方针，健全用水总量控制制度，保障水安全，并从江河流域水量分配方案、节约集约用水机制、水资源论证制度、用水量控制和定额管理、准入门槛、保护和修复机制以及水功能区监督管理等方面勾勒了水资源管理的优化路径。

党中央、国务院非常重视能源资源节约和高效利用。“十一五”规划首次把单位国内生产总值能源消耗强度作为约束性指标。“十二五”规划提出合理控制能源消费总量，党的十八届五中全会通过的《中共中央关于制定国民经济和社会发展第十三个五年规划的建议》提出要实行能源的总量和强度双控行动。为了深入贯彻落实党中央、国务院的战略部署，《生态文明体制改革总体方案》从节约优先、总量控制两个方面分别对节能目标责任制和奖励制、能源统计制度、节能管理制度、节能标准体系能源消费总量目标、低碳产品和技术装备推广机制、节能评估和监察、可再生能源扶持机制、碳排放管理制度提出了更高的要求。

矿产资源是经济社会发展的重要物质基础和生态环境的构成要素。习近平总书记在党的十九大报告中强调，“要牢固树立社会主义生态文明观”“推进资源全面节约和循环利用”。为贯彻落实党中央、国务院关于加快推进生态文明建设的战略决策部署，推进矿产资源全面节约和高效利用，在《生态文明体制改革总体方案》的基础上， 2016 年，国土资源部发布《关于推进矿产资源全面节约和高效利用的意见》，针对当前突出问题进一步完善政策,提出一系列新的可操作、能落地、有实效的措施，为健全矿产资源开发利用管理制度明确了山水林田湖草是一个生命共同体。目前，除土地、水、能源及矿产资源外，湿地、海洋等自然资源都实行了总量管理制度，建立了湿地保护修护制度，实行湿地面积总量管理，相继出台了《海岸线保护与利用管理办法》《围填海管控办法》，严格保护自然岸线，严格控制围填海活动。

（五）健全资源有偿使用和生态补偿制度

自然资源有偿使用制度，是指国家以自然资源所有者和管理者的双重身份，为实现所有者权益，保障自然资源的可持续利用，向使用自然资源的单位和个人收取自然资源使用费的制度。对自然资源的无偿使用必须严格遵守法律规定的范围和条件，发挥对自然资源有偿使用制度的有益补充作用。

全民所有自然资源资产有偿使用制度是生态文明制度体系的一项核心制度，对促进自然资源保护和合理利用、切实维护国家所有者和使用者权益、完善自然资源产权制度和生态文明制度体系、加快建设美丽中国意义重大。

2017 年 1 月，国务院印发《关于全民所有自然资源资产有偿使用制度改革的指导意见》针对土地、水、矿产、森林、草原、海域海岛等 6 类国有自然资源不同特点和情况，分别提出了建立完善有偿使用制度的重点任务：一是完善国有土地资源有偿使用制度，以扩大范围、扩权赋能为主线，将有偿使用扩大到公共服务领域和国有农用地；二是完善水资源有偿使用制度，健全水资源费差别化征收标准和管理制度，严格水资源费征收管理，确保应收尽收；三是完善矿产资源有偿使用制度，完善矿业权有偿出让、矿业权有偿占有和矿产资源税费制度，健全矿业权分级分类出让制度；四是建立国有森林资源有偿使用制度，严格执行森林资源保护政策，规范国有森林资源有偿使用和流转，确定有偿使用的范围、期限、条件、程序和方式，通过租赁、特许经营等方式发展森林旅游；五是建立国有草原资源有偿使用制度，对已改制国有单位涉及的国有草原和流转到农村集体经济组织以外的国有草原，探索实行有偿使用；六是完善海域海岛有偿使用制度，丰富海域使用权权能，设立无居民海岛使用权和完善其权利体系，并逐步扩大市场化出让范围。

生态补偿制度是以防止生态环境破坏、增强和促进生态系统良性发展为目的，以从事对生态环境产生或可能产生影响的生产、经营、开发、利用者为对象，以生态环境整治及恢复为主要内容，以经济调节为手段，以法律为保障的新型环境管理制度，它可以分为广义和狭义两种。广义的生态补偿制度包括对污染环境的补偿和对生态功能的补偿；狭义的生态补偿制度，则专指对生态功能或生态价值的补偿，包括对为保护和恢复生态环境及其功能而付出代价、做出牺牲的单位和个人进行经济补偿；对因开发利用土地、矿产、森林、草原、水、野生动植物等自然资源和自然景观而损害生态功能或导致生态价值丧失的单位和个人收取经济补偿。《中华人民共和国国民经济和社会发展第十一个五年规划纲要》中提出："按照谁开发谁保护、谁受益谁补偿的原则，建立生态补偿机制。"这是建设资源节约型、环境友好型社会，最终实现和谐社会目标的重要组成部分，也是我们建立生态补偿制度的出发点。

生态补偿是一系列消减环境正外部效应的经济手段的统称。关于外部性的理论，存在庇古和科斯两派。庇古认为外部性是市场失灵的结果，应采取政府干预手段，对正外部性的行为者进行补贴；而科斯则认为，产权界定不清晰是市场失灵导致外部性产生的根源，解决外部性问题应从明晰产权入手，通过产权的市场交易实现其价值，从而消除外部性。因此，生态补偿的实现路径主要分庇古手段和科斯手段两类，常见的包括财政转移支付、市场调节、保证金（或储备金）制度和协商谈判机制。

从国情及环境保护实际形势出发，目前我国建立生态补偿机制的重点领域有4个方面，分别为：第一，自然保护区的生态补偿。要理顺和拓宽自然保护区投入渠道，提高自然保护区规范化建设水平；引导保护区及周边社区居民转变生产生活方式，降低周边社区对自然保护区的压力；全面评价周边地区各类建设项目对自然保护区生态环境破坏或功能区划调整、范围调整带来的生态损失；研究建立自然保护区生态补偿标准体系。第二，重要生态功能区的生态补偿。推动建立健全重要生态功能区的协调管理与投入机制；建立和完善重要生态功能区的生态环境质量监测、评价体系；加大重要生态功能区内的城乡环境综合整治力度；开展重要生态功能区生态补偿标准核算研究；研究建立重要生态功能区生态补偿标准体系。第三，矿产资源开发的生态补偿。全面落实矿山环境治理和生态恢复责任，做到“不欠新账、多还旧账”；联合有关部门科学评价矿产资源开发环境治理与生态恢复保证金和矿山生态补偿基金的使用状况；研究制定科学的矿产资源开发生态补偿标准体系。第四，流域水环境保护的生态补偿。各地应当确保出界水质达到考核目标，根据出入境水质状况确定横向补偿标准；搭建有助于建立流域生态补偿机制的政府管理平台，推动建立流域生态保护共建共享机制；加强与有关各方协调，推动建立促进跨行政区的流域水环境保护的专项资金。

（六）建立健全环境治理体系

环境治理体系是国家治理体系的重要组成部分。在经济新常态下，如何构建有效的环境治理体系，让政府、企业、社会公众等主体共同参与到环境治理中，已经成为全面推进生态文明建设的关键所在。

中华人民共和国成立以来，我国环境治理体系从无到有、不断完善。环境治理体系的形成主要可以归纳为三个阶段。第一阶段为1973～2003年。1973年，召开第一次全国环境保护会议，审议通过了《关于保护和改善环境的若干规定》；1983年，第二次全国环境保护会议明确指出“环境保护是一项基本国策”，并出台与企业相关的排污许可证管理办法、几大污染物防治法实施细则。在这一阶段，我国的环保治理体系主要以“政府管控”为主，强调“设红线”，突出行政监管在环保治理体系的主导作用。第二个阶段为 2003 ~ 2011 年。2003 年，十六届三中全会首次提出科学发展观和可持续发展战略成为国家主导发展战略，将构建资源节约型、环境友好型社会写进“十一五”规划纲要。2007 年，党的十七大提出实施生态文明建设，提出基本形成节约能源资源和保护生态环境的产业结构、增长方式、消费方式。在这一阶段，我国的环境治理体系加快完善，逐步形成了政府、企业、社会公众等主体共同参与的环保治理体系。第三个阶段为 2012 年至今。2012 年，党的十八大把生态文明建设摆在“五位一体”总体布局的高度来论述，呼吁要“更加自觉地珍爱自然，更加积极地保护生态，努力走向社会主义生态文明新时代”。十八届五中全会审议通过“十三五”规划建议，绿色发展成为指导中国经济社会发展的“五大理念”之一。这也意味着中国环境保护受到前所未有的重视。在这一阶段，我国环境治理体系取得历史性成就，从认识到实践发生了历史性、转折性和全局性变化。新的生态环境治理体系正在形成。在工作格局上，从环保部门的“小环保”到党委、政府主导的“大环保”转变，落实“党政同责”“一岗双责”。在工作目标上，从主要抓污染物总量减排，向以改善生态环境质量为核心同时兼顾总量减排转变。在监管对象上，从以监督企业为重点，向督察党委、政府及其有关部门和监督企业的“督政”与“督企”并重转变。在监管手段上，从以环境影响评价制度为主，向环境影响评价、排污许可等制度一起抓转变。在工作方式上，从以自上而下为主，向自上而下、自下而上相结合转变，强化信息公开透明，发挥社会监督作用。要坚持并继续运用好这些做法和经验，推动生态环境保护领域国家治理体系和治理能力现代化。

但是，我们必须清醒地认识到，由于长期对资源的粗放开发，高耗能、高污染、高排放项目造成了对环境的极大破坏，新问题层出不穷。推进生态环境治理体系和治理能力现代化，就是要适应经济社会持续健康发展和大力推进生态文明建设的时代要求，必须着力把握下面几个重要问题。一是推进环境管理战略转型。要以改善生态环境质量为目标导向，从单纯防治一次污染物向既防治一次污染物又防治二次污染物转变，从单独控制个别污染物向多种污染物协同控制转变，形成以环境质量改善倒逼总量减排、污染治理，进而倒逼转方式调结构的联合驱动机制。二是深化改革助推职能转变。继续推进环保行政审批制度改革，优化审批流程，减少审批环节，提高审批效率；拓宽政府环境公共服务供给渠道，推进向社会力量购买服务。三是完善环境管理体制机制。改革生态环境保护管理体制。建立健全环境经济政策，深化资源性产品价格改革，推进环境税费改革，加快完善生态补偿机制，推行环境污染责任保险，健全绿色信贷政策。四是强化生态环保能力建设。以构建先进的环境监测预警体系、完备的环境执法监督体系、高效的环境信息化支撑体系为重点，提高环保部门履职能力。由此可见，推进生态环境治理体系和治理能力现代化，任重道远。具体地，建立健全环境治理体系的建议如下。

一是提高环境执法能力，切实解决“执法难”问题。当前，提升环境治理能力最薄弱的环节在于执法层面。地方政府在环保领域的“越位、失位、错位”现象频现，究其根源在于缺乏对地方政府的有效激励与约束。现推行的环保督查巡视、省以下环保机构检测监察执法垂直管理制度，是对环境治理体制机制中地方政府“有法不依、执法不严、违法不究”问题的有效补充。建议推行“大部制改革”，将与环保相关的宣传、执法等部门整合，明确和细化整合后有关部门责任，全方位谋划设计环境治理问题；进一步严格监督考核和责任追究制度，将环保防治成效永久性纳入地方政府官员考核体系；有效落实环境税，以提高地方政府采取行动并达成既定目标的意愿；提高地方政府间环保的协作能力，加强区域联防联控，重塑政府公信力和环保部门的威信。

二是健全企业的环境约束与激励政策。完全依赖行政手段迫使企业进行环保的做法是短期的。通过排污费等手段约束企业行为，虽然取得一定成效，但其约束行为也是难以持续的，更难以有效发挥调节功能。排污费的征缴往往远低于污染治理设施的正常运行成本，一般仅为实际成本的50%，有时甚至不到10%，没有切实建立起反映资源稀缺程度的价格形成机制，无法将外部性真正有效内化为企业生产成本。在环境治理方面市场机制无法有效运行，甚至造成企业花钱买排污权的现象。完善企业的环境约束制度，需要从更为长远的视角考虑。建议改变已往温和性的措施，直接淘汰落后产能；调整经济结构、能源结构，使企业选择环保技术手段；市场化的运作，构建起环境损害成本合理负担机制；确保对可再生能源企业扶持政策的落地，以及持续性地加大扶持力度；加快推进排污权交易试点，探索环境污染第三方治理，发展由第三方治理所延伸的环保产业链条，给予企业更多自主性。

三是完善环境预防与矛盾化解机制。防患于未然是环境保护的重要工作。环境预防涉及资源有效开发利用、环保标准、环境评价、划定生态红线等方面内容。预防难点在于利益驱动下的政府、企业和公众的行为。由环境问题引发的社会矛盾往往也是多方利益交错难以解决所导致。建议通过利益切入点，引导企业、公众的价值导向，推动产业结构优化升级，节约和高效利用资源能源；从供给方面，约束企业与公众“不可为”行为；在项目的规划、审批前，充分做好调研、环评工作；敢于面对已发生的环境社会矛盾问题，总结环境社会风险评估、预警和化解机制的相关做法，形成一套完整、严密的环境风险评估程序；吸纳多层面的不同意见，与多个利益相关者进行平等对话，建立常态化的对话机构、对话模式及其相关流程，定期进行相应的理论指导和实践培训；建立常规性的环境社会风险化解机制；建立环境损害鉴定评估的管理制度及其评估技术体系。

四是提高环境信息透明度，有效推进公众参与和社会监督。提高环境信息的透明度是确保公众有序有效参与环境治理的重要内容。政府部门应对能力的不足已成为当前提高环境信息透明度的节点。迈过政府敢于勇于提高环境信息透明度的节点，才能为公众参与环境治理提供渠道，提高参与效果。建议向公众详细说明参与环境治理的各种方式，含问卷调查、专家论证会、听证会、信息公开制度等，重塑公众参与环境治理的信心；在传统的环境信息公开基础上，主动向社会提供环境信息服务；全面推进建设项目环评信息全过程，让公众全面参与建设项目建成前、中、后信息；对涉及环评的敏感、突发事件及时发声、积极引导；建立常态化的渠道，鼓励公众对周围环境问题进行舆论监督和社会监督；对于举报污染环境与破坏生态行为的举报人，严格保护其人身权利，并从精神上给以鼓励，内化其环境保护意识；加强对社会公众的环保综合能力的公益培训，提高社会公众有效参与能力。

（七）健全环境治理和生态保护市场体系

培育环境治理和生态保护市场体系对于保证我国生态文明实施的持续性具有重要作用，是适应引领经济发展新常态，发展壮大绿色环保产业，培育新的经济增长点的现实选择，同时，还是环境治理由过去的政府推动为主转变为政府推动与市场驱动相结合的客观需要。

我国在培育环境治理和生态保护市场体系方面实践较少，目前尚处于起步阶段，市场活跃度还不是很高。这当中，有生态保护公益性、外部性较强的原因，同样还有交易机制不明晰的原因。但是，必须注意到，由于生态文明改革的不断推进，环境治理和生态保护市场主体不断壮大。在这一背景下，必须进一步加快激发市场主体活力，以培育规范市场为手段，推动体制机制改革创新，塑造政府、企业、社会三元共治新格局，为推进生态文明建设打下坚实基础。

2016 年 9 月，国家发展改革委和环境保护部出台《关于培育环境治理和生态保护市场主体的意见》的通知（发改环资〔2016〕2028 号），明确了我国在培育环境治理和生态保护市场体系的工作目标。一是市场供给能力增强。环保技术装备、产品和服务基本满足环境治理需要；生态环保市场空间有效释放；绿色环保产业不断增长，产值年均增长 15%以上，到 2020 年，环保产业产值超过 2. 8 万亿元。二是市场主体逐步壮大。培育 50 家以上产值过百亿的环保企业；打造一批技术领先、管理精细、综合服务能力强、品牌影响力大的国际化环保公司；建设一批聚集度高、优势特征明显的环保产业示范基地和科技转化平台。三是市场更加开放。到 2020 年，环境治理市场全面开放;政策体系更加完善；环境信用体系基本建立；监管更加有效；市场更加规范公平；生态保护市场化稳步推进。

培育环境治理和生态保护市场体系是一项复杂并艰巨的工作。做好这项工作并不容易。一方面，要竭力避免政策机制不完善、创新驱动力不足、市场不规范、恶性竞争频发等问题；另一方面，必须多措并举地加快推动形成统一、公平、透明、规范的市场环境，提供更多优质生态环境产品。具体的政策建议如下。

一是规范政策规定体系。一方面，要加快清理不利于市场统一的规定和做法。当前，有的地方性法规、规范性文件仍然设置优先购买、使用本地产品等规定，必须加快杜绝。在市政公用行业的环境治理设施和服务，必须杜绝以招商等名义回避竞争性采购要求。竞标资格不得设置与保障项目功能实现无关的竞标企业和单位注册地、所有制、项目经验和注册资本等限制条件。另一方面，要重点完善招投标管理工作。重点加强环境基础设施项目招投标市场监管，研究制定环境基础设施 PPP 项目的强制信息公开制度。建立招投标阶段引入外部第三方咨询机制，识别公共服务项目全生命周期中的风险，平衡各方风险分担比例，推动风险承担程度与收益对等。加强从项目遴选、设计、投资、建设、运营、维护的全生命周期整体优化，提升环境服务质量和降低成本。

二是要强化体制机制创新。第一，改组成立环境治理和生态保护领域的国有资本投资公司。以现有环境治理和生态保护领域的优势中央企业为基础，探索改组设立具有核心竞争力的国有资本投资公司。以国有资本投资公司为平台，推进国有资产重组整合、股权多元化，发挥国有企业技术优势，提高国有资本的整体功能和效率。第二，推进国有资本开展混合所有制改革。按业务属性和市场竞争程度，分类推进国有资本和各类资本股权合作，广泛吸引各类非国有资本进入。鼓励在项目层面开展混合所有制，在确保国家对战略性资源具有控制力的基础上，引导非国有资本参与环境治理和生态保护项目建设，增强国有资本的带动力和放大功能。对于新兴治理领域、人才资本和技术要素贡献高的混合所有制企业，稳妥推进员工持股试点工作。第三，完善国有资本经营预算制度和国企考核制度。将环境治理和生态保护作为国有资本经营预算支持的重点领域，稳步提高投入比例。差别化设置国有资本投资公司上缴收益比例。完善国有企业分类考核，加大对企业节能、环保的考核力度，构建社会效益与经济效益相结合的考核体系。

三是要提高市场主体活力。第一，完善收费和价格机制。抓紧建立完善城镇生活垃圾收费制度，提高收缴率。完善环境服务市场化价格形成机制，垃圾焚烧处理服务价格应覆盖飞灰处理与渗滤液处置成本，污水处理服务价格应包括污泥处理与处置成本。根据国家关于煤电机组实施超低排放改造的要求，完善环保电价政策，合理补偿环保改造成本。第二，实施税收和土地优惠政策。第三，落实并完善鼓励绿色环保产业发展的税收政策。研究修订环境保护专用设备企业所得税优惠目录；研究制定对治理修复的污染场地以及荒漠化、沙化整治的土地，给予增加用地指标或合理置换等优惠政策；最后，制定支持科技创新的政策。鼓励企业开展环保科技创新，支持环保企业技术研发和产业化示范，推动建设一批以企业为主导的环保产业技术创新战略联盟及技术研发基地；落实企业研发费用税前加计扣除优惠政策；加快自主知识产权环境技术的产业化规模化应用，不断提升市场主体技术研发、融资、综合服务等自我能力。

四是健全市场融资体系。第一，鼓励多元投资。环境治理和生态保护的公共产品和服务，能由市场提供的，都可以吸引各类资本参与投资、建设和运营，推动投资主体多元化。加大林业、草原、河湖、水土保持等生态工程带动力度，在以政府投资为主的生态建设项目中，积极支持符合条件的企业、农民合作社、家庭农场（牧场）、民营林场、专业大户等经营主体参与投资生态建设项目。拓宽融资渠道。第二，发展绿色信贷，推进银企合作，积极支持排污权、收费权、集体林权、集体土地承包经营权质押贷款等担保创新类贷款业务。发挥政策性、开发性金融机构的作用，加大对符合条件的环境治理和生态保护建设项目支持力度；鼓励企业发行绿色债券，通过债券市场筹措投资资金；大力发展股权投资基金和创业投资基金，鼓励社会资本设立各类环境治理和生态保护产业基金；支持符合条件的市场主体发行上市。第三，发挥政府资金引导带动作用。在划清政府与市场边界的基础上，将环境治理和生态保护列为各级财政保障范畴；发挥政府资金的杠杆作用，采取投资奖励、补助、担保补贴、贷款贴息等多种方式，调动社会资本参与环境治理和生态保护领域项目建设积极性。第四，推行环保领跑者制度，加大推广绿色产品。

（八）完善生态文明绩效评价考核和责任追究制度

绩效考核制度，是指考核主体对照工作目标和绩效标准，采用科学的考核方式，评定工作任务完成情况、工作职责履行程度等。责任追究制度，一般是为了进一步强化责任，落实首问责任制和限时办结制，规范工作人员工作行为，严格办事时限规定，防止推诿扯皮、耽误工作，造成不良影响。绩效考核制度与责任追究制度相互作用，并不是割裂的。简言之，绩效考核是为了保证工作完成水平，提高工作质量；责任追究是防止“干好干坏一个样”，并且对“干不好”的人员进行追究的制度。

将绩效考核制度和责任追究制度同时应用于开展生态文明建设工作中，是我们国家的一项重大制度创新。完善生态文明绩效考核和责任追究制度，核心是“履责”。设立这方面的制度，就是要求各级政府严格履行好保护生态环境的重要职责。在这一背景下，国家出台了一系列制度规定，为落实生态文明绩效考核和责任追究提供了强有力的制度保障。其中，比较重要的有四项文件，各司其职，各管一块。

1.《党政领导干部生态环境损害责任追究办法(试行)》

中共中央组织部发布《党政领导干部生态环境损害责任追究办法（试行）》。这一文件是对开展生态文明绩效考核和责任追究的重要制度保障。文件核心是一个字——“严”，就是要聚焦党政领导干部这个“关键少数”，明确追责对象、追责情形、追责办法，划定领导干部在生态环境领域的责任红线，督促领导干部正确履职用权。该文件有如下突出特点和创新：一是党政同责。首次将地方党委领导成员尤其是党委主要负责人作为追责对象，有助于推动党委、政府对生态文明建设共同担责、共同尽责。二是终身追责。规定对生态环境损害负有责任的领导干部，不论是否已调离、提拔或退休，都要严格追责，决不允许出现在生态环境问题上“拍脑袋决策、拍屁股走人”的现象。三是双重追责。既追究生态环境损害责任人的责任，又强化监管者、追责者的责任。文件还规定：对在生态环境和资源方面造成严重破坏负有责任的干部不得提拔使用或者转任重要职务。总体上,该文件完善了政绩考核，加大了资源消耗、环境保护、生态效益等方面的考核权重，将环保考核结果与干部选拔任用挂钩，真正发挥考核评价和选人用人的“指挥棒”作用。

2.《环境保护督察方案(试行)》

国家环境保护部发布《环境保护督察方案（试行）》。该方案对于切实落实地方党委和政府环境保护主体责任具有重要作用，明确了环境保护督察的实施细则。一是层级高。方案明确环境保护督查组的性质是中央环境保护督察，具体的组织协调工作由环境保护部牵头负责。二是实行党政同责。落实中央关于生态文明的决策部署，各级党委和政府具有同样的责任；方案里明确督察对象主要是各省级党委和政府及其有关部门，并且要求督察下沉到部分地市级党委和政府。三是强调督察结果的应用。督察结束后，重大问题要向中央报告，督察结果要向中央组织部移交移送。这些结果将直接作为被督察对象领导班子和领导干部考核评价任免的重要依据；同时，对存在需要追究党纪政纪责任的，将会按程序向纪检监察部门移送。

3.《关于开展领导干部自然资源资产离任审计的试点方案》

国家审计署发布《关于开展领导干部自然资源资产离任审计的试点方案》。该方案明确领导干部实行自然资源离任审计，清晰阐述了为什么审、审什么、审计结果怎么用。

为什么要开展这项审计？目的是为了促进领导干部更好地履行自然资源资

产管理责任和生态环境保护责任，推动建立健全领导干部政绩考核体系，推动领导干部树立科学的政绩观和发展观，防止出现“只管经济发展，不管资源的节约集约和有效利用，不管环境保护”的行为，进而促进整个生态文明建设。

审计什么内容？对领导干部的任职前后，区域内自然资源资产实物量变动情况进行重点审计，对重要环境保护领域也要进行重点审计；对人为因素造成自然资源资产数量减少的、质量下降的、环境恶化的、污染比较严重的这些问题，要实事求是地界定领导干部应承担的责任。

审计结果怎么用？ 审计报告将送给干部管理部门，如审计署的审计报告将会给中组部、中纪委等。如果涉嫌犯罪的，还要移交给司法机关。审计结果将对落实责任、问责追责，对干部的使用、任免和奖惩，提供重要依据或者基础。

4.《编制自然资源资产负债表试点方案》

国家统计局发布《编制自然资源资产负债表试点方案》。通过探索编制自然资源资产负债表，构建土地资源、森林资源、水资源等主要自然资源的实物量核算账户，推动建立健全科学规范的自然资源统计调查制度，努力摸清自然资源资产的“家底”及其变动情况；深入探索编制自然资源资产负债表，将为完善资源消耗、环境损害、生态效益的生态文明绩效评价考核和责任追究制度提供信息基础，为推进生态文明建设和绿色低碳发展提供信息支撑、监测预警和决策支持。

国家统计局将采取一系列的措施来保证自然资源资产负债表的数据质量，科学地设计自然资源资产负债表的编表制度，充分利用自然资源主管部门的基础资料，并将加强数据质量评估。通过现场核查、逻辑分析、数据校验等方式，认真评估自然资源统计数据质量，对弄虚作假等违法违纪行为将依法严肃查处。

以上四个文件在推进生态文明建设中，绩效考核和责任追究制度仍然需要不断探索，制度的可行性和有效性需要在实际工作中不断完善和健全。本节给出如下几点建议。

一是坚持不懈优化政策体系。一方面，鼓励利用网络力量提升公众参与度。可充分利用网络、媒体等力量使公众参与到生态文明绩效考核的工作中来，探索设立生态文明绩效网络舆论关注指数；成立相应舆情监督小组，监测分析网络舆情，及时调整生态文明绩效考核方案。另一方面，探索引导第三方环保机构投入考核工作。鼓励和引导企业履行社会责任，实施政企合作；环保企业参与实施各级政府生态文明绩效考核工作，推进生态文明绩效考核工作的系统化、规范化和常态化；逐步建立环保企业独立评价体系，引入第三方评价机构对各级政府生态文明绩效进行全方位评价，使生态文明绩效考核的结果更具有公正性和公开性。

二是多措并举增强典型带动。一方面，要深化典型培树机制。一是定期发布各级政府生态文明绩效考核报告，引导各级政府制定和发布绩效考核报告，并将其作为评价各级党政工作的重要依据；推选典型的推动生态文明建设的集体和个人参与评选全国性的“中国生态文明奖”，以此激励各级党政机关进行生态文明建设的自觉化和常态化。另一方面，要更新政绩观，全面提升领导干部的生态文明建设意识。对领导干部和公职人员开展建设生态文明系统学习教育，建立专项学习培训机制，提高生态环境决策、规划、保护的能力；建立生态文明建设的档案，全面系统地记录各级领导干部职责范围内建设生态文明的进展情况；在政绩上实现 GDP 和生态文明建设相结合，使各级政府的工作重心放到经济的可持续发展上；对在治理大气雾霾、水源污染等方面没有切实履行生态文明建设的组织和个人进行责任追究，完善生态文明绩效责任追究制度。新增领导干部在生态文明建设方面的离任审计制度，树立鲜明导向，激发各级领导干部建设生态文明的活力。

三是加大力度推进智库合作。一方面，进一步明确绩效考核相关政策。建议有关部门尽快将完善的生态文明绩效考核和责任追究列入立法计划，强化法律在生态文明建设中的激励保障、规范监督责任，明确各级领导干部和公职人员的权利和义务，防范可能发生的各种阻碍生态文明健康发展的矛盾和风险，引导生态文明建设进入规范化、法制化轨道。通过对于考核制度的设计和完善，让地方领导干部清醒地认识到身上的重担和责任，自觉打造当地良好环境。另一方面，进一步完善绩效考核指标体系。根据生态文明建设现状和国情，各地可以成立环保领域的新型智库，即生态文明智库，或与中国生态文明智库合作。这些智库承担的具体工作有：整合相关的自然科学、人文科学以及数学和系统科学；对各地的整体生态环境进行实地调研，精准把握适合本地的生态文明绩效考核方案；发表高质量的智库报告，对当地实施生态文明绩效考核和责任追究制度的路径进行清晰的设计；对不同地区的生态文明建设成果进行评估，不断完善生态文明绩效考核的指标体系。

三、完善生态文明制度建设的主要路径

我国在相当长的一段时间内，对生态环境问题的重视度不足，存在生态文明制度意识不强、生态文明制度内容体系不全、生态文明制度落实监管不力、生态文明自律机制不足和公众参与程度不高等问题。因此，按照中国特色社会主义建设“五位一体”的总体布局，积极探索和完善生态文明建设路径，加快

推进生态文明制度建设，确保生态文明建设在制度化、规范化、法制化的道路上不断前进。

（一）全面提升全社会的生态文明意识

生态文明意识包括生态道德意识、生态法律意识和生态消费意识等①。强化全社会生态文明意识，强调在增强自然资本意识的基础上，不断创新生态文明意识和培养生态文明行为。将生态文明意识提升至全民族的伦理道德，将生态法律意识提升至全民族的法治素养，将生态消费意识提升至全民族的素质文明，以加快建设美丽中国。

1. 提升职能部门在生态文明制度建设中的参与度

提升职能部门在生态文明制度建设中的参与度，可以提高制度的可操作性和指导性②。一是要通过中央和地方各级政府的相关职能部门，尤其是生态职能部门切实履行政府生态职能，并在各部门间充分发挥协调联动作用，实现在全社会范围内发挥宣传教育和有效引导的效果，以加大生态文明建设宣传力度，引导社会力量理性参与生态文明建设。二是要通过政府平台适度采用相关监督管理政策工具，通过直接监管、间接监管或联合监管的方式，进一步拓宽社会组织和公民对生态环境事件的监督渠道，以其公共权威性进一步规范公众的生态文明意识。近年来，我国社会公众的生态文明意识尚处于较低层次，较为依赖政府在生态文明建设过程中的主导作用。因此，强调政府生态职能部门在生态文明制度建设中的自上而下顶层设计的作用，是立足中国发展实际和基本国情的现实需要。

2. 提升新闻媒体在生态文明制度建设中的参与度

提升新闻媒体在生态文明制度建设中的参与度，可以提高生态文明制度的透明性和监督性。一是通过各种大众传媒和社交媒介在全社会范围内大力宣传和普及生态文明知识，充分发挥新闻媒体的传播作用，提高生态文明制度的透明度。让每一家企业主体都能够自觉履行生态文明建设的责任；通过树立科学的生产管理理念和生态创新能力，推动企业生产方式和服务模式转型；让每一位社会公民都能够按照生态文明建设的要求，自觉践行绿色、环保、低碳的消费模式和生活方式，推进消费模式和生活方式绿色转型。二是通过各种新闻媒体在全社会范围内发挥舆论监督的作用，结合生态环保部门的专项监督，提高生态文明制度的监督性。加强对生态文明工作落实情况、执行情况的监督力度，加大对妨碍生态文明行为、危害人民群众利益行为的曝光力度，最大程度

---

① 张倩芸．建国以来我国生态文明制度建设研究[D].扬州：扬州大学，2016.

② 沈月娣，朱成．湖州市生态文明制度发展历程研究[J].湖州师范学院学报，2017(11)：1-9.

限制体制障碍和制度漏洞带来的消极影响。新闻媒体应当肩负起社会“哨兵”的职责，对生态文明制度建设的落实情况、执行情况加以宣传和监督。不仅对生态文明建设典型经验、生态文明制度意识加以宣传和推广，凝聚全社会生态文明建设合力，也要对生态文明建设的各方势力不作为、乱作为的行径加以监督和制约，携手共建生态文明制度体系。

3. 提升社会公众在生态文明制度建设中的参与度

提升社会公众在生态文明制度建设中的参与度，可以提高制度的合理性和有效性。生态文明制度建设的成效，不仅仅取决于生态文明制度自身的科学性和指导性，更取决于生态文明制度执行的力度和落实的程度。生态文明建设涉及的行业和领域广泛，提升社会公众在生态文明制度建设中的参与度，与政府、新闻媒体实现良性互动，形成共建共享生态文明的行动体系，有利于为全社会自觉遵守生态文明制度构筑内在约束力，提高全社会生态文明自觉行动能力。具体地，提升社会公众在生态文明制度建设中的参与度有两个方面的作用：一方面，在社会公众参与的情况下，能够从自身的角度表达公众的切实诉求，并提出相关建议，促成自下而上的公众参与机制，使得生态文明制度建设过程中的相关政策能够契合社会公众的现实需求，增加了生态文明建设的民主性和行政结果的可接受性，从而提高生态文明制度的合理性。另一方面，通过鼓励社会公众参与生态文明建设，也能够对政府相关职能部门的行为进行有效的监督，通过公开评议、个别访谈、调查问卷等形式衡量各级生态职能部门生态文明建设落实情况，形成一套有效促进公众对生态文明建设过程中的流于形式、滥用职权和徇私舞弊等行为的民主监督机制，加强生态文明制度的执行意识和执行制度，确保生态文明制度的有效性和生态文明建设的可持续性。

（二）积极推进生态文明制度体系化

生态文明制度建设是一项艰巨的革命任务，也是一项长期的系统工程。2015 年 9 月 17 日，中共中央政治局会议通过的《生态文明体制改革总体方案》提出生态文明体制改革总目标：到 2020 年，构筑起由八项制度构成的产权清晰、多元参与、激励约束并重、系统完整的生态文明制度体系，推进生态文明领域国家治理体系和治理能力现代化，努力走向社会主义生态文明新时代。可见，加快生态文明建设，必须贯彻落实国家生态文明理念和党中央生态文明建设决策部署，按照“源头严防、过程严管、后果严惩”的思路，从源头—过程—后果加快建立系统而完善生态文明制度体系，深入开展新时期的生态文明体制改革，才能保障生态文明建设成为整个社会的自觉意识和自觉行动。

1. 建立健全源头严防的生态文明制度体系

源头严防是建立生态文明制度体系的根本。建立健全源头严防的生态文明制度体系，主要强调从三个层面加强生态文明制度建设。一是健全自然资源资产产权制度。通过建立健全归属清晰、权责明确、监管有效的自然资源资产产权制度，确保自然资源资产可持续的使用规模，推动自然资源资产使用权和收益权的公平分配和公开，以及促进市场机制对自然资源资产的有效配置。二是建立国土空间开发保护制度。通过加强对国土空间治理，提升国土空间开发利用效率，合理开发和保护国土空间以不断优化我国国土空间开发格局。三是建立空间规划体系。通过重新厘清国家层面和市县层面的主体功能区规划、城乡规划、土地利用总体规划等规划的功能定位，形成全国统一、定位清晰、功能互补、统一衔接的空间规划体系，实现对自然空间实行用途管制，确保全国生态空间。

2. 建立健全过程严管的生态文明制度体系

过程严管是建立生态文明制度体系的关键。建立健全过程严管的生态文明制度体系，主要强调从四个层面加强生态文明制度建设。一是强化资源总量管理和全面节约制度。在健全用水、用地、林地、湿地、海洋、能源消费等自然资源实行总量管理制度的同时，引入节能降耗技术和完善再生资源循环利用制度，实行总量和强度双控行动，完善生态治理体系。二是落实资源有偿使用和生态补偿制度。强调通过对自然资源及其产品价格进行改革，坚持使用资源付费和谁污染环境、谁破坏生态谁付费原则①，抑制对生态环境的破坏和过度开发，促进稀缺的生态资源的优化配置，实现代际公平和生态效率的社会生态机制。三是建立健全环境治理体系。通过鼓励全民参与生态环境治理，构建政府为主导、企业为主体、社会组织和公众共同参与的生态环境治理体系，从而形成多元主体共同参与的生态环境治理体系，确保生态文明建设的可持续发展，助力国家治理体系现代化。四是完善环境治理和生态保护市场体系。强调通过实施多元投融资模式、综合服务模式和有效的激励机制等手段，不断培育和壮大企业市场主体，提高市场主体的积极性，加快推进环境治理和生态保护的市场建设，从而加快建成全面开放、政策完善、监管有效、规范公平的环境治理和生态保护市场体系。

3. 建立健全后果严惩的生态文明制度体系

后果严惩是建立生态文明制度体系的保障。建立健全后果严惩的生态文明制度体系，关键在于完善生态绩效考核和责任追究制度，主要包括生态保护绩

---

① 方蕊娟，谢磊.《决定》：实行资源有偿使用制度和生态补偿制度[EB/OL].人民网-中国共产党新闻网，http://cpc.people.com.cn/n/2013/1115/c164113-23559552.html，2013-11-15.

效考核制度、生态环境保护责任追究制度、生态环境损害赔偿制度等层面。在生态保护绩效考核方面，重在转变考核观念和创新考核指标，应该在资金拨付是否到位、资金使用效率等传统财政系统考核标准外，建立国家层面统一的、专门的生态保护考核标准，使得地方生态保护绩效考核更加系统化、科学化，形成经济效益和生态效益良性互动的社会发展格局。在生态环境保护责任追究制度方面，重在失责必问和问责必严，应该在领导责任、管理责任和监督责任的基础上，对破坏生态环境的企业和个人，以及不履行生态环境保护的生态环境保护职能部门追究其法律责任，确保生态环境保护制度体系的有效开展，形成有效遏制破坏生态环境违法犯罪行为的良性机制。在生态环境损害赔偿制度方面，重在责任明确和赔偿到位，应该在打破原有“企业污染、群众受害、政府买单”困局的基础上，建立责任明确、途径畅通、技术规范、保障有力、赔偿到位、修复有效的生态环境损害赔偿制度，体现生态环境资源的生态功能价值，形成强化生态环境修复和损害赔偿的长效机制。

（三）加快构建多层次人才支撑体系

积极培养和引进一批创新型、复合型高素质人才，加快生态文明人才队伍建设，助力生态文明建设构建多层次人才支撑体系，为国家生态文明建设提供技术创新支持，是我国推动生态文明建设进程和实现美丽中国梦的必然要求。

1. 创新型人才队伍建设

创新型人才队伍建设是生态文明制度建设的使命。生态文明制度建设的实践与创新，亟需适应发展需要的创新型人才队伍，包括沙漠化治理人才、水环境治理人才、生态环境保护人才等。一方面，立足国际。当前绿色发展与生态文明建设已成为全球发展共识。作为全球生态文明建设的参与者，我国要充分考虑未来全球可持续发展的形式，抓住人才国际化的机遇，从海外引进高层次人才和先进技术，尤其是战略科学家、科技领军人才等生态文明建设亟需的工程科技领域的高层次人才和专家团队。而且，对于国家急需紧缺的生态文明建设领域的特殊人才，应采用按需精准引进的引进策略。在无法实现完全引进的情况下，可通过建立咨询、短期聘用关系邀其参与生态文明建设。另一方面，立足国内。当前绿色发展与生态文明建设已成为国家发展战略。作为国家生态文明制度体系的推动者和践行者，创新型人才对我国生态文明建设作出了巨大贡献。创新体制机制，在创新活动中培育一批生态文明领域创新型领军人才和创新型实用人才，引领我国生态文明制度建设。

2. 技能型人才队伍建设

生态文明建设是一项综合型的生态建设工程，也是一项专业型的中国特色社会主义事业。生态文明制度体系建设，涉及生态文明各个行业领域，具备政策性强、专业性强的特点，为我国生态文明建设和生态文明体制改革作出了顶层设计。不同的生态工程项目需要不同类型的专业技能型人才来攻克相应的技术难题和引导制度规范。我国生态文明制度建设，应以技能型人才培养为抓手，全面加强技能型人才队伍建设。一方面，通过改革院校技能型人才培养模式，设置对接产业布局的专业培养规划，引导推动人才培养链与产业链、创新链有机衔接，实现实训创新技能培养一体化，积极打造创新创业人才高地。另一方面，通过转变传统考核方式，培养具有国际标准化意识、前沿技术知识结构和能进行跨文化沟通的技能型人才，推动我国生态文明制度建设走向多样化、国际化。

3. 党政人才队伍建设

大力培育具备专业生态知识的党政人才，以其科学和正确的生态知识系统引导各个领域的生态文明制度的发展与落实，有助于提高我国生态职能部门的执行力。党政人才是政党执政的主体和骨干力量，也是生态文明制度建设的关键所在。党政人才队伍建设，主要是抓好新一轮干部培训工作，举办领导干部生态文明专题研讨班和系列讲座，加快培养一批讲政治、懂专业、善管理、有国际视野的党政人才，推动社会主义生态文明步上新台阶。一方面，强化党政人才生态文明制度理念，提高领导干部生态文明建设实际工作能力，着力培养造就一支政治坚定、业务精湛、作风过硬的党政人才队伍。另一方面，建立党政领导干部绿色政绩考核体系，对损害生态环境的领导干部真追责、敢追责、严追责、终身追责，建设一支有担当、能吃苦、负责任的生态环境保护铁军。从而使推动生态文明建设成为广大领导干部的自觉行动，从根本上杜绝为追求GDP 的政绩工程而损害生态环境的行为①。

(四) 完善生态环保法治体系建设

实践证明，要实行最严格的生态环境保护制度，必须辅以最严密的法治。习近平总书记也指出，只有实行最严格的制度、最严明的法治，才能为生态文明建设提供可靠保障。当前，我国生态文明制度体系中的环保立法体系有待健全，对环保司法行政系统环境保护工作的落实有消极的影响。可见，倡导生态文明，建设生态文明制度体系，必须强化环境法制体系。要求从法律层面完善监管体制，建立长效机制，使得生态文明制度体系更系统、更严格、更富有实效。通过建立有效约束开发行为和促进绿色发展、循环发展、低碳发展的生态文明法律体系，推动各种法律法规的生态化调整，强调建立健全生态法律体系和积极完善生态司法裁判，以发挥制度和法治的引导、规制等功能，为生态文明建设提供体制机制保障。完善生态环保法治体系建设，既是建设生态文明制

---

① 铁铮．深入理解习近平生态文明思想的时代价值[J/OL]．求是网，2018-05-25.

度体系的重要内容，也是建设生态文明制度的迫切需要。

1. 建立健全生态法律体系

经济、社会、文化等因素对生态文明建设的作用是长期演化和作用的过程。相比之下，法律对生态文明建设的约束和规范是可以在短期内产生实效的。这也是法律在社会经济中的特殊地位决定的。首先，应当明确摆正生态文明建设在《宪法》中的地位。“生态文明强调在生态环境的承载力内发展经济，追求人与自然的和谐。生态文明建设关系到当代人及后代的生存发展，作为国家根本大法的宪法理应对此给予积极反应，以法律形式将这一文明成果予固定，可将其作为宪法的基本原则加确立，使之具有法律效为。”[①]我国 1982 年《宪法》第九条、第十条、第二十六条等款项都仅仅对我国自然资源利用与保护作了简单表述，并没有进行深入的阐述。同时，这些条款也并没有对环境权作出明确解释。由此可见，把环境权写入《宪法》是当务之急。从而利用环境权去规定每位公民享有适宜生态环境的权利和保护生态环境的义务。其次，转变环境法的立法观念。目前可持续发展观念还没有得到国家的立法确认。目前应当将可持续发展和生态文明建设一并写入法律，从而提高环境法应有的地位。同时也可通过不断完善环境法，来满足社会主义生态文明建设的需求。再次，健全《民法》和《刑法》中关于生态环境保护方面的内容。生态文明制度的建设光靠政府努力还是远远不足的，更要靠广大公民的力量。《民法》牵系着公民的利益，通过健全《民法》中关于环境保护方面的内容，能更好地发挥群众的力量，更快地推进社会主义生态文明建设。例如在《民法》中适当添加一些关于环境保护的奖惩内容。刑法介入生态保护，主要指“刑法规定何种行为是生态犯罪，对此行为及其产生的后果和可能产生的后果所应承担何种刑事责任，以及处以何种惩罚”。[②]

2. 积极完善生态司法裁判

2014 年 2 月 24 日修订通过的《中华人民共和国环境保护法》是环境司法制度的一大突破，首次将环境公益诉讼制纳入其中。新环保法将环境公益诉讼主体修改为“在国务院民政部门登记，专门从事环境保护公益活动连续五年以上且信誉良好的全国性社会组织”。我们应当积极将目前单一的司法模式调整为“诉前、诉中、诉后”一体化的生态司法模式。不仅如此，还应当根据法律规定的不同的制度管辖范围，成立针对各个制度管辖的、更加专业化和精细化的生态法庭。这样不仅解决了环境污染因行政区划、隶属关系不同而难以治理的问题，还能及时对通过行政手段无法处理跨行政区域污染事件进行快速处置。

---

① 高毅．生态文明诉求下的法律制度“绿色化”论纲[J]．江南社会学院学报，2010(3)：73-78.

② 王志茹．生态危机与刑法的生态化[J].华北工学院学报(社科版)，2004(2)：21-27.

第五章

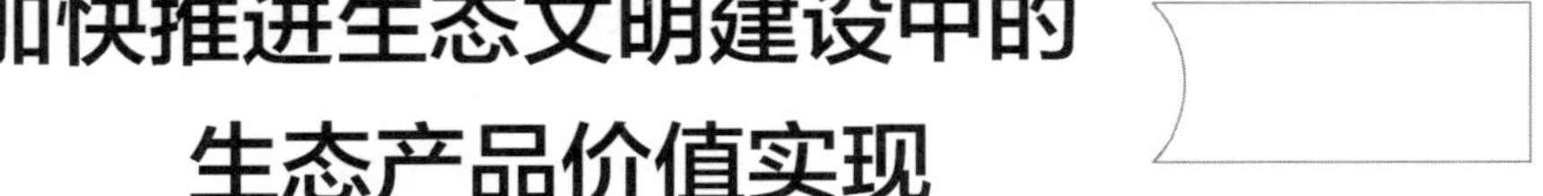

加快推进生态文明建设中的生态产品价值实现

——打通绿水青山转化为金山银山的有效通道

《国家生态文明试验区（福建）实施方案》提出，要“积极推动建立自然资源资产产权制度，推行生态产品市场化改革，建立完善多元化的生态保护补偿机制，加快构建更多体现生态产品价值、运用经济杠杆进行环境治理和生态保护的制度体系”，加快建设“生态产品价值实现的先行区”。党的十九大报告再次提出“要提供更多优质生态产品以满足人民日益增长的优美生态环境需要”。因此，推进生态产品价值实现的改革任务，是历史使命和长远责任，也是解决新时代中国特色社会主义主要矛盾的必然要求。牢固树立生态价值理念，加快建立科学合理的生态产品价值核算与考核机制，建成全面开放、政策完善、监管有效、规范公平的环境治理和生态保护市场体系，更多地运用经济手段促进环境保护和生态改善，最大程度地实现生态产品价值、促进绿色发展，将是加快推进生态文明建设，打通绿水青山转化为金山银山的有效通道。

一、生态产品的内涵与特点

（一）生态产品的概念内涵

生态产品是与物质产品、文化产品相并列地支撑现代人类生存和发展的基本产品之一，用于满足人们健康和生命的需要。生态产品一词源于生态设计的理念，即将生态环境保护纳入产品设计中。国际上应用较多的是生态系统服务、环境产品和服务、生态系统生产总值（李芬等，2017）。而且，很多学者将生态产品的概念与生态系统服务等同。生态系统服务（ecosystem services）是指人类从生态系统获得的惠益。这些惠益包括生态系统在提供食物、水、木材以及纤维等方面的供给服务；在调节气候、洪水、疾病、废弃物以及水质等方面的调节服务；在提供消遣娱乐、美学享受以及精神收益等方面的文化服务；在土壤形成、光合作用以及养分循环等方面的支持服务（黄如良,2015）。2010 年 12 月，我国发布了《全国主体功能区规划》（国发〔2010〕46 号），指出："生态产品指维系生态安全、保障生态调节功能、提供良好人居环境的自然要素，包括清新的空气、清洁的水源和宜人的气候等。""生态功能区提供生态产品的主体功能主要体现在：吸收二氧化碳、制造氧气、涵养水源、保持水土、净化水质、防风固沙、调节气候、清洁空气、减少噪声、吸附粉尘、保护生物多样性、减轻自然灾害等。"2012 年，党的十八大报告设立"大力推进生态文明建设"专章，提出"增强生态产品的生产能力"。可以看出，这里的生态产品可理解为从自然系统中生产出的具有生态功能的产品，主要指清新空气、清洁水源、舒适环境、宜人气候等，是人类的基本需要。这也与《全国主体功能区规划》提出的概念基本一致。

本书生态产品的概念采用《全国主体功能区划》和党的十八大报告中所指的概念。此外，生态产品的概念可以理解成图 5-1 所示的连续统一体模型（黄如良,2015）。该模型既反映了人们观察生态产品的不同角度，也反映了人们对生态产品认识的深化过程。

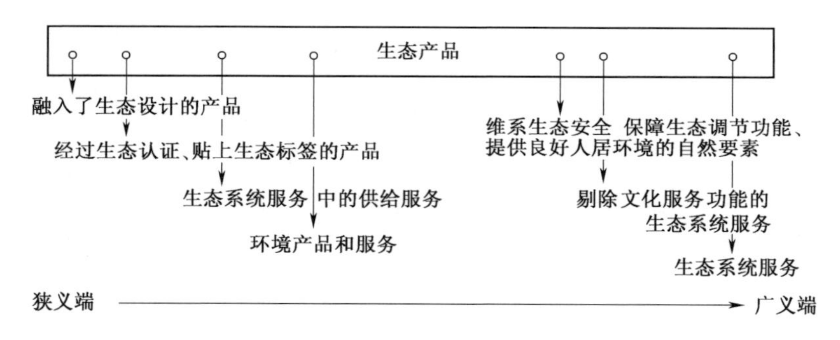

图 5-1 生态产品概念：一个连续统一体模型

（来源：黄如良．生态产品价值评估问题探讨[J]．中国人口·资源与环境,2015,25(3):26-33.）

（二）生态产品的基本特征

生态产品一般具有以下三个基本特征。

第一，生态产品对人类社会具有重要性。生态产品是有益于人的健康、与人类福祉高度相关的产品。生态产品通过影响安全保障、维持高质量生活所需要的基本物质条件、健康以及社会与文化关系等，对人类福祉产生重大而深远的影响，具有极端重要性和不可替代性。

第二，生态产品具有多维度价值属性。生态产品既具有使用价值和非使用价值，还具有经济价值和非经济价值。非使用价值包括存在价值和馈赠价值。而非经济价值也称为非效用价值，包括社会文化价值、内在价值等。许多宗教、文化、伦理等观点认为，生态系统即使对人类福祉没有直接的贡献，也仍然具有价值。但生态产品的价值评估是一个非常困难的事情，不但涉及使用何种评估技术，还涉及采用何种价值观念。

第三，生态产品具有公共物品属性。所谓公共物品是指自然界中的天然存在且人类可以不计任何代价就能取用的，如空气、江河淡水等。大部分生态产品的公共物品属性是导致其价值被严重忽略和低估的重要原因，不能充分反映其价值。这也使得生态产品即使受损，也往往难以得到合理补偿，进而打击了生态产品供应者的积极性。1997 年，13 位科学家在《自然》杂志发表文章，公布人类社会对全球生态系统服务价值的首次系统估算结果。结果表明，全球生态系统每年向人类社会提供的 17 大类别的生态服务的保守平均估值为 33 万亿美元，而每年的全球国民生产总值为 18 万亿美元左右。这既表明了生态系统对人类福祉的极端重要性和不可替代性，也说明绝大部分的生态系统服务处于市场之外，其经济和社会价值没有得到应有体现（黄如良，2015）。

（三）生态产品的生产形式

作为一种与物质产品迥然相异、有着特殊属性的生态产品，其生产形式也有着许多鲜明特点。生态产品生产主要有两种基本形式，即物质生产生态化和专业生态生产。

物质生产生态化就是在物质产品生产过程中，自觉利用生态规律，遵循生态原则，尽量采用生态方法，通过清洁生产、末端处理、循环利用、降耗减排等途径，在达成物质生产目的、收获物质产品的同时，也获取尽可能多的生态产品，即在物质产品生产合理增长的同时，减少对矿物、能源、水及其他生态资源的耗费，降低物质生产对生态环境的负面冲击，维持甚至促进生态平衡。人类很早就在农业领域采用生态化生产方式。自 20 世纪 20 年代德国农学家鲁道夫·斯蒂纳提出生态农业的构想开始，产业生态化的设想思路逐步覆盖到人类物质生产的几乎所有领域。物质生产生态化是目前人类力图扭转生态恶化趋势、开展生态文明建设的主要措施，对缓解日益严峻的环境资源危机发挥了很好的作用。

专业生态生产是人类自觉遵循生态规律，调动社会物质资源，协助、推动生态系统恢复和增强生态产品生产能力，增加生态产品产出，以促进生态恢复、增值生态资源、改善生态环境、维持生态平衡的专业性社会生产活动。在专业生态生产过程中，往往也会伴随生产出物质产品，如生态林营造能够收获木材，为促进水体生态平衡放养鱼虾蟹能够收获水产，但这些物质产品也只是副产品而已。

这种既能产生生态效益、又能带来有益副产品的生态生产，人们比较乐于接受。在传统的社会经济系统中，人类倾向于向大自然单方面索取，而使得专业生态生产由于其效益的外溢性难以得到认可。伴随全球性工业化、现代化的发展，以及人类逐步由工业文明迈向生态文明，专业生态生产作为人类从事生态文明建设的强有力手段和新型社会生产，正在被人们逐步接受和认识。

（四）生态产品的供需主体

生态产品的公共物品属性决定了其供给主体的多元性。

（1）政府。生态产品依附物（土地、河流、林地等）的国有性质，决定了政府理所应当是生态产品的供给主体。政府作为生态产品的主要供给者，具有天然的顶层优势，既可以通过加大资金投入，推进在全国或区域范围内开展大规模的生态修复、生态治理和生态建设工作，恢复或增强生态产品的生产能力，又能够通过制度设计，如出台相关激励政策、财政转移支付等，提高其他供给方的生产积极性。

（2）企业。部分公共产品由私人供给，是解决公共产品供给不足的有效途径。这已经成为公共产品理论中的共识。私人供给既能够减轻政府在公共产品供给中的压力，同时也能够覆盖到政府忽视领域。生态产品供给企业主要分为两类：一类是从事生态农业、生态林业、生态服务业（旅游）等行业的企业。在运行的过程中，这类企业自觉或不自觉地生产生态产品；另一种则是以直接从事环保事业的企业为主，如从事垃圾处理、污染处理的企业等。通过这些企业促使环境质量趋好，也是生态产品的一种供给方式。除此之外，其他企业通过自身的公益活动，如植树造林等，也提供了生态产品。

（3）非政府组织。非政府组织也是生态产品的重要供给者之一。非政府组织主要包括一些环保组织、扶贫组织等。非政府组织在生态产品的供给上主要体现在两个方面：一方面，非政府组织具有传播环保理念，推广环保意识的功能，能够帮助公众树立“生产生态产品也是创造价值，保护生态环境也是发展”的观念，有助于间接促进生态产品的供给；另一方面，非政府组织协助生态地区开展扶贫工程或生态项目，以项目为依托，为生态区居民提供工作机会，能够使生态区获得收益，在促进生态区发展的同时提高了该地区生态产品的生产能力。

（4）农户（个人）。农户是生态产品生产的最小单元。农户在生态产品的生产过程中实际上是一种无意识行为，主要是通过发展多种类型的农业生产，例如特色农林产业等，提供了诸如洁净空气、保持水土等方面的生态产品。

如前所述，生态产品是指维系生态安全、保障生态调节功能、提供良好人居环境的自然要素，包括清新的空气、清洁的水源和宜人的气候等。这一概念内涵充分体现了生态产品对人类生存和发展的重要意义，也决定了生态产品的需求主体必然是全社会整体，或者说是全人类。但是就生态产品的现实供给和需求而言，生态区居民虽然同样也是生态产品的需求者，但其需求意愿、支付能力和支付意愿比已开发地区更弱，而已开发地区则因发展阶段高、发展水平高，为生态环境所付出的代价相对来说也比较大，使其需求意愿、支付能力也就更高，也就成为了生态产品的现实需求主体。因此，生态产品的现实需求主体是已开发地区的全体居民以及其他行为主体。

二、生态产品的价值评估

（一）生态产品的价值属性

生态产品价值的本质是生态产品满足人类的需要，源于生态产品的效用、稀缺性和可控性。具体来说，生态产品价值是指人类直接或间接消费生态产品得到的利益，主要包括向经济社会系统输入有用物质和能量、接受和转化来自经济社会系统的废弃物，以及直接向人类社会成员提供服务（如人们普遍享用洁净空气、水等舒适性资源）。

生态产品与物质产品、文化产品共同构成了人类社会生存与发展的基础。但物质产品和文化产品是由人类制造的，其生产过程中凝结了一般的无差别的人类劳动，价值表现比较明晰。物质产品具有价值和使用价值两因素。马克思将价值看做是一般人类劳动的凝结物，是市场交换的依据。西方经济学家主张价值取决于边际效用或供求关系。使用价值是商品满足人类需求的有用性，体现其服务于人类的根本属性，并以此承担价值、交换价值载体的角色。

生态产品价值同样包括使用价值和价值。前者与物质产品相似，后者则是有益于生态和谐的有用性，体现其服务于自然的根本属性，而且具有较强的非竞争性和非排他性。这与物质产品显著不同。在当前的经济社会系统中，生态产品具有公共产品的属性并不是传统意义上的商品，市场化交易存在一定难度。因此，人们往往缺乏追逐生态产品的原始动力，导致生态产品一般处于市场失效的范围。

当前，世界各国都还没有形成一个相对科学、合理、稳定的生态产品价格机制。传统产品的价格确定主要依据四个方面，即产品生产成本、应纳税金、生产过程中所产生的环境成本及社会平均利润。但具有特殊属性的生态产品价格形成并不完全符合这一传统定理。生态产品的生产不仅包含人类投入成本，同时还包括生态产品因稀缺性而产生的生态资源价格。而且，鉴于生态产品市场化交易的现实难度，市场在其价格确定上迄今为止尚没有形成一个比较合理的机制。就现实的生态补偿交易来看，生态产品的价格，主要还是依靠国家结合供需主体的现实情况制定，在政府定价的基础上，由政府代表需求方直接购买，或者供需主体双方协商购买。

在当前的社会经济系统中，作为商品的物质产品通过市场进行交换。供求双方遵循收益最大化原则，在市场竞争中以均衡价格形式按照等价交换原则完成交易。商品交换构成社会再生产的重要环节。由人工生态系统和社会经济系统构成的社会生态经济系统，是人类在应对资源环境危机挑战、建设生态文明进程中将要构建的更为科学的社会系统。而目前人工生态系统的构建还处于初始探索阶段，其基础性活动——生态产品的交换还缺乏像商品交换那样的平台和规则。但作为具有价值和使用价值的生态产品，应该也可以通过一定的形式和途径得到社会承认。否则，生态产品的生产就难以为继，人工生态系统就难以顺畅运行，社会生态经济系统也将无法建成。

（二）生态产品价值的评估方法

随着生态经济学、环境经济学和自然资源经济学的发展，生态学家和经济学家在评价自然资本和生态服务价值的变动方面做了大量研究工作。他们将评价对象的价值分为直接使用和间接使用价值、选择价值、内在价值等，并针对评价对象的不同发展了直接市场法、替代市场法、假想市场法等评价方法。生态环境的价值评价已经成为今天的生态经济学和环境经济学教科书中的一个标准组成部分。

尽管国内外学者已经在自然资源环境价值或生态产品价值的鉴别、量化和货币化方面进行了很多研究和探索，但目前大多是采取一些替代法计算。世界上比较公认的成熟的生态价值定价方法还未形成。而且，由于不同研究者对参数选取的差异，导致所得结果存在很大差异。比如，1997 年 Costanza 等人在《自然》（*Nature*）期刊上发表的论文 *The value of the world's ecosystem services and nature*，从科学意义上明确了生态系统价值的估算原理及方法。该方法已经在中国应用于评估各类生态系统的生态经济价值，但仍然存在很大争议（谢高地等,2008）。谢高地等在 Costanza 生态系统价值评估体系的基础上分别于 2002 年和 2007 年对中国约 700 位具有生态学背景的专业人员进行问卷调查，并基于调查结果得出了新的生态系统价值评估单价体系（刘春腊等，2014）。

当前，生态产品价值的定量评估主要遵循先估计物质量，后估计价值量的原则。首先，进行物质量核算，即统计在一段时间内生态系统提供的不同生态产品的产量。农林牧渔业等领域的生态产品的产量可直接通过统计年鉴、农业厅等统计资料获得。而干净水源、清新空气的物质量可通过现有水文监测站、气象台站、环境监测等提供的数据获得，然后再运用生态系统模型和环境健康风险评估模型进行估算。其次，进行物质量的价格确定。定价原则是优先采用市场价格，如农林牧渔业等领域的生态产品有确定的市场价格，可以直接进行价值计算。而干净水源与清新空气等暂无市场定价的产品，则采用替代市场法和模拟市场法进行定价。最后，进行价值量核算。将一个地区或国家的各类生态产品的价值进行加总，估计出全部生态产品的整体价值。具体核算思路见表5-1。

表5-1　生态产品价值的核算

生态产品	生态产品服务	物质量	价值量	评估方法
农林牧渔业等领域的生态产品	食物、原材料、能源等的供给	产量	产值	直接市场法、替代市场法
大气	固碳释氧	植被固碳量	固碳价值	直接市场法、替代成本法、恢复成本法
		土壤固碳量	固碳价值	
		释放氧气量	释氧价值	
	气候调节	吸收热量	降温价值	替代成本法
		增加湿度	增湿价值	
	净化大气	吸收污染物	处理污染物价值	直接市场法、替代成本法
		滞尘量	滞尘价值	
水	涵养水源	调节水量	水价值	影子项目法、直接市场法、恢复成本法
	洪水调蓄	调节水量		影子项目法
	净化水质	净化水量	净化水价值	影子项目法、替代成本法
土	保土和减淤	土壤保持量	保持土壤价值	替代成本法
	防风固沙	固沙量	固沙价值	恢复成本法、替代成本法和机会成本法
	减轻面源污染	污染减少量	污染减少价值	替代成本法、防护费用法
其他	如减轻病虫害			替代成本法、防护费用法等

来源：操建华．生态系统产品和服务价值的定价研究[J]．生态经济，2016(7)：24-28.

其中，直接市场法就是直接采取市场交易价格来度量生态产品价值的方法，其前提是生态产品具有可交易性。替代市场法也称间接市场法，是指对准市场化的生态产品的评估。这类生态产品价格的市场信号以隐晦的形式存在，挖掘并据此估价，通过找到某种有市场价格的替代物来间接衡量。意愿调查法是指通过向被调查者描述有关产品或服务及其提供方式的详细情况，进而基于被调查者意愿为特定惠益支付的金额所建立的一种经济评估技术。其目的是为了避开真实市场不存在的这一限制，向消费者提供一个假想的市场，即假设他们可以在该市场购买所涉及的产品或服务。尽管人们对该方法存在争议，但随着在生态经济学中应用范围越来越广，它已成为人们广泛接受的指导性方法。一般地，直接市场法可信度最高，替代市场法次之，意愿调查法随意性最大。因此，在选择评估方法时应尽量采用直接市场法，若不具备采取直接市场法的条件，则采用替代市场法。只有当这两种方法都无法应用时，才采用意愿调查法。当然，由于生态产品所具有公共物品、自由物品、价值的多维度性等特征，使得替代市场法和意愿调查法具有越来越广的应用范围。

在具体的价值评价过程中，并根据实际情况选用合适的路径和方法，并考虑以下几点：第一，评估要服务于特定评估目的，并根据使用目的选用。第二，考虑评估的成本和收益。第三，保持开放性与动态性。生态产品往往是公共产品，所以在构建评估指标体系时，要有公众的广泛参与。而且，生态产品涉及供给服务、调节服务、文化服务和支持服务等诸多方面，因此，其价值评估指标体系要具有多层次性。同时，考虑到客观事物的不断发展和人们问题意识的不断变化、人们对于生态环境质量要求的提高，保持指标体系的动态性、开放性和可添加性是非常必要的。第四，各类评估框架结构不是截然分开的。针对不同的问题和情况。不同的框架结构类型可以结合起来使用。

（三）生态产品价值评估的现实挑战

由于生态产品本身的特性和当前我国社会经济系统的状况和技术条件，我国生态产品价值评估还面临着以下几个现实挑战：

1. 生态产品价值的精确估算存在难度

由于生态产品的公共产品属性、不可分割性等特殊性质，在推进生态产品市场化交易过程中，很难将其价值进行相对科学、准确的计算。尽管目前生态产品价值核算中已经形成了诸如直接市场法、替代市场法、意愿调查法等价值评估方法，但目前尚未形成统一的、科学的、权威的评价指标体系。生态产品的价值评估仍然存在较高的技术难度。此外，对种类庞杂、数量庞大的生态产品价值进行核算，需要获取大量的、令人信服的权威数据，工作量将极为浩繁，对承担单位、实测人员、测量工具、工作条件、工作环境、工作质量的要求也比较严苛。而且，即使是同类或同种生态产品，由于生产条件、所处环境、发挥作用的条件等方面的差异，其价值含量、价值与自身生态价值的关系及其表现形态，也会呈现出极其复杂的情况，增加了价值核算的难度。总的来

链接 5-1　当前主要的生态产品价值评价方法

(一)直接市场法:主要有成本法、生产率变动法、恢复成本法、影子项目法。

(1)成本法。按照生产与维护生态产品和保护生态环境所产生的成本用以计价的方法。多数生态产品供给服务的生产,如动植物产品、纤维、淡水等,可应用该方法。

(2)生产率变动法。利用生产率的变动来评价生态产品价值的方法。生产率的变动是由投入品和产出品的市场价格来计量的。这种方法把生态产品或自然资源质量作为一个生产要素。生产要素的变化导致产品价格和产量的变化。利用市场价格就可以计算出这种变化发生的经济损失或实现的经济收益。多数生态产品供给服务的生产可应用该方法。

(3)恢复成本法。将受到损害的自然资源、生态系统恢复到环境受到污染以前的状况所需要的费用。该方法可用于生态产品中的部分调节服务功能价值的测算,如涵养水源、净化水质、处理废弃物等。

(4)影子项目法。这是恢复成本法的一种特殊形式。当某一项目的建设会使生态系统或环境质量遭到破坏,而且在技术上无法恢复或恢复费用太高时,人们可以同时设计另一个作为原有生态系统或环境质量替代品的补充项目,以便使生态系统或环境质量对经济发展和人民生活水平的影响保持不变。同一个项目(包括补充项目)通常有若干个方案。这些可供选择但不可能同时都实施的项目方案就是影子项目。该方法可用于生态产品中的部分供给服务和调节服务功能价值的测算,如调蓄洪水、净化水质等。

(二)替代市场法:主要有旅行成本法、内涵价格法、防护费用法。

(1)旅行成本法。这是一套经济价值评价技术。它利用游览某一目的地的可见成本来导出对该目的地需求函数。开发该方法的最初目的,是为了对保护区在休闲娱乐方面的使用价值进行评价。但缺少这一特定条件,旅行成本法的使用就存在很大的局限性。该方法可用于生态产品中的部分文化服务功能价值的测算,如休闲娱乐、科研教育、文化服务等。

(2)内涵价格法。该方法是利用统计方法把为使用生态系统产品和服务所支付的价格,分解到这些产品和服务的各个属性的隐含价格之中。比如,可对某一住宅价格进行分解,以便了解购房人对住宅周围清新空气所愿意支付的金额。该方法可用于生态产品中的部分功能价值的测算,如生物多样性保护、净化空气等。

(3)防护费用法。当某种活动有可能导致生态系统破坏或环境污染时,人们可以采取相应的措施来预防破坏或治理污染,以避免不利事件的发生。利用采取这些措施所需费用来评估生态产品和环境价值的方法就是防护费用法。该方法可用于生态产品中的部分功能价值的测算,如控制侵蚀和保持沉积物、土壤形成与改良、废物处理等。

(三)意愿调查法:主要有投标博弈法、权衡博弈法、优先性评价法、Delph 法等。这些方法可用于生态产品中的部分功能价值的测算,如遗产价值、文化多样性、存在价值等。

链接 5-2

东阳—义乌水权交易实践——首开我国水权交易先河

东阳市和义乌市均位于浙江省金华江流域。其中,东阳市位于义乌市上游,区内水资源较为丰富,拥有横锦水库和南江水库两座大型水库。这两大水库不仅能够保证东阳市每年的正常用水,而且每年还需要定时泄洪,释放部分水量。而义乌市水资源总量却严重匮乏,储量仅为东阳市的1/3,供水能力不足,缺水干旱现象严重。此外,义乌市本身发展水平相对较高,经济发展速度较快,城市面积和人口增长迅速,越发加剧了义乌市的缺水现象。为了解决这一矛盾,义乌市与东阳市基于市场化原则,于2001年11月24日签署了有偿转让部分水使用权的协议,利用东阳市富余的水资源满足义乌市迅速发展过程中的需求缺口。

通过此次交易,义乌市购买了横锦水库每年5000万立方米的水量,交易价格为2亿元,需要一次性付清。除此之外,义乌市同时投资3.5亿元修建引水管道工程,斥资1.5亿元修建新水厂。按照协议规定,东阳市需要制定配套计划来实现对义乌市的均衡供水;义乌市则需要按季度并根据实际供水量以每立方米0.1元的价格向横锦水库支付综合管理费用。其中,水资源费属于弹性条款,会根据实际变化对水资源费用进行修改,其余的各项费用需要一次性付清。

按照浙江省水利厅的水库建造费用标准,义乌市若自行建造5000万立方米库容的水库需要花费2.5亿元,折合水价每立方米水的价格将近6亿元。这一建造成本是向东阳市直接买水的9倍。加上水库建成投入运营之后的成本,水价要比协议中规定的0.1元每立方米要高得多。而对东阳市来说,出资3900余万元对横锦水库进行改造,使得水库的储水能力提高5500万立方米,节水1立方米的成本仅为0.71元。通过此次交易,东阳市将每年原本无用的泄洪水量出售给义乌,除了一次性获得2亿元综合费用外,每年还有500万元的水量出售收入。同时,东阳市通过对相关水网管道的改造,还提高了基础设施建设水平。

在此次交易中,东阳市和义乌市实现了优势互补,获得了彼此所需效益,是一项互利共赢的水权交易合作,被人民日报称为开创了“中国水权制度改革的先河”。

说,对各类生态产品的价值核算将是一个面临较大技术难度、需要耗费相当资源、相当长时间的艰巨工程,期望迅速、轻松解决问题是不现实的。这就导致短期内生态产品的完全市场化交易难以实现。由于无法有效交易,生态产品的生产者无法获得与其所生产的生态产品价值相当的收益,生产积极性也就无法得到有效激励,进一步加剧了生态产品供给的不足(田野,2015)。

2. 制度缺陷导致市场化交易难以实现

这里的制度缺陷既有市场交易方面的原因,也有政府激励和法律制度方面的原因。一方面,生态产品的正外部性特征决定了私人供给难以实现,而政府供给又会出现“搭便车”现象，使得产品的生产效率低下。因此，在目前没有明确法律依据确定生态产品的供应主体的情况下，生态产品的生产和供给也就陷入了低效、无序的状态。另一方面，在实际生态产品的供给上，政府的天然优势决定了政府是生态产品生产和供给的主要推动者。而在政府主导供给的背景下，生态产品自身的公共产品属性，使得“公地悲剧”现象普遍存在。政府或者生态产品的消费者却没有给予生态产品生产者足够的激励。产品生产者的积极性没有得到充分发挥。另外，我国至今仍没有关于生态产品生产的相关法律法规。部分法律法规虽涉及生态补偿，却存着补偿力度小、补偿金额少、补偿范围窄等问题。相关法律法规的缺失，也是造成生态产品市场化交易难实现的重要原因(田野,2015)。

3. 现行社会经济系统难以承载生态产品的交换活动

传统工业文明社会是典型的经济本位社会。在这个社会体系中，利润最大化是人们从事经济活动乃至其他社会活动的基本准则，导致不惜牺牲生态环境、片面谋求经济效益、追逐财富增长的现象愈演愈烈。生态生产活动不被认识、不被认同，被排斥在社会生产活动之外，生态产品当然也不可能得到社会承认。目前，工业文明正在深化，生态文明建设给传统工业文明注入了可持续发展的新鲜血液。社会经济系统正开始迈出生态化转向步伐。经济活动生态化逐步形成潮流。但是，社会经济系统生态化仍然以经济利益为中心，并未改变社会“经济本位”的本质，只是在谋求最终经济利益最大化的前提下关注和维持生态平衡。人们的思维模式、社会的评价机制依然是以经济效益和财富增长为中心。生态平衡、环境效益是实现经济效益和财富增长的手段途径。生态生产、生态产品在现行社会经济系统中仍然是外在的、边缘的因素，将其置于经济评价系统中必然出现市场失效现象。

比社会经济系统生态化更进一步的是社会生态经济系统。它不仅要求社会经济系统生态化，而且要建立以生态生产为基本活动方式的人工生态系统。社会评价机制也会走出“经济本位”的窠臼，形成全新的符合社会生态经济系统持续稳健发展要求的平衡型评价机制。但目前,这一机制还是人们的探索对象。因此，目前生态产品交换的实现只是个别的、偶然的、不完全的、不顺畅的。为推进生态生产发展，推动以生态生产为基本特征的新的社会生态经济系统的正常运行，生态产品交换的顺利实现是必须的。为此，必须构建起超越传统社会经济系统评价机制、运作机制的全新评价、交易和运行机制，只有理念、体制、机制的全面创新，才能给予生态生产、生态产品以平等的社会生产、社会产品的地位。突破现有社会经济系统交易规则的可行思路，是建立包括物质产品、生态产品和自然产品在内的全部地球产品在内的价值评价体系，进而建立地球产品综合交易系统。这一体系以地球产品市场为交易平台，以经济效益、生态效益、社会效益的统筹平衡和持续发展为交易目的，为三类地球产品（即生态产品、物质产品、文化产品）及其相互之间顺利交换的实现提供条件。现在地球产品市场还只是我们的初步设想，其基本理念离人们的普遍了解、认同还有很远距离。要有效推进生态文明建设、促进工业社会向生态社会转型，我们必须尽快将对地球产品交易市场的探索列入社会可持续发展重点研究领域，并力争尽早实现突破（丁宪浩,2010）。

三、生态产品价值实现的战略意义

（一）保护生态功能区发展权利的现实手段

生态功能区也有人群居住。他们也应该有自己的发展权，也要走上实现全面小康之路。但他们发展的内容并非是生产有形的物质商品。而主要是通过保护生态自然，修复在过度开发过程中被破坏的生态环境而创造更多的生态产品。他们的劳动成为绿色发展的主体。在此过程中，他们为了使广大人民获取良好的生态产品，相对就会放弃发展经济的权利，如上游生态功能区人民植树造林，实现水土保持使中下游人民得到洁净的水源。但是，由于生态产品所具有的特性，他们劳动所创造的产品现在还不能像商品一样买卖。因此，通过制定相关政策制度，承认并实现生态产品的价值，使各级政府和民众购买生态产品，也是坚持绿色发展，保护生态功能区人民的发展权利。

（二）促进绿水青山转化为金山银山的关键路径

习近平总书记在党的十九大报告中指出:“建设生态文明是中华民族永续发展的千年大计。必须树立和践行绿水青山就是金山银山的理念，坚持节约资源和保护环境的基本国策，像对待生命一样对待生态环境。”生态产品的特性决定了生态产品价值难以准确定量化。这为生态价值补偿和生态产品价值量的全面评估和交易带来困难。但不管怎样，只有真正建立起生态产品价值实现的市场体系，使生态产品像普通物质产品一样可以进行市场交易，才能更好地保护生态产品供给者的利益，更好地通过市场手段实现生态环境资源的优化配置，真正推进绿水青山向金山银山转变，将生态资源优势转变为经济产业优势。

（三）激活和释放生态红利的有效手段

生态红利是指生态产品以及具有生态属性和品质的产品和服务的生产和提供，所带来的就业增量、经济增长和民生福祉提高而形成的可持续的生态友好的社会收益。生态红利主要源自于生态资产的保值增值和生态负债的减少而提升的生产力所形成的社会收益。通过生态产品价值的市场化实现，可以明确生态产品的经营权和收益权，更好地体现生态产品的价值，促进生态产品供给数量的增加和品质的提高，增值生态资产、减少生态负债，进而带来就业的增长、生产力的提升、经济的发展，使生态资产的红利释放成为地区发展的新增长点和新动能，提升民生福祉和社会收益，不断满足人民日益增长的优美生态环境需要。

(四) 促进经济结构调整的有效途径

环境问题本质上也是发展问题，立足于实现生态产品价值能够有效倒逼和激励经济结构调整，促进产业结构调整优化，建立资源节约型、环境友好型的绿色产业新体系。2008 年国际金融危机后，随着全球气候变化、能源资源安全等生态环境问题被提上重要议程，国内外都在积极寻求新的经济结构安排。清洁能源、节能减排等技术革命兴起。我国将生态修复、环境保护等实现生态价值的做法纳入地方政绩考核体系。高耗能、高排放、高污染等落后的生产力受到抑制。清洁发展、节约发展、安全发展等先进生产要素受到激励。在这一政策导向下，近年来我国产业结构调整明显加快，绿色经济、低碳经济、循环经济逐渐兴起，经济结构不断优化升级。

(五) 协调经济社会发展与生态环境保护的重要手段

生态保护与经济利益之间关系的扭曲，不仅限制了生态保护建设事业的发展，也影响到地区之间以及相关生态保护建设利益者之间的和谐。生态产品价值的实现是通过市场手段来调节生态保护与经济利益之间的关系，达到保护生态环境资源的目的，是一种有效解决生态环境保护与经济发展矛盾的市场经济措施。这不仅使保护生态环境不再是政府和市场主体的负担，而且成为经济发展新的增长点，成为创造和获取价值的一种新路径，有效破解了经济发展与环境保护之间的矛盾，有助于解决区域生态冲突和随之而来的区域社会经济发展冲突，处理好区域间生存权、发展权与环境权的矛盾。生态产品价值的实现已成为政策和现实的迫切需要，是调整相关主体环境利益及其经济利益的分配关系，促进经济与环境之间、区域之间协调发展的重要手段，可使生态利益相关者的获益与受损达到平衡。

四、生态产品价值实现的基本路径

生态产品价值的保护与实现是通过生态产品产权的设置与交易实现的。生态产品产权是一种可以行使的对生态产品有价属性的排他性权利。生态产品产权的设置保护了生态产品的内在价值。生态产品产权的配置所形成的生态产品价格是生态产品价值的外在表现。因此，现实的经济中，要实现生态产品的最优利用与保护，则必须根据生态产品的内在价值构成及各构成部分的特性，合理地设置生态产品产权，并在此基础上构建合理的生态产品产权定价机制。

(一) 生态产品价值构成及属性

生态产品的总价值区分为两个部分（表 5-2）：存在价值和使用价值。首先，生态产品是一种特殊的资源。只要生态产品资源存在就是不使用生态产品，生态产品也会为人类提供各种效用或收益。这一部分的效用和收益则为生态产品的存在价值。生态产品的存在价值可以进一步区分为生态产品存在的生态社会价值和使用者价值。第一，生态产品系统作为一个典型的生态环境系统，能够为人类提供涵养水源功能、营养循环功能、土壤保持功能、维持生物多样性功能、粮食安全保障功能、休闲娱乐和文化教育功能等生态环境服务。生态产品系统的这些服务功能给人类带来的效用或收益则为生态产品存在的生态社会价值。第二，生态产品的恢复要么是经济不可行,要么是技术不可行。经济不可行或技术不可行阻碍了生态产品的恢复。生态产品的保存，可以为子孙后代带来更多的选择权。根据边际成本递增原理，一般情况下，生态产品存量越大，对生态产品进行开发利用的成本越低。因此，保护大量的生态产品不仅可以给子孙后代带来更多的选择权,而且还节约未来生态产品开发利用成本。这些效用或收益则为生态产品存在的使用者价值。生态产品的存在价值同时兼具非竞争性和非排他性，是一种公共外部性。一方面，一个人对生态产品的存在价值的消费和享受并不会减少其他人对这些价值的消费机会与享受数量，即生态产品的存在价值具有非竞争性。另一方面，公众共同享受生态产品的存在价值，要将其中的任何人排除在外在技术上是不可能的，在经济上是无效率的，即生态产品的存在价值具有非排他性。第三，生态产品是农业、旅游业等产业生产的重要生产资源。生态环境也是各种生产产生的污染物的净化器。人类在使用生态产品发挥生态产品的这些功能中获得的收益和效用即为生态产品的使用价值。生态产品的使用价值同时兼具竞争性和排他性。

表 5-2　生态产品保留农用的价值构成及其属性

<table>
<tr><td rowspan="3">生态产品价值构成</td><td colspan="3">生态产品总价值</td></tr>
<tr><td rowspan="2">生态产品的使用价值</td><td colspan="2">生态产品的存在价值</td></tr>
<tr><td>生态产品存在的生态社会价值</td><td>生态产品存在的使用者价值</td></tr>
<tr><td>生态产品价值的性质</td><td>竞争性和排他性</td><td colspan="2">非竞争性和非排他性的公共外部性</td></tr>
</table>

（二）生态产品产权的设置

由于生态产品总价值的两个组成部分具有不同属性，因此，如果只设置一个完整的生态产品财产权，则会导致生态产品产权的交易价格只反映生态产品的使用价值。作为一种公共外部性的生态产品的存在价值则由于无法反映在生态产品产权的交易价格中而流失，导致生态产品产权所有者保持生态产品的收益减少而缺乏保护生态产品的动力，进而使生态产品被过度地开发利用，无法实现生态产品给人们带来最大化价值的有效配置目标。为了实现生态产品的最优利用与保护，应该在一块生态产品上设置两个独立的产权（表5-3）：生态产品使用权和生态产品发展权。其中，生态产品使用权设置是为了保护和实现生态产品的使用价值，其权能相对地限定在生态产品的存在与不变的范围内。生态产品发展权是生态产品变更之权，其设置则是保护和实现生态产品的存在价值而对使用权的一种限制。生态产品使用权和生态产品发展权构成了生态产品的完整产权，共同实现了生态产品资源的总价值。生态产品使用权与生态产品发展权是可以分离的相互独立的权利，可以分别在各自的配置机制中实现最优的使用数量与价格，最终实现最优的生态产品保护数量与非农化数量，实现生态产品的最优利用与保护。

表5-3　我国生态产品价值实现的代表性机制

<table>
<tr><th>生态资源类型</th><th colspan="2">产权</th><th>产权类型</th><th>当前主要的实现机制</th></tr>
<tr><td rowspan="2">水资源</td><td colspan="2">水权</td><td>生态产品使用权</td><td>市场交易</td></tr>
<tr><td colspan="2">主要污染物排污权</td><td>生态产品使用权</td><td>市场交易</td></tr>
<tr><td rowspan="2">空气资源</td><td colspan="2">主要污染物排污权</td><td>生态产品使用权</td><td>市场交易</td></tr>
<tr><td colspan="2">碳排放权</td><td>生态产品使用权</td><td>市场交易</td></tr>
<tr><td rowspan="3">土地资源</td><td rowspan="2">耕地发展权</td><td>耕地保有指标</td><td>生态产品发展权</td><td>政府定价</td></tr>
<tr><td>耕地补充指标</td><td>生态产品发展权</td><td>市场交易</td></tr>
<tr><td colspan="2">林地发展权</td><td>生态产品发展权</td><td>政府定价</td></tr>
</table>

（三）生态产品产权定价机制

目前，生态产品产权的定价机制主要有两类：政府定价和市场交易。政府定价的方式本质上是公共管理部门根据调研和评估，制定好实现生态产品最优利用与保护下的每个生态产品产权的合理价格，并以税费的形式向生态产品产权的需求者征收，以补贴的形式向生态产品产权的所有者进行补偿。市场交易方式是通过建立相应的生态产品产权交易市场，让生态产品产权的需求者和供给者自由交易，产生合理的生态产品产权价格，进而协调生态产品保护各经济主体的利益。

五、生态产品价值实现的实践探索

（一）生态产品价值实现的实践探索概述

当前，为了实现水资源、空气资源、土地资源等生态产品的最优保护与利用，我国部分地区设计出包括水权、水排污权、主要污染物排污权、碳排放权、耕地发展权、林地发展权等产权机制，并针对这些生态产品产权构建起了相应的价格实现机制，从而有力地推动了我国生态产品价值的实现。

（二）水权概念与交易实践

水权是指水资源的所有权以及从所有权中分设出的用益权。水资源的所有权是对水资源占有、使用、收益和处置的权力。所有权具有全面性、整体性和恒久性的特点。《民法通则》《中华人民共和国水法》均明确规定，水资源属于国家所有，水资源的所有权由国务院代表国家行使。因此，我国水资源的所有权没有任何异议。水权机制更应该着眼于水资源的使用价值，即以国家所有水资源为基础，对水资源的使用权，通过合理合法经营取得有效收益权力的集合。

我国水资源分布不均。随着经济社会的快速发展，各地对水资源的需求量不断加大。我国部分地区甚至出现水资源供不应求的状况。为了实现水资源的最优保护与利用，从2000年开始，我国部分地区开始尝试进行水权交易，并根据相关法律法规，对水权进行有偿转让。同时，中央政府也鼓励各地区因地制宜，充分发挥地方自主性，探索水权交易的新途径。目前，我国水权交易机制也逐步积累了一些有益经验，比较有代表性的是浙江东阳—义乌水权交易实践。

浙江省的义乌市由于地形、地质和水污染等因素的影响，2000年总存水量仅有1.51亿立方米，十分拮据，无法满足当地经济社会发展需要，直接威胁老百姓的生活。事实上，早在1997年，义乌市就曾陷入了水资源缺乏的困境，连基本的生活饮水都成了问题。因此，如何“引水济义”成为义乌市经济社会可持续发展需要思考的重大战略问题。与义乌市相毗邻的东阳市水资源比较丰富，在满足本市供水外，还有3000多万立方米的水盈余，可以供应其他城市，在地域发展和环境上成为“引水济义”的最合适的选择。2000年，严重缺水的义乌市和东阳市政府达成了一致意见，在共享、节约的基础上签订了水权转让的相关协议和条文。协议对水资源数量的使用权、每立方米水价以及引水工程建设的资金承担问题进行了明晰的界定。现在，东阳的水已经顺利流入义乌。义乌市千家万户都能够享受足够水资源，这也给当地生活和经济发展带来了便利。东阳市和义乌市的水权交易是我国第一次不同城市之间水权交易的成功案例，对我国水权交易实践和再次发展有着深远的意义，不断鼓励着我们探索新的水资源管理和社会发展道路。

（三）主要污染物排污权概念与交易实践

排污权交易（pollution rights trading）是指在一定区域内，在污染物排放总量不超过允许排放量的前提下，内部各污染源之间通过货币交换的方式相互调剂排污量，从而达到减少排污量、保护环境的目的。主要污染物是指国家实行总量控制的重点污染物，现阶段包括化学需氧量（COD）、氨氮（NH_3-N）、二氧化硫（SO_2）和氮氧化物（NO_x）。

根据《国务院办公厅关于进一步推进排污权有偿使用和交易试点工作的指导意见》（国办发〔2014〕38 号），我国的排污权交易机制包括以下五个部分：一是污染物总量控制制度。排污权交易的试点地区要严格按照国家确定的污染物减排要求，将污染物总量控制指标分解到基层，不得突破总量控制上限。二是合理核定排污权。排污权交易的试点地区应于 2015 年年底前全面完成现有排污单位排污权的初次核定，以后每 5 年核定一次。现有排污单位的排污权，应根据有关法律法规标准、污染物总量控制要求、产业布局和污染物排放现状等核定。新建、改建、扩建项目的排污权，应根据其环境影响评价结果核定。排污权以排污许可证形式予以确认。试点地区不得超过国家确定的污染物排放总量核定排污权，不得为不符合国家产业政策的排污单位核定排污权。排污权由地方环境保护部门按污染源管理权限核定。三是实行排污权有偿取得。排污权交易的试点地区实行排污权有偿使用制度，排污单位在缴纳使用费后获得排污权，或通过交易获得排污权。排污单位在规定期限内对排污权拥有使用、转让和抵押等权利。四是规范排污权出让方式。排污权交易的试点地区可以采取定额出让、公开拍卖方式出让排污权。现有排污单位取得排污权，原则上采取定额出让方式，出让标准由试点地区价格、财政、环境保护部门根据当地污染治理成本、环境资源稀缺程度、经济发展水平等因素确定。新建项目排污权和改建、扩建项目新增排污权，原则上通过公开拍卖方式取得，拍卖底价可参照定额出让标准。五是加强排污权出让收入管理。排污权使用费由地方环境保护部门按照污染源管理权限收取，全额缴入地方国库，纳入地方财政预算管理。排污权出让收入统筹用于污染防治，任何单位和个人不得截留、挤占和挪用。

浙江省嘉兴市是我国较早开展企业排污权有偿使用和交易制度试点地，早在 2002 年，就在其所辖的秀洲区进行该项试点工作。2007 年，嘉兴市还成立了国内首家排污权交易机构——嘉兴市排污指标储备交易中心。2009 年 2 月，浙江省获得环保部和财政部的批准，成为国内较早开始排污权有偿使用和交易试点工作的省份，同年成立浙江省排污权交易中心。截至 2015 年年底，浙江省 11

个设区市和所辖县（市、区）均已开展排污权有偿使用和交易试点，成立了以省排污权交易中心为核心的省-市-县三级排污权交易管理体系。全省共设排污权交易机构28个，其中省级1个、市级10个、县级17个。截至2015年年底，全省累计开展排污权有偿使用17862笔，执收有偿使用费37.88亿元，排污权有偿使用企业范围实现全省环境统一重点调查企业全覆盖；排污权交易6885笔，交易额12.77亿元；另有555家排污单位通过排污权抵押获得银行贷款145.07亿元。试点工作总体走在全国前列。

（四）碳排放权概念与交易实践

温室气体（greenhouse gas，GHG），是指大气中那些吸收和重新放出红外辐射的自然和人为的气态成分，包括对太阳短波辐射透明（吸收极少）、对长波辐射有强烈吸收作用的二氧化碳、甲烷、一氧化碳、氟氯烃及臭氧等30余种气体。《京都议定书》中规定的温室气体主要包括二氧化碳（CO_2）、甲烷（CH_4）、氧化亚氮（N_2O）、氢氟碳化物（HFCs）、全氟化碳（PFCs）、六氟化硫（SF_6）等6种。由于温室气体中最主要的气体是二氧化碳，所以，通常用碳排放作为温室气体排放的总称或简称。碳排放权则是指向大气层中排放温室气体的权利。建立碳排放权交易市场，是利用市场机制控制温室气体排放的重大举措，是深化生态文明体制改革的迫切需要，有利于降低全社会减排成本，推动经济向绿色低碳转型升级。

2011年10月国家发展改革委印发《关于开展碳排放权交易试点工作的通知》（发改办气候〔2011〕2601号），批准北京、上海、天津、重庆、湖北、广东和广东深圳等7省市开展碳交易试点工作。经过两年的探索与筹备，2013年6月18日，深圳碳排放权交易市场率先启动交易，成为我国第一个碳排放交易市场。此后，北京、上海、天津、重庆、湖北、广东等地的碳排放权交易市场陆续建立并开始交易。2016年，国家又批复在福建和四川两省新建碳排放交易市场。因此，截至目前，我国共有9个省市建立了碳排放交易市场。2017年12月18日国家发展改革委印发《全国碳排放权交易市场建设方案（发电行业）》（发改气候规〔2017〕2191号），以发电行业为突破口，正式启动全国碳排放交易体系的建设。

目前，我国各地碳排放权交易市场上交易的碳排放权可以区分为两类：配额和中国核证减排量（China Certified Emission Reductions，CCER）。其中，配额是指各碳排放权交易市场所在的省市政府初始分配给企业的碳排放权；中国核证减排量是指企业通过实施项目削减温室气体而获得的减排凭证。截至2015年12月31日，全国碳排放权交易市场累计成交配额6758万吨，成交金额23.25亿元人民币；中国核证减排量累计成交3548万吨。

（五）耕地发展权机制与实践

耕地发展权是耕地变更之权。其设置是保护和实现耕地的存在价值而对使用权的一种限制。耕地发展权机制是实现耕地资源最优保护与利用重要手段。目前，我国许多省市积极探索构建耕地发展权机制来优化耕地的保护与非农化配置。其中，比如有代表性是浙江指标交易机制、重庆地票交易机制、城乡建设用地增减挂钩机制和成都耕地保护基金等几种机制。不同机制中的耕地发展权种类有所不同。比如，重庆地票交易机制、城乡建设用地增减挂钩机制本质上和浙江指标交易机制是一致的，均为新增耕地发展权的市场交易机制；成都耕地保护基金机制是现存耕地发展权内在价值的补偿机制。不同种类的耕地发展权具有不同的权能。我国现有《土地管理法》中将耕地划分为现存的耕地和新增的耕地。二者在非农化转用中具有不同的权限。其中，现存的耕地严禁非农化，只有在符合土地利用总体规划和土地利用年度计划，并且要增补数量和质量不减少的耕地下，才能将现存的耕地非农化。因此，现存耕地在耕地保护与非农化管理中只具有一种权能，即表征耕地的存在，并且获得相应的耕地保存的外部性价值的补贴的权利。新增耕地的发展权除了拥有现存耕地发展权权能之外，还拥有允许等量的其他现存耕地在符合各种规划和计划下进行非农化的权能。

1. 成都耕地保护基金机制

2008 年创设的耕地保护基金制度不仅是成都开启农村产权制度改革的一项基础性的制度安排，也是确保整体改革顺利推进的重要激励手段。这一政策涉及的主要内容有三个：一是耕地保护基金的来源。耕地保护基金由市和区（市）县共同筹集，主要来源是每年新增建设用地土地有偿使用费、耕占税返地方政府部分和一定比例的土地出让收入。当这三项不足时，由政府财政资金补足。二是耕地保护基金的发放对象与标准。对完成确权颁证的耕地每年发放耕保基金，补贴标准为基本农田每年每亩 400 元、一般耕地每年每亩 300 元。三是耕地保护基金使用范围以及受益人的责任。耕地保护基金总量的 10%用于耕地流转担保资金和农业保险补贴，由市级统筹使用。剩余的 90%资金发放到农户和集体经济组织，专款用于农户养老保险补贴和集体经济组织现金补贴。领取耕保基金的农户和集体经济组织承担相应的耕地保护义务。

2. 浙江指标交易机制

作为改革开放以来最早对外开放的沿海省份之一，浙江省的工业化、城市化规模和速度都位居全国前列。土地利用总体规划中的建设占用耕地的规划指标的数量与落实空间早已经不适合浙江省的发展现状。为了缓解经济社会发展与土地利用规划之间的矛盾，浙江省根据《土地管理法实施条例》引入了待置换用地区（即把位于城镇周边在规划期内具有发展潜力的区域，设定为待置换建设留用地区），并在此基础上，建立起了包括4种指标（耕地异地占补平衡指标、基本农田易地代保指标、折抵指标、复垦指标）交易的耕地保护市场机制。其中，耕地异地占补平衡指标是指本地区净补充的耕地面积（耕地补充的总面积超过建设占用的耕地面积）可以等量充当为其他地区的耕地补充数量指标。基本农田易地代保指标是指占用而又无法补充相应数量和质量的基本农田的地区，经省人民政府批准，在本土地利用总体规划期内，委托本省其他行政区域在当地划定相应数量和质量的基本农田代为保护。折抵指标是指农用地经过土地整理新增有效耕地面积可以按比例（按照72%的比例）用来折抵成建设占用耕地指标。复垦指标则是指宅基地和废弃工业用地复垦为耕地后，可以等量置换为建设占用耕地指标。

该市场机制系统完整的过程可以总结为六个步骤（张蔚文和李学文，2011）。第一步：在建设留用地区或待置换用地区里如果碰到基本农田，则需补划（如果没有碰到基本农田，则直接跳到第三步）；第二步：如果本地区无法完成基本农田补划，则需要向其他地区购买相应数量的基本农田易地代保指标；第三步：建设留用地区或待置换用地区里的耕地在占用之前，需要先补后占；第四步：本地区如果不能完成耕地补充，则需要向其他地区购买相应数量的耕地异地占补平衡指标；第五步：获取建设占用耕地年度计划指标，在建设留用地区使用年度计划的建设占用耕地指标，或者在本地区整理、复垦土地获得获取相应数量的折抵指标、复垦指标，在建设留用地区或待置换用地区使用；第六步：如果本地区获取的折抵指标、复垦指标还不能满足需求，则可向其他地区购买。

需要指出的是：浙江省的4种创新的指标交易机制中，基本农田易地代保指标、折抵指标这两种指标交易机制已经被禁止[①]，其余的两种仍然在运作。

3. 重庆地票交易机制

重庆地票交易流程可以概括为四个阶段（吴珉，2011）。

第一阶段，申请复垦。经所在的农村集体经济组织同意，农民可以申请将自家闲置的宅基地及附属地复垦为耕地。经2/3以上成员或成员代表同意，农村集体经济组织可以申请将利用率低的农村集体建设用地复垦为耕地。

---

① 2004年国务院办公厅出台的《关于深入开展土地市场治理整顿严格土地管理的紧急通知》（国办发名电〔2004〕20号）规定“不得进行跨市、县的基本农田易地代表，对已经发生的要坚决纠正”，禁止了基本农田易地代报政策；2007年国务院办公厅出台《国务院办公厅关于严格执行有关农村集体建设用地法律和政策的通知》（国办发〔2007〕71号）规定“土地整理新增耕地面积只能折抵用于建设占用耕地的补偿，不得折抵为建设用地指标，扩大建设用地规模”，折抵之便用于待置换用地政策也予以停止执行（童菊儿，严斌，汪晖，2012）。

第二阶段，复垦验收。建设用地复垦成耕地后，经区县国土资源行政主管部门验收合格，形成相应数量的地票指标，并交由政府代理农民或农村集体经济组织在农村土地交易所上交易地票指标。

第三阶段，指标交易。具备独立民事能力的自然人、法人或者其他经济组织在农村土地交易所平台上公开竞购指标。复垦宅基地及附属用地所形成的地票指标的成交收益扣除耕地复垦费后，一小部分归农村集体经济组织所有，其余的大部分归农民所有。复垦农村集体建设用地所形成的地票指标的成交收益扣除耕地复垦费后，大部分都归农村集体经济组织所有。

第四阶段，指标落地。首先，地票的购买者选择符合城乡规划和土地规划的地块。其次，政府征收该地块形成城市建设用地并出让其使用权，并最终使地票指标落实为等量的城市建设用地。同时，地票价格可以冲抵新增建设用地土地使用权以及耕地开垦费。

4. 城乡建设用地增减挂钩机制

2008 年 6 月 27 日国土资源部颁布了《城乡建设用地增减挂钩试点管理办法》，开始在全国开展城乡建设用地增减挂钩试点工作。此后，全国多个省（自治区、直辖市）均制定了各自“城乡建设用地增减挂钩操作办法”，并经国土资源部批准，开展试点工作。福建省经济发展较快、建设用地供需矛盾突出，是较早向国家申请并获得批准开展试点工作的省市之一。2010 年 2 月 22 日，福建省政府颁布了《福建省人民政府办公厅转发省国土资源厅关于实施农村土地整治和城乡建设用地增减挂钩意见的通知》，规范并启动城乡建设用地增减挂钩试点工作。此后，福建省在宁德、南平、漳州、莆田、龙岩等 5 个设区市设置了 6 个试点县和 21 个综合改革试点镇来具体实施农村土地整治和城乡建设用地增减挂钩工作。以下以福建省为例，具体分析城乡建设用地增减挂钩机制的运作过程。

首先，申报城乡建设用地增减挂钩项目。试点县将若干拟整理复垦为耕地的农村建设用地地块（即拆旧地块）和拟用于城镇建设的地块（即建新地块）等面积共同组成建新拆旧项目区（以下简称项目区），并编制项目区实施规划向省国土资源厅提出项目实施申请。省国土资源厅在对各试点县上报的项目区实施规划进行审查的基础上，建立项目区备选库，并根据项目区入库情况，向国土资源部提出周转指标申请。国土资源部在对项目区备选库进行核查的基础上，按照总量控制的原则，批准下达挂钩周转指标规模。挂钩周转指标专项用于控制项目区内建新地块的规模，同时作为拆旧地块整理复垦耕地面积的标准，不得作为年度新增建设用地计划指标使用。挂钩周转指标应在规定时间内用拆旧地块整理复垦的耕地面积归还，面积不得少于下达的挂钩周转指标。

其次，开展城乡建设用地增减挂钩项目。整治项目区旧村低效利用的建设用地，将其一部分复垦为耕地，另一部分改建为新村。新复垦出的耕地由设区市国土资源部门和农业部门审核拟新增耕地的数量，报省国土资源厅先行核定挂钩指标。新增的耕地仍归原农村集体经济组织所有，或由该农村集体经济组织统一经营,或按农村土地承包法的规定发包给组织内村民。农村新增耕地形成的挂钩指标用于设区市范围内城市建设（确需跨设区市的，由省国土资源厅协调个案处理），但需要支付按城市等别确定的挂钩指标使用费（最低等别的城市不低于每亩10万元,最高等别的城市不低于每亩20万元）。支付挂钩指标使用费后，征地时建设项目免缴耕地开垦费和新增建设用地土地有偿使用费。增减挂钩指标使用费主要用于拆旧、复垦和依法补偿，剩余资金可用于新村和小城镇基础设施、公共设施建设。

第六章

加快推进生态文明建设中的污染防治攻坚战

——打赢守护碧水蓝天决胜全面小康的攻坚战

打好污染防治攻坚战，是党的十九大提出的我国全面建成小康社会决胜阶段的三大战役之一。2017 年年底，“污染防治攻坚战”在中央经济工作会议上再次被提及。会议明确指出，“打好污染防治攻坚战，要使主要污染物排放总量大幅减少，生态环境质量总体改善，重点是打赢蓝天保卫战，调整产业结构，淘汰落后产能，调整能源结构，加大节能力度和考核，调整运输结构。”2018 年，李克强总理在《政府工作报告》中再次强调要坚决打好污染防治攻坚战，推进污染防治取得更大成效。可见，打好污染防治攻坚战，意义重大。污染防治攻坚战是以习近平同志为核心的党中央着眼党和国家事业发展全局，顺应人民群众对美好生活需求和向往所做出的一项重大部署，也是一项艰巨的任务。

一、打好污染防治攻坚战的重大意义

党的十八大报告指出“建设生态文明，是关系人民福祉、关乎民族未来的长远大计”，要“把生态文明建设放在突出地位，融入经济建设、政治建设、文化建设、社会建设各方面和全过程”。党的十九大报告要求“全面建成小康社会决胜期”，必须“突出抓重点、补短板、强弱项，特别是要坚决打好防范化解重大风险、精准脱贫、污染防治的攻坚战”。打好、打赢污染防治攻坚战对于建设美丽中国、实现人与自然和谐发展具有重要意义。

（一）满足人民群众美好生活需要的本质要求

社会主义初期阶段，经济发展处在较低水平，温饱是老百姓关注的首要问题，经济建设因此成为党中央和各级政府的工作重点。邓小平同志在 1975 年主持中央日常工作期间，就强调“全党讲大局，把国民经济搞上去”，在1980年中央召集的干部会议上则进一步指出“要把经济建设当作中心”。在以经济建设为中心这一基本原则的指导下，我国开启了改革开放的历史进程。从农村到城市，从试点到推广，从经济体制改革到全面深化改革，40年的时间里我国的生产能力和经济水平得到了极大提升，人民群众的生活水平得到了极大改善。国家统计局统计数据显示：1978～2016年，我国国内生产总值从3678.7亿元上升到74.06万亿元，人均国内生产总值从385元上升到53935元，居民消费水平从184元上升到21285元。2010年起，中国正式超越日本成为世界第二大经济体，从工业产能上看更是超越美国成为全球第一工业大国。这些数值变动和排位名次不仅反映了改革开放40年中国经济所取得的巨大进步，也说明“落后的社会生产”不再是我国主要矛盾的主要方面。

随着生产力的提高和科学技术的进步，在最基本的物质需求得到满足之后，人民群众更高层次的隐形需求开始显现。2017年10月，习近平总书记代表第十八届中央委员会在中国共产党第十九次全国代表大会上作了题为《决胜全面建成小康社会夺取新时代中国特色社会主义伟大胜利》的报告，指出“中国特色社会主义进入新时代”，我国社会的主要矛盾已经从原本的“人民日益增长的物质文化需要同落后的社会生产之间的矛盾”转变为“人民日益增长的美好生活需要和不平衡不充分的发展之间的矛盾”。党中央基于马克思主义基本原理和我国发展实际做出的这个新判断既是对我国发展的新的历史定位，也指明了新时代中国特色社会主义工作的方向。

改革开放以来，我国经济的持续高速增长创造了举世瞩目的中国奇迹，但经济腾飞所依靠的“高投入、高消耗、高污染”的粗放式发展模式却给资源和环境造成了巨大的压力和破坏，生态环境问题大量积累。亚洲开发银行2013年发布的《迈向环境可持续的未来：中华人民共和国国家环境分析》报告指出，我国500个大型城市中，只有不到1%的城市达到了世界卫生组织的空气质量标准。世界卫生组织2016年公布的空气污染数据显示，中国在世界污染最严重的20个城市中占4个。国家水利部2016年公布的《地下水动态月报》显示，2015年在对松辽平原、山西及西北地区盆地和平原、黄淮海平原、江汉平原的2103眼地下水水井进行监测时发现，IV类水占比32.9%，V类水占比47.3%，超八成地下水遭受污染威胁。环境保护部和国土资源部2016年公布的《全国土壤污染状况调查公报》显示，全国土壤总超标率为16.1%，其中耕地土壤环境质量堪忧，工矿业废弃地土壤环境问题突出。另有资料表明，我国受重金属污染的耕地约有1.5亿亩，污水灌溉污染耕地3250万亩，固体废弃物堆存占地、毁田

200 万亩。严重的环境污染不仅为我国经济带来了巨大的损失，更对人民群众的身心健康带来严重的影响和损害。20 世纪末，中国社会科学院公布的一份《90 年代中期中国环境污染经济损失估算》报告显示，1995 年环境污染和生态破坏对我国造成的经济损失高达 1875 亿元人民币，占到了当年国民生产总值的 3.27%。而国际能源署 2016 年公布的《世界能源展望 2016：能源与空气质量特别报告》显示，2015 年我国因空气污染过早死亡的人数达 221.03 万人，人均寿命损失达 25 个月。

链接 6-1　雾霾天气，口罩销量暴涨

2016 年 12 月，中国出现大范围持续重度空气污染，71 城市重度及以上污染。12 月 16~20 日这五天里，京东商城 PM2.5 检测仪销量环比增长超过 85%，同比增长超过 105%。仅以口罩为例，京东大数据显示，这五天京东商城口罩销量环比增长超过 260%，同比增长超过 380%。北京、西安、天津、成都、郑州位列口罩销量前五，济南第九。山东地区口罩销量环比增长 815%，同比增长 1043%，济南、青岛、潍坊三市购买的最多。

大气、水和土壤是人类赖以生存的物质基础，高发的环境污染问题已经成为我国人民群众的心头大患。正如有些人所言，人民群众过去盼温饱现在盼环保，过去求生存现在求生态，对蓝天碧水、清新空气、安全食品、优美环境的呼声和要求越来越强烈。2017 年，习近平总书记在省部级主要领导干部专题研讨班上发表重要讲话时明确指出，“经过改革开放近 40 年的发展，我国社会生产力水平明显提高，人民生活显著改善，对美好生活的向往更加强烈，人民群众的需要呈现多样化多层次多方面的特点，期盼有更好的教育、更稳定的工作、更满意的收入、更可靠的社会保障、更高水平的医疗卫生服务、更舒适的居住条件、更优美的环境、更丰富的精神文化生活。”

群众路线是党的生命线和根本工作路线，也是党永远立于不败之地的根本保证。坚持群众路线就要全心全意为人民服务，秉持一切为群众的工作都从群众的需求出发的原则，把群众满意作为第一标准。习近平总书记在中央财经领导小组第十四次会议上强调“全面建成小康社会，在保持经济增长的同时，更重要的是落实以人民为中心的发展思想，想群众之所想、急群众之所急、解群众之所困”。人民群众对美好生活的向往是新时代党中央和各级政府的奋斗目标，必须以对人民群众高度负责的态度，以“民心所向”推进各项工作。

优美的生态环境是人民美好生活需要的重要构成，环保事关民生，满足人民美好生活需要就必须不断推进并深化污染防治工作，解决历史积累产生的污

染总量问题以及未来发展可能带来的污染增量问题。习近平总书记在省部级主要领导干部学习贯彻党的十八届五中全会精神专题研讨班上的讲话中指出“环境就是民生，青山就是美丽，蓝天也是幸福”“良好生态环境是最公平的公共产品，是最普惠的民生福祉”。新时代坚持党的群众路线方针就必须坚持以改善生态环境质量为核心，以解决大气、水、土壤污染等突出问题为重点，建立健全促进污染防治的体制和制度，尽快构建以政府为主导、以企业为主体、社会组织和公众共同参与的环境治理体系，不断推进、坚决打赢污染防治攻坚战，确保我国生态环境质量得到显著改善，满足人民群众的美好生活需要，提升人民群众的获得感、幸福感和安全感。

（二）推动高质量发展、坚持生态文明思想的内在要求

从其他发达国家的历史经验来看，工业化发展初期，选择粗放式的发展模式是必由之路。中华人民共和国成立初期，百废待兴，只有通过资源投入弥补技术、设备及资金等其他方面的不足，才有可能在短短三四十年间实现体量如此巨大的经济腾飞。但也如其他发达国家的历史教训所示，经济发展到一定阶段之后必须向集约、绿色方向转型和升级。李克强总理在十三届全国人大第一次会议上做《政府工作报告》时强调“我国经济已由高速增长阶段转向高质量发展阶段”“推动高质量发展是当前和今后一个时期确定发展思路、制定经济政策、实施宏观调控的根本要求”。

高质量发展的重要标志在于绿色发展。首先，高质量发展强调的是质量而不是数量，推动经济的高质量发展要求必须牢固树立“质量第一”的理念，改变以往主要依靠资源和环境大量投入实现的粗放式增长，转变为主要依靠科技、知识、人力、文化、体制等创新要素实现的集约型增长，不断提高经济发展中的“质”的含量。其次，高质量发展强调的是发展而不是增长,发展意味着高效率和高附加值,推动经济的高质量发展要求必须坚持“效率优先”原则，以最小的要素投入获得最大的经济产出，具体表现为生产要素投入少、资源配置效率高、资源环境成本低、经济社会效益好等，即实现绿色低碳发展。第三，高质量发展的最终目标是满足人民群众日益增长的美好生活需求，优美的环境是人民群众美好生活需求的重要组成。因此，推动经济的高质量发展要求必须坚持创新、协调、绿色、开放、共享的新发展理念，形成人与自然和谐发展的新格局。

高质量发展概念是习近平总书记生态文明思想在经济建设领域中的具体表现。习近平总书记生态文明思想的核心在于以人为本、人与自然和谐为核心的生态理念和以绿色为导向的生态发展观。对于经济发展和生态环保二者之间的关系，习近平总书记明确指出：“要正确处理好经济发展同生态环境保护的关

系，牢固树立保护生态环境就是保护生产力、改善生态环境就是发展生产力的理念，更加自觉地推动绿色发展、循环发展、低碳发展，决不能以牺牲环境为代价去换取一时的经济增长。”

“保护生态环境就是保护生产力、改善生态环境就是发展生产力”是对“绿水青山就是金山银山”概念的另一种阐述。2013 年，习近平总书记在哈萨克斯坦纳扎尔巴耶夫大学回答学生问题时指出：“建设生态文明是关系人民福祉、关系民族未来的大计。我们既要绿水青山，也要金山银山。宁要绿水青山，不要金山银山，而且绿水青山就是金山银山。”

绿水青山就是金山银山的理念，从人与自然是生命共同体这一点出发，突破了传统把生态保护与生产发展对立起来的僵化思维，揭示了生态环境与生产力之间的辩证统一关系，是生态环境生产力理论的直接体现。“如果能够把这些生态环境优势转化为生态农业、生态工业、生态旅游等生态经济的优势，那么绿水青山也就变成了金山银山。”当然，绿水青山和金山银山之间也存在着一定的矛盾，但“绿水青山可带来金山银山，但金山银山却买不到绿水青山”，因此当绿水青山和金山银山之间出现不可调和的矛盾时，我们宁要绿水青山，不要金山银山。

链接 6-2　生态发展优势：从“靠天吃饭”到“百姓富、生态美”

“家家小洋楼、户户小轿车，在家有分红，出门就旅游”，说起自己村庄的特色，福建三明泰宁县梅口乡水际村村民黄龙生张口就来一段顺口溜。

水际村位于福建著名景区大金湖畔，直到 20 世纪末，这里还是一个“吃粮靠回销、用钱靠救济”的贫困村，全村基本靠打鱼为生。打了 20 多年鱼的村民饶金求说：“当时大家都是抢着捞，网越织越密，鱼却越来越少、越来越小。”无序、过度捕捞让大金湖曾经变为一潭“死水”——水体富营养化日益严重，绿藻几乎覆盖了整个湖面，水生生物急剧减少，一到夏天气温升高，湖面臭气弥漫，人人掩鼻绕道。

为了走出“越捞越穷、越穷越捞”的渔村困境，泰宁县 2004 年开始对大金湖渔业实行“统、休、扶”的“变法”三字诀：一是成立渔业协会，由协会组织统一捕捞、管理和销售，村民以 2000 元一股入会；二是要求协会成立后第一年休渔、第二年限渔；三是政府免除协会前三年的承包费，农业部门送技术上门。

两年后，大金湖水面重回洁净，湖鱼的个头和数量让村民大吃一惊，渔业协会当年就给村民每股分红 3700 元。如今渔业协会的年产值超过了 4000 万，村民除了分红，又增加了一块在渔业公司上班的工资收入。随着大金湖成为国家 5A 级景区，村民又以作价入股的方式成立了游船协会和家庭旅馆协会，旅游业搞得风生水起。

当然，不同发展阶段人类在绿水青山和金山银山二者之间的权衡取舍会呈现不同的特点：发展的初期阶段人们往往是一味地用绿水青山去换取金山银山；发展的中期阶段，对资源和环境一味索取的恶果逐渐显现，此时人们开始意识到绿水青山的重要性，在创造金山银山的过程中同时努力保住绿水青山；而随着发展的进一步推进，绿水青山和金山银山最终将形成“浑然一体、和谐统一的关系”。

上一个发展阶段中，为了满足13亿人民的生存需要，我国有些地方牺牲绿水青山换来了经济的腾飞，其结果是国内的生态环境受到了极大的破坏，很多地方蓝天难见、污水横流，土壤也受到了很大的污染。但随着经济社会发展迈入新的历史阶段，保护、修复绿水青山开始成为新阶段经济社会进一步发展的关键。习近平总书记指出，“环境治理是一个系统工程，必须作为重大民生实事紧紧抓在手上”“要实施重大生态修复工程，增强生态产品生产能力。以解决损害群众健康突出环境问题为重点，坚持预防为主、综合治理，强化水、大气、土壤等污染防治，着力推进重点流域和区域水污染防治，着力推进重点行业和重点区域大气污染治理。”

绿色发展是高质量发展的重要标志，更是可持续发展的根本要求。生态环境问题的解决有赖于经济发展方式的绿色转变。不断推进、打好打赢污染防治攻坚战，不仅可以恢复山河原貌，更将帮助、推动绿色发展方式和绿色生活方式的形成。在污染防治攻坚的过程中，政府、社会的监督力量以及人民群众的消费、购买选择，将最终影响企业的生产决策，推动企业实现绿色生产转型。同时，污染防治本身就是一个庞大的产业，巨大的市场需求将带动污染防治产业的发展，并成为拉动经济的一个新的增长点。以大气污染治理为例，有研究机构分析，大气污染治理的产出与投入比约为1.25，即1元的大气污染治理投入将拉动GDP增长1.25元。以2013年“大气十条”出台时的治理投入预算为例，治理投入约为1.7万亿元，最终将拉动GDP增长约2.06万亿元，并增加非农就业岗位260万个。再次印证“绿水青山就是金山银山，保护生态环境就是保护生产力”的生态发展理论。

（三）实现2020年全面建成小康社会目标的必然要求

全面小康社会的核心在于全面，是经济、政治、文化、社会、生态文明建设五位一体的全面小康。2012年11月党的十八大正式提出“到2020年实现全面建设小康社会”这一目标。2017年10月党的十九大强调“从现在到2020年，是全面建成小康社会决胜期。要按照党的十六大、十七大、十八大提出的全面建成小康社会的各项要求，紧扣我国社会主要矛盾变化，统筹推进经济建设、政治建设、文化建设、社会建设、生态文明建设”“突出抓重点、补短板、强弱项，特别是要坚决打好防范化解重大风险、精准脱贫、污染防治的攻坚战，使全面建成小康社会得到人民认可、经得起历史检验。”

全面小康社会对经济建设的根本要求是实现“经济持续健康发展”。经济持续健康发展体现在很多方面，具体体现为“转变经济发展方式取得重大进展，在发展平衡性、协调性、可持续性明显增强的基础上，实现国内生产总值和城乡居民人均收入比2010年翻一番。科技进步对经济增长的贡献率大幅上升，进入创新型国家行列。工业化基本实现，信息化水平大幅提升，城镇化质量明显提高，农业现代化和社会主义新农村建设成效显著，区域协调发展机制基本形成。对外开放水平进一步提高，国际竞争力明显增强”。

经济发展方式的转变是经济建设的重大任务之一，其关键就在于转变粗放式的发展模式，提高要素的投入产出效率，降低生产对环境的负面影响，实现绿水青山向金山银山的转化。经济发展和环境保护之间不存在绝对冲突。粗放式的发展对资源和环境的破坏最终将反过来影响经济的可持续发展。因此，经济发展到一定程度后，要维持发展的势头甚至实现进一步的突破就必须依靠绿色低碳转型。习近平总书记指出“小康全面不全面，生态环境质量是关键。要创新发展思路，发挥后发优势。因地制宜选择好发展产业，让绿水青山充分发挥经济社会效益，切实做到经济效益、社会效益、生态效益同步提升，实现百姓富、生态美有机统一”。以防治污染来帮助推动经济,实现绿色转型，是全面小康社会的重要路径之一。

全面小康社会对政治建设方面的根本要求是“人民民主不断扩大”，具体体现在“民主制度更加完善，民主形式更加丰富，人民积极性、主动性、创造性进一步发挥。依法治国基本方略全面落实，法制政府基本建成，司法公信力不断提高，人权得到切实尊重和保障”。

人权的一个重要构成就是环境权，也就是在安全和舒适的环境中生存和发展的权利。习近平总书记2013年在中央政治局常委会会议上指出：“不能把加强生态文明建设、加强生态环境保护、提倡绿色低碳生活方式等仅仅作为经济问题。这里面有很大的政治。”近年来，环境污染重、生态受损大、环境风险高已成为全面建成小康社会的突出短板，由环境问题引发的群体性事件日益增多，严重影响社会和谐稳定。环境保护部统计，2017年全国“12369”电话环保举报管理平台共接到环保举报近62万件，跟2016年相比增长1.35倍。提升环境质量、解决好百姓关注的环境问题，已成为对我党执政的新考验。通过污染防治还百姓一个优美的生活环境，是全面小康社会政治建设的一项重要工作。

链接 6-3 泰州"天价环境公益诉讼案"

2012 年 1 月至 2013 年 2 月间,常隆化工等 6 家企业违反环保法规,将其生产过程所产生的废盐酸、废硫酸等危险废物总计 2.6 万吨,以支付每吨 20~100 元不等的价格,交给无危险废物处理资质的中江公司等主体偷排当地的如泰运河、古马干河,导致水体严重污染,造成重大环境损害。

2012 年 9 月,江苏电视台在调查采访时发现,从泰兴市经济开发区内的多家化工企业开出来的槽罐车将废盐酸等危险废物排到河水里。司机说,这是在拉管子。当被问及是否向河里排酸,司机予以否认。电视台曝光后,环保部门立即展开调查。2014 年 8 月,14 人因犯环境污染罪获刑 2~5 年。之后,泰州市环保联合会提起公益诉讼,指出 2012 年 1 月至 2013 年 2 月间,常隆、锦汇、施美康、申龙、富安、臻庆等 6 家污染企业以支付每吨 20~100 元不等的价格,将 25000 多吨危险废物交给没有处理资质的主体偷排进河流,应当承担环境修复责任。泰州市中级人民法院经过公开审理,一审判决 6 家企业支付 1.6 亿多元的索赔金,用于环境修复等。

全面小康社会对文化建设方面的根本要求是"文化软实力显著增强",包括"社会主义核心价值体系深入人心,公民文明素质和社会文明程度明显提高。文化产品更加丰富,公共文化服务体系基本建成,文化产业成为国民经济支柱产业,中华文化产业走出去迈出更大步伐"。

习近平总书记指出,"生态文明是人类社会进步的重大成果。人类经历了原始文明、农业文明、工业文明,生态文明是工业文明发展到一定阶段的产物,是实现人与自然和谐发展的新要求。从历史角度看,生态兴则文明兴,生态衰则文明衰。"生态文明是社会主义核心价值体系的重要组成,树立社会主义核心价值观,提高公民文明素质和社会文明程度,必然要求提升公众的环境保护和生态文明意识。扎实推进污染防治工作,通过推行垃圾分类、提倡绿色出行等多种形式,将环保与制度、法律、公众生活紧密联系,才能让公众多方位地理解环保,牢固并树立生态文明意识。

全面小康社会对社会建设方面的根本要求是"人民生活水平全面提高",具体体现在"基本公共服务均等化总体实现。全民受教育程度和创新人才培养水平明显提高,进入人才强国和人力资源强国行列,教育现代化基本实现。就业更加充分。收入分配差距缩小,中等收入群体持续扩大,扶贫对象大幅减少。社会保障全民覆盖,人人享有基本医疗卫生条件,住房保障体系基本形成,社会和谐稳定"。

习近平总书记指出"环境就是民生,青山就是美丽,蓝天也是幸福",生态环境与人民生活水平有着密切的联系。一方面，有研究表明，我国76%的贫困县处在生态脆弱带内，大部分贫困人口的日常生计和经济收入直接依赖于当地的生态资源，对生态资源的破坏加大了扶贫的难度。另一方面，大气、水和土壤是人类赖以生存的物质基础，对生态环境的破坏直接影响甚至威胁人们的身心健康，不利社会的和谐稳定。因此，扎实推进污染防治、保护生态环境，就是保护生产力，就是提高人民健康水平，就是保护社会稳定。

全面小康社会对生态文明建设方面的根本要求是“资源节约、环境友好型社会建设取得重大进展”，具体体现为“主体功能区布局基本形成，资源循环利用体系初步建立。国内单位生产总值能源消耗和二氧化碳排放量大幅下降，主要污染物排放总量显著减少，森林覆盖率提高，生态系统稳定性增强，人居环境明显改善”。

生态文明建设是“五位一体”总体布局和“四个全面”战略布局的重要内容。党的十九大报告指出“人与自然是生命共同体，人类必须尊重自然、顺应自然、保护自然。人类只有遵循自然规律才能有效防止在开发利用自然上走弯路，人类对大自然的伤害最终会伤及人类自身，这是无法抗拒的规律”。坚持生态文明建设就是要实现人与自然的和谐共生，在创造物质财富和精神财富的同时，还自然以宁静、和谐与美丽，而建设美丽自然就必须要着力解决环境污染问题、加大对生态系统的保护力度。

习近平总书记强调“小康全面不全面，生态环境质量是关键”“生态环境，特别是大气、水、土壤污染严重，已成为全面建成小康社会的突出短板”，打好污染防治攻坚战是我国全面建成小康社会决胜阶段的重大任务。党的十八大以来，围绕全面建设小康社会这一目标，我国经济社会发展取得显著成就，环境状况得到改善。但必须清醒地意识到，我国的环境污染问题仍然普遍存在，局部地区甚至十分严重，只有“突出抓重点、补短板、强弱项”，不断推进、坚决打好污染防治攻坚战，才能确保“到2020年实现全面建设小康社会”这一百年目标。

二、打好污染防治攻坚战面临的挑战

党的十八大以来，我国环境保护得到空前的重视，尤其是《环境保护法》《大气污染防治行动计划》《水污染防治行动计划》《土壤污染防治行动计划》等发布实施以来，环境污染防治取得了明显进展。但是也要清醒地认识到，我国环境问题是复合型、多阶段、多领域、多类型问题的叠加，是一种更为复杂的环境问题，解决起来比其他国家更困难。因此，打好污染防治攻坚战并不是一件容易的事，目前面临的挑战主要有以下几个方面。

（一）从污染源头看，工业化、城镇化双轮驱动加大了环境压力

1. 工业化带来的环境污染问题

无论是发达国家还是发展中国家，工业生产对一国经济的快速发展有着举足轻重的作用。从世界各国工业化的历史来看，工业化与生态环境保护之间的关系存在三种情况：一是先破坏、后治理；二是边破坏、边治理；三是不破坏、不治理。早期的工业化国家采取的是第一种模式，后来的发展中国家往往也步其后尘。为了追求工业经济利益，以破坏环境为代价，最终遭受环境污染的严重后果。大量统计数据表明，随着工业化进程的加快，一国经济增长与环境质量之间存在着U形关系，被称为环境库兹涅茨曲线。该曲线表明，环境质量与人均GDP在经济发展的初始阶段呈现出反向变动关系，当人均GDP达到一定水平以后，二者表现为正向变动关系。也就是说，随着人均收入的增加，环境污染从低向高，环境质量逐渐恶化；当经济发展达到某个临界点时，随着人均收入的进一步增加，环境污染从高向低，环境质量逐渐得到改善。环境质量与经济增长之间形成了一个先下降后上升的U形曲线。一些经济学家用实证数据检验了环境库兹涅茨曲线的正确性。我国是否已经跨越环境库兹涅茨曲线的拐点？即使跨越了，是否会存在环境污染的反复？这些都还有待证实。

与发达国家相比，我国工业化的任务尚未完成，各地区在追求工业增长和保护生态环境的政策权衡上一直处于两难抉择的困境之中。而且，我国工业化进程较西方国家大大缩短了，以往西方国家100多年所实现的工业化、城市化进程，我国可能要在30～50年内完成，时间进程明显缩短。加速的工业化产生的后果是，各部门对钢材、水泥、能源的消费量大幅增加。2017年我国经济总量占世界经济的比重为15%左右，稳居世界第二，但是，2017年我国钢材实际消费量占全球钢材消费量的比重达到45%。据统计，2011～2013年，我国消耗了66亿吨水泥，超过美国在整个20世纪的消耗量。我国能源强度与世界平均水平及发达国家相比仍然较高，一次能源消费对煤炭的依赖性较大。钢铁、水泥、电力等行业属于高污染高耗能产业，在工业生产过程中大量燃烧化石燃料，排放大量氮氧化物、工业粉尘等污染物，是大气污染的罪魁祸首。工业化进程的加快，无疑增加了对这些高污染高耗能产品的需求，最终带来了严重的环境污染问题。

随着我国经济发展进入新常态，经济下行压力较大，为了保持中高速增长，必须用改革的办法解决经济运行的结构性矛盾。2015年12月中央经济工作会议提出将化解产能过剩作为2016年经济工作五大任务之首，有效化解钢

铁、水泥、电解铝等行业过剩产能成为工业领域供给侧改革的重点。2016年12月中央经济工作会议提出继续推动钢铁、煤炭行业化解过剩产能。根据《钢铁工业调整升级规划（2016～2020年）》，“十三五”期间，粗钢产能将控制在10亿吨以内，产能利用率提高到80%。根据《煤炭工业发展“十三五”规划》，“十三五”期间我国将化解淘汰煤炭行业过剩落后产能规模8亿吨。根据《水泥工业发展“十三五”规划》，到2020年要淘汰熟料产能4亿吨，熟料产能利用率达到80%以上。去产能不仅有利于改善市场经济环境，解决结构性问题，还有助于改善民生所依赖的生态环境。当前我国工业化进程远未结束，必须清醒地认识到我国仍处于工业化的中期阶段的基本事实，要确保制造业在经济发展中的主导地位。西方国家“去工业化”的后果给我们敲响了警钟。2008年国际金融危机爆发，大多数西方国家经济增速受到重创，经济停滞趋于常态化。之后为了恢复经济，这些国家纷纷提出再工业化政策。因此，为了解决工业化所带来的环境问题，不能简单“一去了之”。对于去产能行业，主要是关停那些资源消耗大、环境污染严重、技术落后的企业，尤其是“僵尸企业”。在去产能的过程中，要高度重视发挥创新的引领作用，提升传统产业在全球价值链中的地位，通过把资源和要素从高耗能高污染行业转移出来，重新配置，提高工业化的质量和效益。

2. 城镇化带来的环境污染问题

城镇化是农村劳动力大量向城镇转移，城市和农村、大中小城市共同发展的过程。近年来，我国城镇化发展迅速，城镇居民生活条件大幅改善，收入水平显著提高。可是，当前我国城镇化的快速发展是建立在资源高消耗、土地快速扩张、污染较高排放的基础上，在短时间内积累了不少环境问题。首先，城市人口大量集中带来了环境污染。城镇化的实质是人口迁移，2017年我国城镇常住人口为81347万人，比2016年年末增加2049万人，城镇化率为58.52%。我国是世界上人口最多的国家，城镇化率每提高1个百分点，新增城镇人口数量非常庞大。大量人口在短时间内向城镇集聚，随之而来的环境问题愈加凸显。以机动车使用数量为例，随着城镇化进程的加快，居民消费水平的提高，城市汽车数量大幅增长，截至2017年年底，全国机动车保有量已经突破3亿辆，2017年新登记的机动车数量也再次创新高，达到3352万辆。急剧增加的汽车数量，不仅使得城市交通面临前所未有的压力，汽车尾气排放、污染等问题也日益突出，严重影响了城市的生态环境。我国北方许多城市频繁遭遇雾霾天气，与城镇化带来的人口集聚有较强的关联性。北方城市大量使用采暖设施，这些器具大多以煤炭为燃料，在使用过程中会产生大量的一氧化碳、二氧化碳及烟粉尘，北方城市大气污染严重的月份正好也是冬季供暖季节。其次，城市空间规模扩张带来了环境污染。随着更多人口转移到城市，城市人口密度不断加大，人们对基础设施和住房的需求进一步膨胀，加速了基础设施项目和建筑业的发展。这些项目在施工过程中会产生大量的扬尘，加剧了城市空气污染。而且，在城镇化扩张过程中，城市外延扩张占用了大量土地，往往会造成大量农田资源和绿色植被被吞噬，从而加重了环境污染的程度。目前，在城镇化快速推进阶段，城市土地城镇化快于人口的城镇化，城市建设盲目追求规模扩张，造成了土地资源浪费。再次，城市产业集聚带来的环境污染。城镇化带来了产业集聚，城镇化的一个重要推动力就是工业化，当前我国各地区大部分工业都集中在城镇。工业生产过程会产生大量工业废水、废气和固体废弃物，这些都是环境污染的根源。随着城镇土地日益稀缺，为了降低生产成本，大量污染企业开始转移到郊区和农村。由于排污收费低、地方保护主义、农村环保意识不强等原因，污染企业排放的污染物更胜从前，农村生态环境日益恶化，农村居民饮用的水、呼吸的空气、种植的食物都受到了不同程度的污染。

党的十八大提出到2020年基本实现工业化，到2020年城镇化率达到60%，这表明目前我国仍处于工业化中后期阶段，工业化发展还将继续，而城市化也处于不断加速发展的阶段，无论是工业化还是城市化，都将消耗大量资源，增加环境污染压力。

（二）从污染传导看，区域发展不平衡加剧了环境污染

污染避难所假说是国际经济学领域一个颇受争议的问题，它指的是在开放经济条件下，自由贸易的结果将导致高污染产业不断从发达国家转移到发展中国家。这主要是因为，随着收入的提高，发达国家通常会执行相对严格的环境管制标准，污染产业生产成本会上升，在这种情况下，发达国家自然会将污染产业转移到环境标准较低的国家，重新获取成本优势，从而使得后者成为前者的污染避难所。我国地区间、城乡间发展不平衡，使得欠发达地区、农村地区具有污染避难所功能，加大了环境污染治理的困难。

1. 东西部发展不平衡带来的污染转移

我国经济发展过程本身伴随着地区间的发展不平衡。东部沿海地区经济相对发达，中西部地区则相对落后。近些年，东部地区加快产业结构调整步伐，一大批以资源消耗型、劳动密集型产业为主的中低端生产加工业逐步向中西部地区转移，其中包括污染严重的矿石、冶炼、化工等企业。2016年北京基本全面完成了1200家污染企业的迁出任务，江苏预计2020年全面完成重污染企业搬迁改造任务，发达地区污染产业转移步伐正在不断加速。我国东部与中西部之间的收入和发展差异，类似于发达国家和发展中国家之间的差距。按照国际贸易的规律，东部高耗能产业和污染产业将逐步向中西部转移，不断增加的东部环境治理成本将加速这一过程。中西部有充足的资源、相对廉价的劳动力，环

境成本远低于东部。而中西部地区为了创造更多产值，吸纳就业，纷纷出台相关优惠政策，积极主动吸引相关产业转移，利用较为宽松的环境规制政策吸引投资和搬迁的企业。上海宝钢计划在 2012～2022 年 10 年内将 300 万吨产能迁出上海，青海、新疆等地均提出了优惠条件；江苏决定陆续搬迁规模以下化工企业，浙江也开始大规模迁出和整治当地铅酸蓄电池企业，四川、云南、江西等地竞相开出优惠条件，抢占商机。东部发达地区转出高耗能、高污染产业，不仅对中西部生态环境和公众生命安全造成严重威胁，增加环境治理成本，从长远看，也不利于自身环境质量改善。转出而非退出，对于生活在同一片蓝天下的人们来说，中西部地区环境污染了，东部地区也不能独善其身。这几年北京深受雾霾困扰就是很好的例子。

早在 2010 年 9 月，国务院就发布了《关于中西部地区承接产业转移的指导意见》，明确指出要将资源承载能力生态环境容量作为承接产业转移的重要依据。对于中西部地区来说，现在面临的问题不是要不要承接产业转移，而是要在经济发展的基础上，结合自身优势发展绿色经济，不能为了发展经济而牺牲环境。

2. 城乡发展不平衡带来的污染转移

随着城镇化进程的加快，城市对环境质量的需求不断增加，城市环保措施和执法力度不断加大，为了改善城市环境，城市将一些污染严重的企业和落后的生产设备以及生活垃圾、固体废弃物转移到农村，导致农村生态环境遭到极大破坏。城乡污染转移主要有三种表现形式：污染产业转移、生活垃圾和固体废弃物转移以及无形的转移。这三种形式中最突出的就是高污染企业的转移。目前我国农村环境形势十分严峻，生活污染和工业污染叠加，各种新老环境问题相互交织，严重制约了农村经济社会的可持续发展。

党的十九大把乡村振兴战略写入报告，并作为国家经济发展的七个战略之一写进党章。可以说，把农业农村农民问题摆在了前所未有的高度上，是对当前日益恶化的农村生态环境问题的一种积极回应和部署。推动农业绿色发展和农村环境改善，保护好绿水青山和清新清净的田园风光，是实施乡村振兴战略的关键。《农村人居环境整治三年行动方案》明确指出，改善农村人居环境，建设美丽宜居乡村，是实施乡村振兴战略的一项重要任务，事关全面建成小康社会，事关广大农民根本福祉，事关农村社会文明和谐。习近平总书记强调，要推动乡村生态振兴，坚持绿色发展，加强农村突出环境问题的综合治理。

(三) 从污染治理看，治理体系不健全增加了环境治理难度

环境污染防治是一个系统工程，不仅仅是国家和政府部门的责任，而且是每个公民应尽的责任。当前环境保护和治理工作面临的困难和挑战主要有：首

先，一些地方和部门对绿色发展的认识不高。“党政同责”“一岗双责”对环保要求落实不到位，不同程度上存在上热下冷现象，环保工作抓得不深入。长期以来，受GDP考核和经济利益目标的驱使，地方政府总是倾向于选择高增长发展，而舍不得环保投入，舍不得关闭落后产能，即使规划了绿色发展的新兴产业，也只是把绿色增长作为宣传和显示政绩的口号，没有真正树立绿色发展的理念。再加上地方政府部门繁多，各部门职责权限划分不清，环保职权被分解到了完全不同的部门，导致家家争权而又家家不负责。比如在国家层面的53项主要生态环保职能中，40%在环保部门，还有60%分散在其他部门。其次，企业环保守法意识薄弱，违法违规现象频频发生。近年来，企业因污染环境承担刑事、民事、行政责任的案例时有发生，这些企业为了追求利润，不惜以牺牲环境为代价，环保法律意识完全缺失，部分企业不愿在环境治理上花费成本，更不愿意改进污染防治技术，对环境保护问题置若罔闻。再加上大部分案件只是通过行政处罚加以制裁，且绝大多数企业只是被处以罚款或责令整改，并没有触及要害，导致企业违法违规事件屡屡出现。2017年，全国所有市、县级环保部门均建立“双随机、一公开”监管制度，近81万家污染企业信息入库，当年通过随机抽查发现并查处环境违法问题3.79万个。目前部分地方环境执法工作中仍存在部分执法事项尚未完全纳入该监管范围、抽查信息公开不足、污染源动态信息库更新之后、个别地区监管工作不到位、基层执法能力不强等问题。再次，公众践行绿色生活方式的意愿不足。6月5日是世界环境日，为传播健康文明的生活方式，我国将2015年环境日的主题定为“践行绿色生活”。然而，调查发现，虽然公众对环保问题的关注度在不断增强，但环保行动的意愿和自觉性还不高，比如燃放鞭炮、购买大排量汽车、随地倾倒垃圾等。面对日益严峻的环境形势，人们从来不缺少参与的热情，但却缺少必要的责任和担当。当发生环境危机时，人们习惯于将责任推给政府和企业，但是垃圾不是政府产生的，是我们自己产生的，政府和企业在污染治理中责无旁贷，公众也需承担部分责任，公众参与是治理环境污染、推动经济社会可持续发展的重要力量。只有政府、企业、社会和个人共同行动，积极配合，才能让环保行动真正落实到日常生活中，才能实现污染防治攻坚战的胜利。

此外，保护生态环境，应对气候变化，维持能源资源安全，已不再是我国特有的问题，而是全球共同面临的挑战。目前环境问题已超越了国土范围，与一国政治、经济和安全等领域密切相关。未来我们不仅要应对国际气候变化，履行国际条约，承担国际治理责任，还要应对国内频繁发生的城市雾霾、水污染、土壤污染等一系列环境问题，协同治理的挑战正在加大。

三、打好污染防治攻坚战的思路和举措

按照党的十九大决策部署，到2020年使主要污染物排放总量大幅减少，生态环境质量总体改善。如何实现这3年目标，在2018年3月17日举行的第十三届全国人大一次会议记者会上，生态环境部部长李干杰表示，打好污染防治攻坚战，基本思路可以简要概括为“三个三”，未来将聚焦“三个三”开展具体工作。“三个三”的基本思路充分体现了《“十三五”生态环境保护规划》的要求，该规划要求，以提高环境质量为核心，打好大气、水、土壤污染防治三大战役，加强生态保护与修复，严密防控生态环境风险，加快推进生态环境领域国家治理体系和治理能力现代化，为人民提供更多优质生态产品，为实现“两个一百年”奋斗目标和中华民族伟大复兴的中国梦作出贡献。“三个三”具体指的是围绕三类目标、突出三大领域、强化三个基础。第一个“三”是围绕三类目标，这三类目标分别为生态环境质量改善、主要污染物总量减排、环境风险管控。生态环境质量改善目标主要包括大气方面的优良天数比例、PM2.5下降比例，水方面的好于Ⅲ类水体比例、劣Ⅴ类水体比例。主要污染物总量减排目标主要包括大气方面的SO_2、NO_X、水方面的化学需氧量和氨氮。环境风险管控目标主要包括农用地风险管控和城市建设用地风险管控。第二个“三”是突出三大领域，这三大领域分别指的是大气、水和土壤。第三个“三”是强化三个基础，这三个基础分别为积极推动形成绿色发展方式和生活方式、加快加大生态系统保护和修复的力度、加快形成生态环境治理体系和治理能力的现代化。因此，在国家政策指引下，打好污染防治攻坚战，主要从以下几个方面着手。

(一) 坚定信念，明确污染防治目标任务

党的十九大报告指出，建设生态文明是中华民族永续发展的千年大计。解决环境是践行党的宗旨的重要内容，是一份沉甸甸的政治责任。通过深入学习贯彻习近平总书记系列重要讲话，认真践行绿色发展理念，坚持“绿水青山就是金山银山”，始终把生态文明建设摆在突出位置，推动生态文明建设融入经济建设、政治建设、文化建设和社会建设的各方面和全过程。首先，坚定信念，充分认识打好污染防治攻坚战的重要意义。当前，我国社会主要矛盾已经转化为人民日益增长的美好生活需要和不平衡不充分发展之间的矛盾，其中生态环境问题就是制约人民日益增长的美好生活需要的主要因素，加强生态文明建设，打好污染防治攻坚战，对于全面建成小康社会，建设美丽中国意义重

大。其次，正视问题，坚决扛起环境保护的政治责任。由于我国正处于工业化和城镇化快速发展的阶段，对资源和能源的消耗需求较大，由此带来的环境污染问题一直得不到彻底解决，传统煤烟型污染与 PM10、PM2.5 等新老环境问题并存，城乡之间、生产与生活之间环境污染问题错综复杂，环境治理任务十分艰巨。为此，必须进一步提高政治站位，牢固树立生态环境保护意识。要充分认识到，打好污染防治攻坚战，时间紧、任务重、难度大，必须加强党的领导，扎扎实实围绕目标解决问题。再次，目标导向，敢于承担污染防治攻坚战任务。打好污染防治攻坚战，要求大幅减少主要污染物排放总量，改善生态环境质量。围绕这一目标任务，谋划、安排、部署和推进各项环保工作，全面落实生态环保责任，坚决防止和克服形式主义、官僚主义等“四风”问题，通过实施各类环保行动，加快解决突出环境问题，完成污染防治目标。

（二）总结经验，持续实施大气、水、土壤三大污染防治行动计划

党的十八大以来，为了打好污染防治这场战役，中央先后制定出台了关于大气、水、土壤的三个行动计划。实践表明，在三个行动计划的指引和约束下，我国环境质量得到了很大的改善。为了打好未来三年污染防治攻坚战，可以充分借鉴过去行之有效的方法，继续“照单抓药”，并坚持下去。

1. 抓紧制定发布下一阶段大气污染防治行动计划，坚决打赢蓝天保卫战

2013 年 9 月，为了治理大气污染，提升环境质量，国务院发布实施《大气污染防治行动计划》，简称“大气十条”。这是党中央、国务院推进生态文明建设、开展污染治理的重大战略部署，是针对环境突出问题开展综合治理的首个行动计划。“大气十条”的基本内容包括：①加大综合治理力度，减少多污染物排放；②调整优化产业结构，推动产业转型升级；③加快企业技术改造，提高科技创新能力；④加快调整能源结构，增加清洁能源供应；⑤严格节能环保准入，优化产业空间布局；⑥发挥市场机制作用，完善环境经济政策；⑦健全法律法规体系，严格依法监督管理；⑧建立区域协作机制，统筹区域环境治理；⑨建立监测预警应急体系，妥善应对重污染天气；⑩明确政府企业和社会责任，动员全民参与环境保护。

2017 年是“大气十条”收官之年。“大气十条”实施五年来，取得了很好的效果(表 6-1)。具体体现为：

一是大气环境质量改善目标超额完成。2017 年，全国 338 个地级城市 PM10 平均浓度比 2013 年下降了 22.7%；京津冀作为第一大重点区域，PM2.5 平均浓度比 2013 年下降了 39.6%；长三角区域 PM2.5 平均浓度下降 34.3%；珠三角区域 PM2.5 平均浓度下降 27.7%；北京市 PM2.5 平均浓度从 2013 年的 89.5 微克/立方米降到 58 微克/立方米。在全面实现改善目标的同时，全国空

气质量整体得到了大幅改善。2017 年，全国地级及以上城市 SO_2 浓度比 2013 年下降了 41.9%，74 个重点城市优良天数比例达到 73.4%，重污染天数比 2013 年减少了 51.8%，全国大部分地区酸雨减弱了。“大气十条”减排效果十分显著。2018 年 6 月，生态环境部关于《大气污染防治行动计划》实施情况终期考核结果显示，北京、内蒙古、黑龙江、上海、浙江、福建、山东、湖北、湖南、海南、四川、贵州、云南、西藏、青海等 15 个省份空气质量改善目标圆满完成，考核等级为优秀。

表 6-1　《大气污染防治行动计划》主要目标分析

	主要项目	2017 年计划目标	2017 年实际完成
全国地级及以上城市	PM10 下降幅度	10%以上	22.7%
京津冀	PM2.5 下降幅度	25%左右	39.6%
长三角		20%左右	34.3%
珠三角		15%左右	27.7%
北京	PM2.5 浓度	60 微克/立方米左右	58 微克/立方米

二是产业、能源和交通运输结构得到了明显的优化。从产业结构变化看，这四年多来，淘汰落后产能，化解过剩产能，在钢铁和煤炭两个领域进步非常大。国务院决定从 2016 年开始，用 3～5 年时间退出 5 亿吨、减量重组 5 亿吨煤炭产能。《煤炭工业发展“十三五”规划》中强调，煤炭去产能目标为 8 亿吨。2016 年我国煤炭去产能超过 2.9 亿吨，2017 年为 1.83 亿吨。与此同时，我国钢铁产能也大幅削减，基本实现“十三五”规划目标，粗钢产能净减少1 亿～1.5 亿吨。另一方面，我国节能环保产业、清洁生产产业、清洁能源产业也取得了较大的发展。2015 年，我国节能环保产业中高效低耗的先进环保技术装备与产品的市场占有率为 10%，随着产业规模进一步扩张，节能环保装备制造业、节能环保服务业所占比重将进一步增加。从能源结构变化看，“大气十条”第一条就提到了要全面整治燃煤小锅炉，这几年，超过 50%的燃煤机组完成超低排放，重点行业的 1300 多个企业完成了限期达标和提标改造，每小时 10 蒸吨及以下的燃煤小锅炉被淘汰。党的十八大以来，随着能源供给侧结构性改革的深入推进，煤炭等传统能源生产下降，全国煤炭消费占一次性能源消费的比重降低到 60%，能源结构由煤炭为主向多元化转变，京津冀、长三角、珠三角等重点区域实现煤炭消费总量负增长；全国淘汰黄标车和老旧车 2000 多万辆，已实施国五机动车排放标准。从运输结构变化看，减少公路货运量，增加铁路货运量，从源头减少氮氧化物排放，比如环渤海港口不再接收公路运输煤炭，改由铁路运输。

三是大气污染防治新的机制基本形成。2017 年 4 月，京津冀大气污染传输通道城市开展了史上最大规模的环保督查，紧接着中央环境保护督察组对全国各省、自治区、直辖市开展环保督查进驻工作，齐抓共管的治理格局初步建立。京津冀大气污染传输通道包括北京市，天津市，河北省石家庄、唐山、廊坊、保定、沧州、衡水、邢台、邯郸市，山西省太原、阳泉、长治、晋城市，山东省济南、淄博、济宁、德州、聊城、滨州市，河南省郑州、开封、安阳、鹤壁、新乡、焦作、濮阳市，以下简称“2+26”城市。2016 年“2+26”城市 PM2. 5 浓度比全国 338 个地级及以上城市高 65%，全国 74 个重点城市中，空气质量排名较差的前 10 个城市有 9 个分布在京津冀及周边地区。因此，京津冀及周边地区是我国大气污染防治的主战场，其战果在相当大的程度上决定了我国大气污染防治战役的成败。此外，京津冀、长三角、珠三角等重点区域建立起大气污染防治协作机制。

通过“大气十条”五年的实施，大气污染治理取得了很大的进步。但是在取得这些成绩的同时，我们面临的形势还非常严峻。进入 2018 年，京津冀及周边地区出现了一次大范围的重污染天气，有 67 个城市启动重污染天气预警响应，部分城市还启动了红色预警。国家生态环境部新闻发言人刘友宾提到，当前大气污染防治的严峻形势主要表现为：一是部分地区、部分时段环境空气质量超标问题仍然突出。2017 年全国 338 个地级及以上城市只有 99 个城市达标，达标率为 29. 3%，多数城市环境空气质量仍不达标。二是区域进展不平衡，部分省份工作相对滞后。三是以煤为主的能源结构、以重化工为主的产业结构、以公路货物为主的运输结构尚未转变。“大气十条”目标任务虽已完成，但距离打赢蓝天保卫战的目标差距还很大，大气污染防治工作还需做出更多的努力。

2. 深入推进实施《水污染防治行动计划》，坚决打好碧水保卫战

2015 年 4 月，为了改善水环境质量，国务院发布实施《水污染防治行动计划》，简称“水十条”。“水十条”的基本内容包括：①全面控制污染物排放；②推进经济结构转型升级；③着力节约保护水资源；④强化科技支撑；⑤充分发挥市场机制作用；⑥严格环境执法监管；⑦切实加强水环境管理；⑧全力保障水生态环境安全；⑨明确和落实各方责任；⑩强化公众参与和社会监督。该计划要求到 2020 年，全国水环境质量得到阶段性改善，污染严重水体较大幅度减少，饮用水安全保障水平持续提升，地下水超采得到严格控制，地下水污染加剧趋势得到初步遏制，近岸海域环境质量稳中趋好，京津冀、长三角、珠三角等区域水生态环境状况有所好转（表 6-2）。到 2030 年，力争全国水环境质量总体改善，水生态系统功能初步恢复。京津冀地区是全国水污染较为严重的区域，2014 年该区域丧失使用功能的水体断面比例超过 40%，是全国平均水平的5 倍。为此，“水十条”要求到 2020 年京津冀区域丧失使用功能的水体断面比例下降 15 个百分点左右。

表 6-2　《水污染防治行动计划》主要目标分析

主要项目	2020 年计划目标	2017 年进度值
七大重点流域水质优良（达到或优于Ⅲ类）比例	70%以上	71.8%
地级及以上城市建成区黑臭水体	10%以内	—
地级及以上城市集中式饮用水水源水质优良比例	高于 93%	90.5%
全国地下水质量极差的比例	15%左右	14.5%
近岸海域水质优良（Ⅰ、Ⅱ类）比例	70%左右	67.8%
京津冀区域丧失使用功能的水体断面比例下降	15%	—
长三角、珠三角区域丧失使用功能的水体	力争消除	—

在三大环保行动计划中，“水十条”任务艰巨。根据 2002 年发布的《地表水环境质量标准》，我国地面水分为五大类：Ⅰ类、Ⅱ类、Ⅲ类可作为饮用水源，Ⅳ类、Ⅴ类属于污水，不能直接饮用，人体不能直接接触。超过五类水质标准的水体基本上没有任何使用功能。目前，我国人均水资源占有量为 2300 立方米，仅为世界平均水平的四分之一，水资源短缺是制约我国经济社会可持续发展的重要因素。按照国际公认标准：人均水资源低于 3000 立方米，为轻度缺水；人均水资源低于 2000 立方米，为中度缺水；人均水资源低于 1000 立方米，为严重缺水，人均水资源低于 500 立方米，为极度缺水。我国水资源仍处于较为紧张的状况中，并且我国水质优良比例并不高。一方面，地表水和地下水仍存在一定比例的水质极差。根据《2017 年中国生态环境状况公报》，在长江、黄河、珠江、松花江、淮河、海河、辽河七大流域和浙闽片河流、西北诸河、西南诸河的 1617 个水质断面中，仍有 8.4%的水质断面劣于Ⅴ类；在全国 5100 个地下水监测点中，66.6%的水质较差甚至极差；地级及以上城市的 898 个在用集中式生活饮用水水源水质监测断面（点位）中，90.5%的水质达标，其中地表水水源达标率为 93.7%，地下水水源达标率为 85.1%。另一方面，近岸海域水质一般。在 417 个水质监测点位中，Ⅲ类、Ⅳ类和劣Ⅳ类点位分别占 10.1%、6.5%、15.6%；9 个重要河口海湾中，渤海湾、黄河口、闽江口水质差，长江口、杭州湾、珠江口水质极差。对照“水十条”的目标，城市集中式生活饮用水水源水质优良比例和近岸海域水质优良比例还没达到目标值，接下来要重点改善这两块领域。

除了水质问题，“水十条”明确要求 2017 年年底前实现河面无大面积漂浮物，河岸无垃圾，无违法排污口，直辖市、省会城市、计划单列市建成区基本消除黑臭水体，且 2020 年前完成黑臭水体治理目标。2018 年 4 月召开的中央财经委员会第一次会议明确要求，要打好“城市黑臭水体治理”等七大标志性重大战役。目前，生态环境部已启动 2018 年城市黑臭水体整治环境保护专项行动，分10组对广东、广西、海南等8个省份、20个城市开展督查工作，该专项行动将持续三年，利用三年的时间打好黑臭水体治理这一攻坚战，确保2020年如期完成治理目标。城市黑臭水体的产生，主要表现为污水、垃圾直排环境，根源在于城市环境基础设施不合格。此次专项行动通过城市黑臭水体整治，倒逼城市改善环境基础设施建设，提高水污染防治水平，改善城市水环境，真正让百姓满意。

3. 全面实施《土壤污染防治行动计划》，扎实推进净土保卫战

2016年5月，为了改善土壤环境质量，国务院发布实施《土壤污染防治行动计划》，简称“土十条”。“土十条”的基本内容包括：①开展土壤污染调查，掌握土壤环境质量状况；②推进土壤污染防治立法，建立健全法规标准体系；③实施农用地分类管理，保障农业生产环境安全；④实施建设用地准入管理，防范人居环境风险；⑤强化未污染土壤保护，严控新增土壤污染；⑥加强污染源监管，做好土壤污染预防工作；⑦开展污染治理与修复，改善区域土壤环境质量；⑧加大科技研发力度，推动环境保护产业发展；⑨发挥政府主导作用，构建土壤环境治理体系；⑩加强目标考核，严格责任追究。该计划要求严格控制耕地新建有色金属冶炼、石油加工、化工、焦化、电镀、制革等行业企业，到2020年，受污染耕地安全利用率达到90%左右，污染地块安全利用率达到90%以上，全国土壤污染加重趋势得到初步遏制，土壤环境质量总体保持稳定，农用地和建设用地土壤环境安全得到基本保障，土壤环境风险得到基本管控（表6–3）。到2030年，全国土壤环境质量稳中向好，农用地和建设用地土壤环境安全得到有效保障，土壤环境风险得到全面管控。作为“土十条”要求指标，受污染耕地安全利用率和污染地块安全利用率作为《“十三五”生态环境保护规划》的“12大”约束性指标，首次列入国家五年规划。2018年4月12日，生态环境部审议并原则通过《土壤环境质量、农用地土壤污染风险管控标准（试行）》《土壤环境质量、建设用地土壤污染风险管控标准（试行）》。这两项标准为实施农用地分类管理和建设用地准入管理提供了技术支撑，对于全面实施“土十条”，保障农业生产安全和人居环境安全具有重要意义。

表6–3 《土壤污染防治行动计划》主要目标分析

主要项目	2020年计划目标
受污染耕地安全利用率	90%以上
污染地块安全利用率	90%以上

根据《中华人民共和国土地管理法》，我国土地可分为三种用途：建设用地、农用地和未利用地，其中建设用地和农用地最容易受到污染，是我国土壤污染防治的重点领域。建设用地土壤污染主要来自工矿业活动，包括污染物的

无序排放、地下储罐及地下管线泄漏、生产设施的跑冒滴漏、企业突发环境事件、企业对设施设备建筑物等不当拆除活动。农用地污染主要来自人类生产生活，包括工业生产活动的污染物排放、农业投入品过度使用、污水灌溉导致的农用地污染。2014 年《全国土壤污染调查公报》显示，全国土壤环境总体状况并不乐观，土壤的总超标率为 16.1%，南方土壤污染重于北方，长三角、珠三角、东北老工业基地等部分区域土壤污染问题较为突出，西南、中南地区土壤重金属超标范围较大。土壤是经济社会可持续发展的物质基础，保护土壤环境是推进生态文明建设的重要内容，为切实加强土壤污染防治，逐步改善土壤环境质量，应全面实施“土十条”，扎实推进净土保卫战。

(三) 强化基础，坚决打赢污染攻坚战

生态环境保护是功在当代、利在千秋的事业。打好污染防治攻坚战是全社会关注的焦点，也是全面建成小康社会能否得到人民认可的关键。深入实施“蓝天行动”“清水行动”“净土行动”，为打好污染防治攻坚战提供了重要指引和方向，在下一步工作中，要坚决落实绿色发展理念，加快推进生态保护修复，形成现代化的环境治理体系。

1. 源头控制，积极推动形成绿色发展方式和生活方式

习近平总书记在中共中央政治局第四十一次集体学习时强调，要充分认识形成绿色发展方式和生活方式的重要性、紧迫性、艰巨性，把推动形成绿色发展方式和生活方式摆在更加突出的位置，并就推动形成绿色发展方式和生活方式提出了 6 项重点任务，分别为加快转变经济发展方式、加大环境污染综合治理、加快推进生态保护修复、全面促进资源节约集约利用、倡导推广绿色消费、完善生态文明制度体系，为进一步加强生态文明建设指明了前进方向。通过认真学习领会习近平总书记重要讲话精神，深刻认识推动形成绿色发展方式和生活方式的重大意义，营造美好生态，人人有责。只有每个人都行动起来，形成生态文明的良好风貌，才能推动绿色发展方式和生活方式，创建美好家园。打好污染防治攻坚战，不仅要治理好环境污染，还要从源头减少污染控制污染，也就是要转变经济发展方式、转变人民群众生活方式，为生产生活营造一个绿色的环境。

2. 多措并举，全面加强生态系统保护和修复力度

在党的十九大报告中，习近平总书记提出，“加大生态系统保护力度。实施重要生态系统保护和修复重大工程，优化生态安全屏障体系，构建生态廊道和生物多样性保护网络，提升生态系统质量和稳定性。完成生态保护红线、永久基本农田、城镇开发边界三条控制线划定工作。开展国土绿化行动，推进荒漠化、石漠化、水土流失综合治理，强化湿地保护和修复，加强地质灾害防治。

链接 6–4　人人皆卫士:中国打赢污染防治攻坚战的坚强后盾

重庆市丰都县养牛大户张林聪最近成了当地政府表扬的对象,不只是表扬他的牛养得好,还表扬他的牛粪卖得好。而在几年前,他常常因为牛粪污染被当地畜牧局、环保局批评并要求整改。

丰都县是中国的肉牛养殖大县,肉牛存栏量超过 40 万头。张林聪的养殖场肉牛存栏量 200 多头,是丰都县的养牛大户。张林聪说,以前环保意识薄弱,大部分牛粪牛尿都是直接排入村边的河中。这条河是长江的一条支流,每逢雨季,雨水与牛粪尿混合涌入长江。丰都县所在的三峡库区地处长江上游,是因三峡工程兴建而形成的世界最大水库库区,被称为长江流域的生态屏障。牛粪污染严重损害了当地生态环境与长江水质。

生于斯、长于斯的张林聪决定行动起来。他按照"雨污分流、干湿分离、沼气发酵、污水处理、还田种植"的处理流程,对养牛场实施工业化治污。这套完整的流程是当地政府提出的,政府还引进了成套设备,在肉牛养殖基地旁建立起国内领先的自动化有机肥生产线,利用粪便养殖蚯蚓、作燃料发电。丰都县治污的有力举措,源于中国对于长江生态环境保护的强大决心。早在两年前,中国政府就提出,要把修复长江生态环境摆在压倒性位置,共抓大保护,不搞大开发。

(新华网　2018 年 6 月 5 日)

完善天然林保护制度,扩大退耕还林还草。"建设美丽中国,应科学把握生态修复的重要作用和实施路径。生态保护与修复是 2018 年的重点工作之一。2018 年 5 月,习近平总书记在全国生态环境保护大会上强调,绿水青山就是金山银山,坚持节约优先、保护优先、自然恢复为主的方针,要像保护眼睛一样保护生态环境,像对待生命一样对待生态环境。党的十八大以来,我国生态文明建设之所以取得显著成效,一个重要的原因就是实施重大生态保护和修复工程。为了打好污染防治攻坚战,需要进一步实施生态保护和修复。一方面要将实施生态修复与严惩破坏生态环境行为有机统一起来。生态环境部、自然资源部等七部门印发了关于联合开展"绿盾 2018"自然保护区监督检查专项行动的通知。这是进一步加强自然保护区监督管理、加大生态保护力度的重要举措。"绿盾 2018"在总结"绿盾 2017"国家级自然保护区监督检查专项行动经验与取得丰硕成果的基础上,将全面排查全国 469 个国家级自然保护区和 847 个省级自然保护区存在的突出环境问题,持续开展自然保护区专项监督检查,坚决制止和惩处破坏自然保护区生态环境的违法违规行为。另一方面要以系统思维修复生态系统。生态保护与治理是一个系统工程,山水林田湖是一个生命共同体，“对山水林田湖进行统一保护、统一修复是十分必要的”“用途管制和生态修复必须遵循自然规律”。树立尊重自然、顺应自然、保护自然的理念，在生态建设和修复中以自然修复为主，与人工修复相结合，按照系统论的观念进行综合治理。

3. 多元共治,加快推进生态环境治理体系和治理能力现代化

党的十八大以来，我国生态文明建设和生态环境保护取得了历史性成就，新的生态环境治理体系正在形成。党的十八大将生态文明建设纳入中国特色社会主义事业“五位一体”总体布局，党的十八届三中全会将推进国家治理体系和治理能力现代化作为全面深化改革的总目标。2018 年，在全国两会审议通过的《国务院机构改革方案的建议》中，以新组建自然资源部和生态环境部为标志，开启了我国生态治理体系的改革创新，这个改革是推进生态环境领域、生态文明建设领域、治理体系现代化和治理能力现代化的一场深刻变革和巨大进步。打好污染防治攻坚战需要打破传统的“头疼医头脚疼医脚”的方法，建立有效的污染防治治理体系。组建自然资源部，将过去分散在发改委、住建部、水利部、农业部、国家林业局等部门的自然资源的调查和确权登记整合，统一行使用途管制和生态修复的职责，有利于对山水林田湖进行整体保护、系统修复和综合治理。而新的生态环境部不仅保留了环境保护部的职责，还有比较大的变化。习近平总书记指出“要用系统论的思想方法看待问题，生态系统是一个有机生命躯体，应该统筹治水和治山、治水和治林、治水和治田、治山和治林。”自然资源部统一行使全民所有自然资源资产管理者的职责，生态环境部统一行使生态环境监测和执法职能，两个部门分工明确，对于推动生态文明建设具有重要意义。

党的十九大报告明确了生态环境治理需要政府、企业、社会组织和公众多元主体参与。从政府角色来看，政府在环境治理中处于主导地位。中央政府应充分利用行政、法律经济、财政等多种手段，制定相关政策法规以进行宏观调控，积极引导企业、社会组织和公众共同推动绿色发展。地方政府应按照新的环境保护法承担起环境保护责任。环境监测是环境治理体系的一项重要的基础性工作，必须确保监测数据全面、准确、客观、真实。通过构建环境信息大数据，增强重污染天气预测预警能力，提高环境监测服务政府环境管理决策和人民生产生活的水平。从企业角色来看，企业作为社会产品的生产者，同时也是大部分污染物的制造者，其生产行为直接影响到环境质量。应发挥企业在环境治理体系中的主体作用，引导企业向符合环保要求发展，大力发展环保技术产业，重视企业污染治理。从社会组织和公众角色来看，我国环保非政府组织在应对突发环境事件、参与政府环境决策以及提起环境公益诉讼等方面发挥了积极作用，社会组织是环境治理中必不可少的参与者。公众作为环境污染的直接受害者，公众权利、环保意识的觉醒和公共事务参与度的提高是推动环境保护的重要力量。

四、打好污染防治攻坚战的重点是打赢蓝天保卫战

“坚持全民共治、源头防治，持续实施大气污染防治行动，打赢蓝天保卫战。”这是党的十九大报告向全国人民做出的庄严承诺，也反映了党中央对治理大气污染的坚定决心。大气污染已成为百姓健康生活的痛点。没有良好的生态环境，人民群众就不可能有真正的幸福感。“我国生态环境矛盾是一个历史积累的过程，不是一天变坏的，但不能在我们手里变得越来越坏，共产党人应该有这样的胸怀和意志。”习近平总书记心系生态环境的话语音犹在耳。在中央经济工作会议上，习近平总书记关于蓝天保卫战提出了“四个明显”的目标，要使 PM2.5 的浓度明显下降、重污染的天数明显减少、大气环境治理明显改善、人民群众的蓝天幸福感明显增强。2017 年 3 月，李克强总理在第十二届全国人民代表大会第五次会议上所作的政府工作报告中提出要“坚决打好蓝天保卫战”。这是“蓝天保卫战”一词首次出现。从过去的“打好蓝天保卫战”到“打赢蓝天保卫战”，仅一字之变，但让为呼吸而战的人们备受鼓舞，让百姓充满期待。2018 年 5 月 23 日，生态环境部发布了全国城市空气质量状况。数据显示，2018 年 1～4 月份，全国 338 个地级及以上城市平均优良天数比例为 76.7%，同比上升 0.9 个百分点，其中京津冀区域 13 个城市平均优良天数比例为 59.1%，同比上升 2.2 个百分点，长三角区域 25 个城市平均优良天数比例为 72.7%，同比下降 1.1 个百分点，珠三角区域 9 个城市平均优良天数比例为 86.2%，同比下降 2.5 个百分点。总体来说，我国生态环境质量持续好转，但成效并不稳固。全国 338 个地级及以上城市环境空气质量达标的仅占 29%，打赢蓝天保卫战还需咬紧牙关，一丝一毫也不能放松。

（一）从地域看，以京津冀及周边、长三角、汾渭平原等区域为主战场

大气污染防治要坚持发扬钉钉子精神，一直钉到底。按照党的十九大报告的总体要求，生态环境部将未来三年蓝天保卫战主战场的重点区域定为京津冀及周边地区、长三角和汾渭平原等。这几个区域大气污染较为严重，其中京津冀及周边地区、长三角属于东部地区，汾渭平原属于中西部地区。

京津冀地区是我国经济、科技、文化、教育最发达的地区，在我国经济社

会发展中具有重要的地位。京津冀及周边地区大气污染严重，重污染天气频发，是我国大气污染防治的主战场。该区域秋冬季 PM2.5 浓度明显高于其他季节，秋冬季大气污染防治是该区域大气污染防治的关键和蓝天保卫战的决胜战役。“大气十条”实施五年来，京津冀及周边地区大气污染治理取得了较大的进步。2017 年，中央安排财政资金 7 亿元左右，组成 28 个专家组分别到“2+26”城市开展“一市一策”跟踪研究，为各地精细化治理环境提供了有力支撑。以北京为例，《北京市蓝天保卫战 2018 年行动计划》将全年污染物浓度控制指标分解到各区。2017 年 10 月至 2018 年 3 月，“2+26”城市 PM2.5 年均浓度为 78 微克/立方米，同比下降 25%，超额完成《京津冀及周边地区 2017～2018 年秋冬季大气污染综合治理攻坚行动方案》中提出的下降 15%的改善目标，京津冀大气污染防治存在的主要问题表现为：一是双高产业大量聚集。京津冀及周边地区是我国重化产业最为集中区域，国土面积占全国 7.2%，主要大气污染物排放量占全国 30%。二是“散乱污”企业量大面广。2017 年“2+26”城市共排查整治涉及“散乱污”企业 6.2 万余家。三是能源消费结构不合理。京津冀及周边地区消耗了全国三分之一的煤炭，燃煤小锅炉和散煤燃烧对大气环境影响严重。四是机动车排放“贡献”大。京津冀及周边地区机动车保有量 8000 万辆，占全国 28%，其中重型车保有量 260 万辆，占全国 28%，一辆“国三”排放标准重型柴油车污染物排放量相当于 200 辆“国四”排放标准小汽车。“2+26”城市聚集了大量重化企业，原料、燃料、产品等物料运输量巨大，由此产生的交通运输污染非常严重。为加大京津冀及周边地区大气污染防治工作力度，我国将在京津冀大气污染传输通道城市执行大气污染特别排放限值。“对现有企业，国家排放标准中已有相关规定的行业中，火电、钢铁、化工、有色（不含氧化铝），水泥行业现有企业以及在用锅炉，自 2018 年 10 月 1 日起，执行二氧化硫、氮氧化物、颗粒物和挥发性有机物特别排放限值；炼焦化学工业现有企业，自 2019 年 10 月 1 日起，执行特别排放限值。目前国家排放标准中未规定特别排放限值的行业，待相应排放标准制修订或修改后，现有企业予以执行。现有企业应在规定期限内达到大气污染物特别排放限值。逾期仍达不到的，有关部门应严格按照法律要求责令企业改正或限制生产、停产整治，并处以罚款；情节严重的，经批准后可责令停业、关闭。”

长三角地区是我国经济最为发达、人口最为密集，同时也是我国复合型大气污染最为严重的地区之一。随着工业化、城市化进程的不断加快，长三角地区能源消费总量和污染物排放一直处在高位徘徊，大气污染呈现出多污染源交叉、多污染物杂糅的特征，对公众健康和生态安全造成了极大的威胁。2000 年以来，长三角地区针对生态改善作了多次跨区合作的努力，从 2003 年成立的“长江三角洲地区环境安全与生态修复研究中心”到 2014 年建立的“长三角区域大气污染防治协作机制”，长三角一体化治污规格越来越高。从近三年PM2.5年均浓度的变化来看，长三角地区大气环境质量在逐步改善，但很多城市PM2.5年均浓度仍高于国家标准。长三角地区大气污染防治存在的主要问题表现为：一是传统重化工产业仍占有相当比重。近些年，长三角地区产业结构不断优化，逐步形成了“三二一”的产业格局，第二产业的比重不断下降，整体步入了后工业化阶段，但钢铁、石化、化工、建材、有色、纺织等传统高耗能、高排放、高污染行业的占比总计仍高达35%以上，给空气质量改善造成了较大压力。特别是重化工业的发展，使得长三角区域大气污染的结构性特征更为明显。二是煤炭消费占比较高。煤炭是长三角地区的主要能源品种，占比高达50%以上。三是道路交通呈现出高速增长、高密度聚集、高强度使用的特征。《2015年中国机动车污染防治年报》显示，我国已连续六年成为世界机动车产销第一大国，机动车污染成为我国大气污染的重要来源。2017年，全国有53个城市的汽车保有量超过百万辆，24个城市超200万辆。在24个超过200万辆的城市中，长三角城市最多，包括上海、苏州、杭州、南京、宁波。2018年1月，长三角区域大气污染防治协作小组第五次工作会议系统研究了区域大气污染防治协作工作，审议通过《长三角区域空气质量改善深化治理方案（2017～2020年）》《长三角区域大气污染防治协作2018年工作重点》，强调突出源头控制，强化PM2.5削减与臭氧协同减排并举，坚决打好污染防治攻坚战。

汾渭平原是黄河流域汾河平原、渭河平原及台塬阶地的总称，主要由山西汾河平原和陕西渭河平原组成，包括山西省吕梁、晋中、临汾、运城，河南省洛阳、三门峡，陕西省西安、宝鸡、渭南、咸阳、铜川等11个地市。2017年，汾渭平原11个城市PM2.5浓度为每立方米68微克，空气质量优良天数比例为50.6%，与“2+26”城市基本相当，高于长三角和珠三角区域。汾渭平原属于河谷地带，地势较低，不利于污染物扩散。2017年我国二氧化硫年均浓度超标的3个城市均位于汾渭平原，分别是晋中、临汾、吕梁。74个城市空气质量相对较差的后10位城市中，太原、西安就被包含其中。汾渭平原的污染主要归因于能源、产业和交通运输结构不合理。首先，汾渭平原能源消费以煤炭消费为主，煤炭消费占比近90%。其次，汾渭平原产业结构以重化工业为主，火电、钢铁、焦化等企业数量较多、产量大。再次，汾渭平原运输结构以公路为主。当地超过80%以上的原材料和产品都是通过公路运输，且本地和过境车辆流量较大。汾渭平原已成为全国空气污染最为严重区域之一。2018年5月11日，生态环境部科技标准司、大气环境管理司、国家大气污染防治攻关联合中心在北京召开汾渭平原11城市大气污染防治“一市一策”跟踪研究工作座谈会，“一市一策”跟踪研究工作机制是大气攻关项目组织实施的重要机制创新和取得的宝贵经验，汾渭平原11城市要切实把“一市一策”跟踪研究工作机制纳入大气攻关项目统一管理，充分借鉴“2+26”城市跟踪研究工作经验，建立区域协调机制，实现汾渭平原的三年作战计划目标。

(二) 从主要措施看，以产业结构、能源结构和交通结构调整为抓手

“大气十条”实施五年来，通过优化产业、能源和交通结构，解决了很多大气污染防治难题，全国空气质量得到了明显改善。打赢蓝天保卫战三年作战计划还需把解决产业结构问题、能源结构问题、交通结构问题作为主攻方向，从源头减少污染。

1. 持续优化产业结构，化解过剩产能和淘汰落后产能

污染之所以产生，之所以严重，主要还是排放，排放主要来自于产业结构。以京津冀及周边地区为例，京津冀及周边地区产业结构以重化工为主，钢铁、焦炭、电解铝、平板玻璃、水泥、原料药和农药产量分别占全国43%、47%、33%、19%、60%和40%。打赢蓝天保卫战，必须从产业结构调整下手。一方面，要加快产业技术升级，促进产业结构高端化发展。现在，我国经济已由高速增长阶段转向高质量发展阶段，优化产业结构、促进绿色发展是实现高质量发展的一项重要内容。优化产业结构，坚定不移地走绿色发展道路，坚持把发展资源节约型、环境友好型工业作为转型升级的着力点，推动绿色转型。习近平总书记在中共中央政治局第四十一次集体学习时指出，要推动生产方式的变革。科技创新是推动经济发展的重要力量，尤其是发展绿色科技，实现绿色制造，是推动产业结构优化和环境质量改善的重要抓手。另一方面，继续推动过剩产能的化解，落后产能的淘汰，推动“散乱污”企业的整治、工业企业的达标排放以及钢铁火电这些行业的超低排放改造。以高质量发展为目标，深入推进供给侧结构性改革，继续推动钢铁行业化解过剩产能，用市场、法治的办法做好产能严重过剩行业去产能工作。作为2018年两会提出的生态环保重点工作之一，生态环境部就钢铁行业超低排放改造工作方案征求意见，意见稿要求，“重点推进粗钢产能200万吨及以上的钢铁企业实施超低排放改造。鼓励采取烟气循环、低硫矿、低硫煤等源头控制技术。加快淘汰落后产能和不符合相关强制性标准要求的生产设施。全面加强企业污染排放监测监控。对全面完成或部分完成超低排放改造的钢铁企业，大气污染物排放浓度低于污染物排放标准百分之五十的，减按百分之五十征收环境保护税。”该举措为推动产业转型升级、改善大气环境治理、化解钢铁行业过剩产能提供了有力的保障。

2. 积极优化能源结构，大力提高能源利用效率和发展清洁能源

打赢蓝天保卫战，重中之重是打破传统能源结构，积极推进新能源发展。

当前，我国能源消费仍以煤炭为主，河北、河南、山东及山西地区的煤炭占能源消费量的比例接近或超过80%。未来能源结构优化的核心在于建立多元供应体系，提高能源系统整体运行效率。首先，积极优化能源供给结构。围绕供给侧结构性改革这一主线，积极化解煤炭行业过剩产能，严格控制煤炭新增产能，加快淘汰落后产能。按照中央经济工作会议和政府工作报告的要求，2018年煤炭去产能工作重点在“破”“立”“降”上下工夫，把处置“僵尸企业”作为重要抓手，优化存量资源配置，扩大优质增量供给，推动煤炭高效利用。煤炭作为我国基础能源，在较长时期内仍处于能源利用的主要地位。在绝大多数燃煤电厂已完成常规脱硫脱硝除尘改造的背景下，推动燃煤电厂超低排放改造和非电行业烟气治理。2017年我国已完成燃煤机组超低排放改造，新建煤电机组全部为超低排放，我国煤电机组污染物排放控制指标已处于世界领先水平。其次，加大力度，淘汰关停不达标的一些燃煤小火电机组，推动燃煤小锅炉的淘汰改造，稳步推进农村居民燃煤散煤燃烧的煤改气、煤改电工作。随着燃煤锅炉改造工作的开展，全国掀起了一场锅炉改造的环保热潮，比如甘肃兰州提出以“就小不就大”的原则对燃煤锅炉改造治理业主单位给予“以奖代补”资金扶持，河南省通过补贴金额逐年递减的方式引导用户尽早拆改燃煤锅炉，山东对燃煤锅炉超低排放改造进行奖补。作为治理大气污染的重要手段，“煤改电”“煤改气”对雾霾治理贡献较大。目前我国北方大部分地区都在推进“煤改气”“煤改电”工程，这对于改造城市大气环境具有重要的作用。再次，着力发展清洁能源，利用好清洁能源。根据《2018年能源工作指导意见》，2018年我国将加快能源绿色发展，统筹优化水电开发利用，稳妥推进核电发展，稳步发展风电和太阳能发电，积极发展生物质能等新能源，有序推进天然气利用，进一步壮大清洁能源产业。

3. 加快调整运输结构，引导货物运输公路转铁路

中央经济工作会议提出，要坚持源头防治，调整运输结构，减少公路运输量，增加铁路运输量。2018年全国环境保护工作大会也提出，推动大宗物流由公路运输转向铁路运输，为打赢蓝天保卫战取得突破性进展。大气污染的产生与区域交通结构不合理密切相关。数据表明，我国铁路运输占比从1980年的20.4%下降到2017年的7.7%左右，公路占比从69.9%上升到76.9%。公路运输在京津冀及周边地区的货运占比达到了84%。以河北省为例，2016年从河北境内高速公路通行的货车有1017亿辆次，其中，外地货车有4909万辆次，货车特别是重载货车的尾气颗粒物排放是河北大气污染的重要来源。天津、河北等地的许多钢铁企业距离港口只有百公里，且大部分没有铁路专用线，公路成为主要的运输通道。京津冀地区货运主要围绕天津港、秦皇岛港、唐山港、黄骅港开展，主要运输煤炭、矿石、钢铁等。煤炭主要为集港运输，以铁路为主，矿石多为疏港运输，以公路为主。在实际操作中，铁路煤炭运输一般采用每节载重 80 吨的 C80 规格车皮，而矿石运输采用每节载重 70 吨以下的 C60、C70 规格车皮，再加上集港煤炭和疏港矿石铁路运行路径不同，导致运输煤炭的重车到达港口后，经常空载返回，无形中提高了运输成本。相比之下，公路运输的灵活性更大，且运费较低，但普遍存在超载运输、使用劣质燃油、偷逃税费等问题。2018 年以来，中国铁路总公司认真贯彻落实中央关于“调整运输结构、增加铁路货运量”的部署要求，制定了详细的扩能增量的方案，计划 2018 年内全国铁路货运量同比增加 2 亿吨。比如河北省唐山市人民政府 2018 年 2 月 27 日与中国铁路北京局集团有限公司正式签署战略合作框架协议，加强唐山地区铁路集疏港运输，改善周边空气质量。该协议要求 2018 年将曹妃甸港区铁路疏港矿石运量提升到 1500 万吨以上，2019 年提升到 4000 万吨以上，逐步实现全部“公转铁”。

现行的《环境空气质量标准》规定，居民区的 PM2.5 年均浓度不得超过 35 微克/立方米。要想达到这一标准，大气污染防治的路还很长。生态环境部部长李干杰强调，“攻坚行动，可不是打一次就完，以后几年还会长期地把它坚持下去，从这个意义上来讲，我们开展的这些专项行动，制定实施的这些措施，绝不是运动式，而恰恰是在探索和建立长效机制。”既要打攻坚战也要打持久战，既要有打好攻坚战的决心和信心，也要有打持久战的耐心。

第七章

加快推进生态文明建设中的生产生活绿色转型

——经济转向高质量发展阶段最普惠的民生福祉

推进生态文明建设,关键是要推行绿色生产和生活方式,实现保护与发展的同步协调。习近平总书记强调:“建设生态文明,关系人民福祉,关乎民族未来。”“良好的生态环境是最公平的公共产品,是最普惠的民生福祉。”因此,加快推进生态文明建设中的生产生活绿色转型,是满足人民日益增长的美好生活需要的必然要求,是经济转向高质量发展阶段最普惠的民生福祉。党的十八大报告提出:“着力推进绿色发展、循环发展、低碳发展,形成节约资源和保护环境的空间格局、产业结构、生产方式、生活方式”“为人民创造良好生产生活环境。”党的十九大报告进一步提出:“坚持人与自然和谐共生”“形成绿色发展方式和生活方式,坚定走生产发展、生活富裕、生态良好的文明发展道路,建设美丽中国,为人民创造良好生产生活环境,为全球生态安全作出贡献。”由此可见,推进生态文明建设,必须倡导形成绿色发展方式和生活方式,促进生产生活绿色转型,切实有力增进民生福祉。

一、生产生活绿色转型的内涵及意义

党的十八大以来，以习近平同志为核心的党中央高度重视生态环境问题，把生态文明建设摆在更加突出的战略位置，对绿色发展、绿色生产、绿色生活提出一系列新理念新思想新举措，加快推动形成绿色发展方式和生活方式，对促进经济转向高质量发展阶段、改善和增进民生福祉具有重大的理论和现实意义。

(一) 生产生活绿色转型的内涵

绿色，代表生命、自然、健康和活力，是充满希望、象征和谐的颜色。在新时代，绿色更代表了人民群众对美好生活的期盼。国际上对“绿色”的理解通常包括生命、节能和环保三个方面。生产生活绿色转型包含了生产绿色转型与生活绿色转型两个方面，即实现绿色生产与绿色生活。

绿色生产要求以节能、降耗、减污为目标，通过运用管理和技术等手段，实现生产全过程的节能减排与污染控制，最大化地降低污染物的产生，减少能源消耗，大幅提高经济绿色化程度。绿色生产包括生产过程的绿色化和生产产品的绿色化。首先，在绿色生产过程中，必须尽可能地选择绿色资源进行生产，如太阳能、风能、海洋能、潮汐能、地热能、生物质能等可再生新能源，同时要清洁利用矿物燃料，提高能源利用效率；要加大力度运用无污染、少污染的技术和新设备，开展原材料的循环套用和回收利用，要对传统产业进行绿色化改造，发展绿色产业，发展循环经济、低碳经济，提高资源利用率，节约能源及资源。其次，应生产满足绿色消费需要的绿色产品，绿色产品除了具有传统产品的基本特征外，还有一个最基本的特征，即符合环保要求，有利于生态环境保护与生态文明建设。当然应该看到，绿色生产是一个相对的、动态的概念，绿色生产和绿色产品都是相对于原来的生产过程和产品而言的。随着技术进步和经济发展，绿色生产的内涵将不断更新和丰富，绿色生产过程也将不断充实完善。

绿色生活是将生态环境保护与日常生活融为一体、协调发展的现代生活方式，它引导民众树立绿色增长、共建共享的理念，倡导民众绿色消费、绿色出行、绿色居住等，其中绿色消费或可持续消费是绿色生活的主要内容。绿色消费，是指以节约资源和保护环境为特征的消费行为，主要表现为崇尚勤俭节约，减少损失浪费，选择高效、环保的产品和服务，降低消费过程中的资源消耗和污染排放。1994 年，联合国环境规划署（UNEP）在挪威奥斯陆专题研讨会上正式提出了“可持续消费”这一概念，并在内罗毕发表的《可持续消费的政策因素》报告中，首次对“可持续消费”进行了定义：“提供服务以及相关的产品以满足人类的基本需求，提高生活质量，同时使自然资源和有毒材料的使用量最少，使服务或产品的生命周期中所产生的废物和污染物最少，从而不危及后代的需求。”可见，可持续消费既强调在生态环境承载力范围之内的合理消费与“发展性”消费，又强调了消费的代内公平与代际公平，体现了在消费领域实现人与自然、人与人的和谐包容。

生产与消费是推动经济社会发展不可分割的两个方面，生产决定消费，消费反作用于生产，正如马克思所说：“没有生产，就没有消费；没有消费，也就没有生产。”绿色生产与绿色消费相辅相成，绿色生产决定绿色消费和绿色生活，生产的发展又依赖于消费的增长，生产的绿色转型也同样要依赖于消费的绿色转型，只有实现了绿色消费和绿色生活，才能有效地带动绿色生产，加快促进经济社会的可持续发展。

（二）推进生产生活绿色转型是生态文明建设的题中应有之义

推进生产生活绿色转型，是将生态文明建设融入经济建设、政治建设、文化建设、社会建设各个领域的重要举措。党的十八届五中全会将“绿色发展”作为新发展理念之一，明确指出：“坚持绿色发展，必须坚持节约资源和保护环境的基本国策，坚持可持续发展，坚定走生产发展、生活富裕、生态良好的文明发展道路，加快建设资源节约型、环境友好型社会，形成人与自然和谐发展现代化建设新格局。”党的十九大报告进一步提出：“建设生态文明是中华民族永续发展的千年大计。必须树立和践行绿水青山就是金山银山的理念……形成绿色发展方式和生活方式，坚定走生产发展、生活富裕、生态良好的文明发展道路。”因此，推进生产生活绿色转型是生态文明建设的题中应有之义。

2015 年 5 月，中共中央、国务院印发了《关于加快推进生态文明建设的意见》，指出“加快推进生态文明建设是加快转变经济发展方式、提高发展质量和效益的内在要求”，要求加快推动生产方式绿色化，大幅提高经济绿色化程度，深入推进全社会节能减排，在生产、流通、消费各环节大力发展循环经济，加快形成推进生态文明建设的良好社会风尚，提高全民生态文明意识，培育绿色生活方式，实现生活方式绿色化。①这充分说明了加快推进生态文明建设必须要扎实推进生产生活绿色转型，提升“绿色化”发展程度。“绿色化”包括生产方式的绿色化，要求构建科技含量高、资源消耗低、环境污染少的产业结构，大幅提高经济绿色化程度，有效降低发展的资源环境代价；也包括生活方式的绿色化，要求提高全民生态文明意识，培育绿色生活方式，推动全民在衣、食、住、行、游等方面加快向勤俭节约、绿色低碳、文明健康的方式转变，坚决抵制和反对各种形式的奢侈浪费及不合理消费。“绿色化”是可持续发展战略的具体化和明确化，也是政府、企业和公众的共同责任。②推动生产生活的绿色转型，是实现“绿色化”发展的必然要求和重要内容，是加快推进生态文明建设中不可或缺的关键环节。

（三）推进生产生活绿色转型是满足人民日益增长的美好生活需要的必然要求

党的十九大报告明确提出，我们要建设的现代化是人与自然和谐共生的现代化，既要创造更多物质财富和精神财富以满足人民日益增长的美好生活需

① 中共中央 国务院关于加快推进生态文明建设的意见[EB/OL].中国政府网，2015-06-02.

② 本报评论员.推动生产生活的绿色转型[N]. 人民日报，2015-05-07.

要，也要提供更多优质生态产品以满足人民日益增长的优美生态环境需要。加快推进生产生活绿色转型，有利于更好地改善生态环境，促进人与自然和谐共生，为人民群众提供更多优质生态产品，更好地满足人民日益增长的美好生活需要。

马克思主义关于人的全面发展理论认为，人的发展一方面是物质消费的增加，更重要的一方面是精神需求的满足和精神境界的提高。从人类需要的层次看，第一层次是人类最基本的物质性需要，如吃、穿、住、行等;第二层次是社会性需要，主要包括社会安全的需要、社会保障的需要、社会公正的需要等;第三层次是心理性需要，如价值观、理想信念、艺术审美、获得尊重、自我实现等精神文化需要。改革开放40年来，我国已经成为世界第二大经济体，经济社会建设取得了举世瞩目的巨大成就，人们的物质生活水平也得到极大的提高。但与此同时，经济建设与生态环境保护之间的矛盾也日益突出，发展不平衡不充分的一些突出问题未能解决，资源紧缺、环境污染、生态失衡等一系列问题已成为制约我国经济社会发展的瓶颈，阻碍了人们更好地追求社会性需要和心理性需要、追求美好生活需要的步伐，生态环境保护任重道远。在这样的背景下，加快推进生产生活绿色转型，鼓励发展绿色经济、循环经济、低碳经济，提高能源资源利用效率，大力生产绿色产品、环保产品，倡导可持续消费、绿色消费、适度消费的生活方式，鼓励增加精神文化消费比重，强调在消费结构升级过程中实现消费的“发展性”和“可持续性”，这些都有利于人们享受更舒适的居住条件、更优美的生态环境、更丰富的精神文化生活，获得更多优质的生态产品，提升生活品质。

由此可见，生产生活绿色转型要求通过保护生态环境、促进人与自然和谐共生来实现更加高效和文明的生产与消费，因此，必须引导人们树立绿色发展的理念，提倡可持续的生产生活方式，加快推进生产生活绿色转型，增进经济效益与社会福祉，推动人类的全面发展和社会的更大进步，不断满足人民日益增长的美好生活需要。

(四) 推进生产生活绿色转型是实现经济转向高质量发展的重要途径

习近平总书记在党的十九大报告中作出了“我国经济已由高速增长阶段转向高质量发展阶段，正处在转变发展方式、优化经济结构、转换增长动力的攻关期”的重大判断，并提出牢固树立新发展理念,“着力加强供给侧结构性改革”“建设现代化经济体系”“推动经济发展质量变革、效率变革、动力变革”等重大决策，科学部署了经济转向高质量发展的战略布局。

绿色发展是实现经济转向高质量发展的必要条件，高质量发展的内涵包含着人与自然和谐共生的要求，与绿色发展所追求的目标在本质上是一致的。只有绿色发展，才能实现可持续的高质量发展。推进生产生活绿色转型是转变发展方式的必然要求，转变发展方式最核心的是要优化要素投入结构，摆脱对资源能源、环境等要素投入的过度依赖，将经济发展转到更多地依靠人才、技术、知识、信息等高级要素的轨道上来，也就是要实现创新驱动。这就要求经济必须由规模速度型发展模式转向质量效益型发展模式，由高速增长阶段转向高质量发展阶段。①推进生产生活绿色转型，能够为人民提供更多质量上乘的产品和服务，能够更多地发展先进适用、具有高附加值高效益的新技术新产业新业态，能够更多地形成环境友好的生产方式、生活方式、消费方式，能够更多地提供有利于提升人民生活品质、增强获得感的物质文化产品等等，这与推动我国经济转向高质量发展、加快建设现代化经济体系不谋而合。

当前，中国经济发展进入了新时代，绿色技术、绿色业态和绿色运营模式进入创新活跃期。特别是随着生态环境治理与保护相关制度的日益完善，“高耗能、高污染和资源性”产业和产品的生产正逐渐失去成本优势。绿色环保新兴产业呈现高速增长态势，为“绿色+产业”发展腾挪了巨大的市场空间和发展潜力；绿色技术的不断创新和人民收入水平的提高，社会绿色生产意识和绿色消费意识逐渐增强，也形成市场对绿色产品的偏好，绿色产品的市场需求大幅提升。建立在绿色技术基础上的清洁能源、绿色交通、绿色材料和绿色建筑产品等的广泛发展应用，又进一步刺激绿色产品的生产，催生新的绿色技术在农业、建筑、污水和垃圾处理等生产领域的集成式应用。可见，国内市场绿色产品的供给和绿色消费的需求潜力巨大，这种绿色生产和绿色消费相互促进的绿色增长模式将为经济高质量发展提供新的发展动能和增长亮点。②因此，加快推进生产生活绿色转型是实现经济转向高质量发展的重要途径。

二、关键点是以绿色发展理念推动生产生活方式变革

习近平总书记在党的十八届五中全会上强调要牢固树立并切实贯彻创新、协调、绿色、开放、共享的新发展理念。绿色发展理念作为新发展理念之一被提出，表明习近平总书记对社会主义现代化建设过程中的生态问题有了新的认识，对未来我国经济发展、社会建设有了新的思考，标志着中国的发展思维和

① 李佐军.中国经济转向高质量发展阶段的意义与路径[EB/OL].光明网,2017-10-21.

② 田文富.以“绿色+产业”推动高质量转型发展[N].河南日报,2018-05-02.

发展模式正在进行一场深刻的变革。深入贯彻新发展理念，必然要求加快推进生产生活的绿色转型，以实现经济社会的绿色发展与可持续发展。因此，加快推进生态文明建设中的生产生活绿色转型，关键要以绿色发展理念为指导，推动生产生活方式变革。习近平总书记在中共中央政治局第四十一次集体学习时强调，推动形成绿色发展方式和生活方式是贯彻新发展理念的必然要求，必须把生态文明建设摆在全局工作的突出地位，坚持节约资源和保护环境的基本国策，坚持节约优先、保护优先、自然恢复为主的方针，形成节约资源和保护环境的空间格局、产业结构、生产方式、生活方式，努力实现经济社会发展和生态环境保护协同共进，为人民群众创造良好生产生活环境。

（一）深刻认识绿色发展理念的重大意义

理念作为思想理论的“头”，是规律性认识的凝练与升华。发展理念具有战略性、纲领性、引领性。绿色发展理念是习近平新时代中国特色社会主义思想的重大理论创新成果之一，是实现人与自然和谐共生、经济社会发展与生态环境保护相互协调的根本举措。

绿色发展理念的提出，有其深刻的国际国内背景。从国际背景来看，工业革命以来，全球的生态环境状况日益恶化，世界范围内的生态失衡、环境污染、资源短缺、人口爆炸等生态环境问题威胁着人类的生存与发展。20 世纪中期兴起的生态环境保护运动唤醒了人们的生态意识与可持续发展意识。从 1962 年《寂静的春天》出版，到 1972 年罗马俱乐部《增长的极限》发表，人类开始日益关注全球生态环境问题，可持续发展的理念由此提出。20 世纪 60 年代以来，为了加强生态环境保护，世界很多国家先后召开了环境大会，通过了一系列的环境宣言和环境保护公约。20 世纪 80 年代以来，走可持续发展道路越来越成为全球共识和世界各国共同的战略选择。可持续发展道路需要可持续的生产和消费模式的支撑，1992 年联合国环境与发展大会（UNCED）通过的《21 世纪议程》明确指出，“全球环境不断恶化的主要原因是不可持续的消费和生产模式，尤其是工业化国家的这类模式”，因此，“要达到环境质量的改善和可持续发展目标，就需要提高生产效率和改变消费模式”。进入 21 世纪，新的绿色发展理念和发展模式被提了出来。2002 年，约翰内斯堡可持续发展问题世界首脑会议之后，国外学者开始积极探索绿色发展道路，提出一些新的发展理念和发展模式。[①] 在全球环境保护的过程中，全世界已经达成了这样的共识：社会进步和经济发展必须与环境保护、生态平衡相互协调，提高全人类的生活水平与质量、促进人类社会的共同繁荣与富强，必须通过全球可持续发展才能实现。因

① 焦艳，李合亮.习近平绿色发展理念的形成及内容[J].中共天津市委党校学报，2017，2.

此，中国提出的绿色发展理念，是顺应全球生态环境保护的历史潮流，为全球生态安全和环境保护作出新贡献。

从国内环境来看，改革开放以来，伴随着经济的高速发展，生态破坏与环境污染问题也日益严重，经济发展与生态环境保护的不协调问题突出。传统的经济发展模式的弊端日益显现，迫切要求加快转变经济发展方式，由粗放型转向集约化发展，实现经济社会的可持续发展。加强生态环境保护，补齐生态短板，是奋力夺取全面建成小康社会决胜阶段伟大胜利必须攻克的难关，也是建设美丽中国、实现中华民族永续发展需要解答好的重大课题。正是基于对这些突出问题的深刻认识，党的十八届五中全会立足平衡发展需求和资源环境有限供给之间的矛盾，着力解决当前生态环境保护中的突出问题，把绿色发展作为“十三五”时期乃至此后长期必须坚持的重要发展理念，这充分体现了党中央对中国特色社会主义事业“五位一体”总布局的深刻把握，体现了党对人民福祉、民族未来的责任担当，对人类文明发展进步的深邃思考。

绿色发展理念以马克思主义生态思想中关于人与自然关系的科学认识作为哲学基础，是对马克思主义生态思想的继承和创新，是当代马克思主义的重大理论创新成果。在目标内涵上，绿色发展理念坚持遵循自然规律，把握时代脉搏，丰富和发展了马克思生态思想内涵；在价值取向上，绿色发展理念坚持实现人民主体地位，契合民生福祉，丰富和发展了马克思生态人本思想；在动力源泉上，绿色发展理念坚持激活发展“点火系”，突出科技创新“新引擎”，丰富和发展了马克思生态科技思想；在发展要求上，绿色发展理念坚持正确处理经济发展与生态环境保护关系，突出问题导向，丰富和发展了马克思生态和谐思想。①

提出绿色发展理念，充分彰显了中国对解决全球生态问题的责任担当。习近平总书记指出：“应对全球气候变化关乎各国共同利益，地球安危各国有责。”一直以来，中国遵循共同但有区别的原则，积极推动经济的转型升级、淘汰落后产能，制定和实施消减碳排放的规划，加大生态环境的保护力度，设立应对气候变化的“南南合作基金”，在推动世界各国携手应对生态问题方面发挥了建设性的积极作用。绿色发展理念还是全面建成小康社会、建设美丽中国、实现伟大中国梦的重要保障。绿色发展理念的提出和实施，有助于从根本上优化经济结构和改善生态环境。习近平总书记指出：“生态兴则文明兴、生态衰则文明衰。”离开了绿色发展，国家的强盛、民族的复兴就无法真正实现。②

---

① 周晓敏，杨先农.绿色发展理念：习近平对马克思生态思想的丰富与发展[J].理论与改革，2016，5.

② 张金伟，吴琼.绿色发展理念的哲学基础、实现路径及重大意义[J].生态经济，2017，2.

（二）牢固树立绿色生产生活意识

加快推动形成绿色发展方式和生活方式，要贯彻落实绿色发展理念，牢固树立绿色生产和绿色生活意识。《国家新型城镇化规划（2014～2020年）》提出，要加快绿色城市建设，将生态文明理念全面融入城市发展，构建绿色生产方式、生活方式和消费模式。2015年3月24日习近平主持召开中共中央政治局会议，审议通过《关于加快推进生态文明建设的意见》。会议指出："必须加快推动生活方式绿色化，实现生活方式和消费模式向勤俭节约、绿色低碳、文明健康的方向转变，力戒奢侈浪费和不合理消费。"2017年5月26日，习近平在主持中共中央政治局第四十一次集体学习时再次强调：要推动形成绿色发展方式和生活方式，正确处理经济发展和生态环境保护的关系，像保护眼睛一样保护生态环境，像对待生命一样对待生态环境，坚决摒弃损害甚至破坏生态环境的发展模式，坚决摒弃以牺牲生态环境换取一时一地经济增长的做法，让良好生态环境成为人民生活的增长点、成为经济社会持续健康发展的支撑点、成为展现我国良好形象的发力点。因此，在经济社会建设过程中必须始终牢固树立绿色生产和绿色生活意识，推动生产生活绿色转型。

首先，牢固树立绿色生产意识，推动形成绿色生产方式。绿色生产方式是绿色发展理念的基础支撑和主要载体，是转变经济发展方式的核心内容，直接决定着绿色发展的成效和美丽中国的成色，决定着全面建成小康社会目标实现程度，是我们党执政兴国需要解决的重大课题。进入新时代，迈向新征程，面对人与自然的突出矛盾和资源环境的瓶颈制约，只有牢固树立绿色生产意识，大幅提高经济绿色化程度，推动形成绿色生产方式，才能走出一条经济增长与碧水蓝天相伴的康庄大道。牢固树立绿色生产意识，推动形成绿色生产方式，就是努力构建科技含量高、资源消耗低、环境污染少的产业结构，加快发展绿色产业，建立生态产业体系，形成经济社会发展新的增长点。绿色产业包括环保产业、清洁生产产业、绿色服务产业等，致力于提供少污染甚至无污染、有益于人类健康的清洁产品和服务。发展绿色产业，要加快淘汰落后产能，形成有利于落后产能退出的市场环境和长效机制。严格执行环境保护、能源资源节约、清洁生产、安全生产、产品质量等方面的法律法规和技术标准。要进一步加强和推广企业清洁生产，尽量避免使用有害原料，减少生产过程中的材料和能源浪费，提高资源利用率，加强企业污染物排放的控制与防治，减少废弃物排放量，加强废弃物处理。加强低碳技术研发及产业化，大力提高常规能源、新能源和可再生能源开发和利用技术的自主创新能力，重点研究煤的清洁高效开发和利用技术。加快推进产业园区的绿色发展、循环发展、低碳发展，促进从产品设计、生产开发到产品包装、产品分销的整个产业链绿色化，以实现生态系统和经济系统良性循环，实现经济效益、生态效益、社会效益有机统一。

其次，牢固树立绿色生活意识，推动形成绿色生活方式。绿色生活方式与我们每个人的生活息息相关，体现我们对绿色发展理念的认同度、践行力，对绿色发展和生态文明的最终实现具有基础意义、关键作用。树立绿色生活意识要求每一位公民从我做起，增强环保意识，坚持绿色低碳生活，为美丽中国的梦想作出具体行动。习近平同志要求，要像保护眼睛一样保护生态环境，像对待生命一样对待生态环境。也就是说，保护环境，人人有责；绿色发展，人人应为。这个“应为”，就是要求树立绿色生活意识，倡导和践行勤俭节约、绿色低碳、文明健康的生活方式与消费模式。树立绿色生活意识，推动形成绿色生活方式，必须营造环境友好的良好社会氛围，加大绿色生活宣传力度，通过广播电视、报纸杂志、互联网、手机等多种途径开展舆论宣传和科普宣传，及时报道和表扬先进典型，公开揭露和批评违法违规行为。鼓励公众参与，增强绿色生活、绿色消费的内在动力。要坚持生活消费节约优先，强化集约意识，在衣、食、住、行、游等方面形成节约集约的行动自觉。倡导环境友好型消费，推广绿色服装、提倡绿色饮食、鼓励绿色居住、普及绿色出行、发展绿色旅游，抵制和反对各种形式的奢侈浪费、不合理消费。要完善绿色标志制度，加强绿色标志制度的宣传教育，提高消费者购买绿色认证产品的自觉意愿，提高企业申请绿色标志的积极性。建立健全绿色标志企业的环境信息公开制度，为公众参与监督提供有效的支持，提高消费者的信息甄别能力。要充分认识到促进生活方式绿色化时时可做、处处可为。大到购买节能与新能源汽车、高能效家电、节水型器具等节能环保产品，小到减少塑料购物袋、餐盒等一次性用品使用，以至随手关灯、拧紧水龙头，都是在践行绿色生活方式和消费理念，都是在为绿色发展作贡献。绿色发展是理念，更是实践。需要坐而谋，更需起而行。只要我们坚持知行合一、从我做起，坚持步步为营、久久为功，就一定能换来蓝天常在、青山常在、绿水常在，就一定能开创社会主义生态文明新时代、赢得中华民族永续发展的美好未来。①

牢固树立绿色生活意识，倡导绿色消费，通过绿色消费倒逼绿色生产，能够为全社会生产方式、生活方式绿色化贡献力量。习近平在党的第十八届中央纪律检查委员会第二次全体会议上指出：“要坚持勤俭办一切事业，坚决反对讲排场比阔气，坚决抵制享乐主义和奢靡之风。要大力弘扬中华民族勤俭节约的优秀传统，大力宣传节约光荣、浪费可耻的思想观念，努力使厉行节约、反对浪费在全社会蔚然成风。”2016 年 2 月 17 日，国家发展改革委等 10 个部门联合发布《关于促进绿色消费的指导意见》提出：到 2020 年，绿色消费理念成为社

---

① 任理轩.坚持绿色发展——“五大发展理念”解读之三[N].人民日报,2015-12-22.

会共识，长效机制基本建立，奢侈浪费行为得到有效遏制，绿色产品市场占有率大幅提高，勤俭节约、绿色低碳、文明健康的生活方式和消费模式基本形成。2018年国家发展改革委首次组织编写的《2017年中国居民消费发展报告》①指出，近年来我国绿色产品消费发展态势良好，具体表现在以下几方面。

一是绿色消费品种不断丰富。随着人民生活水平的提高，居民消费不断升级，消费内容发生了显著变化，从注重量的满足逐步转向追求质的提升，绿色消费悄然兴起，绿色消费品种不断丰富，节能家电、节水器具、有机产品、绿色建材等产品走入千家万户，空气净化器、家用净水设备等健康环保产品销售火爆，循环再生产品逐步被接受，新能源消费成为时尚，共享出行蓬勃发展。

二是绿色产品消费规模不断扩大。近年来，在促进绿色消费有关政策措施推动下，绿色产品供给逐步优化，市场规模不断壮大。据统计，2017年高效节能空调、电冰箱、洗衣机、平板电视、热水器等5类产品国内销售近1.5亿台，销售额近5000亿元，有机产品产值近1400亿元，新能源汽车消费77.7万辆，共享单车投放量超过2500万辆。2012～2016年，我国节能（节水）产品政府采购规模累计达到7460亿元。

三是绿色产品消费政策不断健全。近年来，中共中央、国务院印发了《生态文明体制改革总体方案》《废弃电子电器产品回收处理管理条例》《关于建立统一的绿色产品标准、认证、标识体系的意见》《“十三五”节能减排综合工作方案》等文件，国务院相关部门印发了《关于促进绿色消费的指导意见》《“十三五”全民节能行动计划》《循环发展引领行动》《促进绿色建材生产和应用行动方案》《工业绿色发展规划（2016～2020年）》《关于开展“节能产品惠民工程”的通知》《关于加快推动生活方式绿色化的实施意见》《关于鼓励和规范互联网租赁自行车发展的指导意见》《企业绿色采购指南（试行）》等文件，对强化绿色健康消费理念、促进绿色产品供给和消费发挥了重要作用。目前我国促进绿色产品消费的制度体系初步建立，国家正在实施节能（节水）产品和环境标志产品认证、节能产品和环境标志产品政府采购、能效水效标识、绿色建材评价标识、能效水效环保“领跑者”、节能节水和环境保护专用设备企业所得税优惠等制度，北京、上海等部分地区采用财政补助的方式推广高效节能产品。

四是绿色产品消费生态环境效益逐步显现。据估测，2017年国内销售的高效节能空调、电冰箱、洗衣机、平板电视、热水器可实现年节电约100亿千瓦时，相当于减排二氧化碳650万吨、二氧化硫1.4万吨、氮氧化物1.4万吨和颗粒物1.1万吨。2016年，我国废旧纺织品综合利用量为360万吨，可节约原油460万吨，节约耕地410万吨。

---

①　国家发展和改革委员会. 2017年中国居民消费发展报告［M］.北京：人民出版社，2018.

（三）以绿色发展理念引领生产生活绿色转型

党的十八届五中全会将绿色发展作为新发展理念之一，提出要牢固树立绿色发展理念，表明党中央高度重视生态文明建设与环境保护，绿色发展将成为中国发展战略与发展政策的主旋律。因此，必须要以绿色发展理念引领生产生活绿色转型，要以生态文明理念统领经济社会发展全局全域，把绿色、低碳融入生产生活，把增绿减排变成行为习惯，既要让绿色多起来，还要将排放减下来，推动产业发展生态化和生态建设产业化，促进资源节约利用和环境友好发展。

生产方式和消费模式绿色转型，是绿色发展的核心。加快推动生产生活绿色转型，是坚持绿色发展理念和落实绿色发展政策的重要内容。深入践行绿色发展理念，坚持以绿色发展理念引领生产生活绿色转型，必须采取具体有效的措施加以推进。

一方面，要以绿色发展理念为引领，改变以环境污染、资源浪费和生态退化为代价的传统生产模式。促进要素投入结构转型，从原来主要依靠低端要素或者低级要素发展，向主要依靠高级要素转型。加快产业结构调整和优化升级，不仅要注重运用绿色低碳技术改造提升传统优势产业，促进传统产业向绿色产业转型升级，而且要切实以发展高端高质高效产业为切入点，推动新兴绿色产业发展，构建科技含量高、资源消耗低、环境污染小的绿色产业体系，努力实现整个生产过程的绿色化，不断提高经济绿色发展程度。加强绿色治理，促进绿色生产。加大水、大气、土壤污染和工业、农业、生活垃圾和固体废弃物等城乡环境综合整治力度，深入实施山水林田湖草一体化生态保护和修复，打赢蓝天保卫战。全面促进资源节约和集约循环利用，用最少的资源环境代价取得最大的经济社会效益。加大绿色科技投入，创新绿色技术。加强自主创新，围绕新能源、节能减排、资源循环利用、碳汇产业和生态保护修复等，形成一批拥有自主知识产权的关键共性技术。以绿色技术创新驱动绿色发展，大力研发风能、太阳能、地热能、矿物能、海洋能、核能、生物质能等新能源应用技术，构建清洁低碳、安全高效的能源体系。加强绿色技术重大创新平台、创新人才队伍和创新服务体系建设，加快构建绿色技术成果转化应用推广机制，推动绿色技术产业化、绿色产业规模化。①

另一方面，要以绿色发展理念为引领，积极倡导和大力推行绿色消费。践行绿色生活，倡导简约适度、绿色低碳的生活方式，推广使用节能节水产品、节能家电、节能与新能源汽车和节能住宅等产品，降低能耗、物耗，发展城市

① 黄渊基，成鹏飞.践行绿色发展理念的五个抓手[N].经济日报，2017-12-10.

绿色交通，推进生活垃圾分类收集处理，推进绿色生产、绿色包装、绿色制造、绿色流通、绿色采购、绿色消费、绿色回收等，倡导绿色食品、绿色居住、绿色出行、绿色休闲，鼓励和引导公众在生活方式上加快向绿色消费转变，在全社会构建文明、节约、绿色、低碳的消费模式和生活方式，营造绿色生活良好氛围。

三、着力点是促进绿色生产与绿色生活的良性互动

（一）推动绿色消费战略，以绿色消费倒逼生产方式绿色转型

1. 大力普及和强化绿色消费意识

消费意识直接支配和调节消费行为，积极推动绿色消费战略，首先就必须要大力普及和强化消费者的绿色消费意识。目前，仍有很多人缺乏环境保护意识，绿色观念淡薄，绿色消费动力不足，很大程度上在于对绿色消费认识不足、观念陈旧以及绿色消费教育宣传力度不够。①因此，亟须强化生态文明教育，大力普及和强化绿色消费意识。

首先，通过发展生态文明教育，推广绿色消费理念，让绿色消费理念深入人心。例如，通过将发展生态文明教育纳入现代国民教育体系和全民终身教育体系，来提高全民保护环境与追求利益的责任感与自觉感，增强绿色消费的认识。

其次，要将绿色消费理念与绿色生活方式相结合。生活方式是影响消费领域能耗的主要因素，我国应提高全民环保意识，倡导全民实行绿色的生活方式。例如，在房屋建筑、节能设计、交通规划等方面要求技术和政策能够与绿色生活方式相适应。

2. 鼓励创新、规范认证标准以提升绿色产品质量

消费者绿色消费的强弱不仅受绿色消费观念的影响还受到经济因素与信息因素的影响。即使消费者树立了绿色消费观念，倘若市场上缺乏质量优质的商品与服务，或预期成本与利益权衡超出了消费者所能接受的程度，在这种情况下，消费者也很难进行消费。为此，政府应该积极鼓励生产企业技术创新，采用绿色材料进行绿色制造；通过技术创新，提高绿色产品质量和生产效率，以降低绿色产品的生产成本，从而降低绿色产品的价格，增强消费者的绿色购买力。

此外，信息刺激会通过增加他人对绿色消费的认识进而影响消费行为。当

---

① 杨昌星.论绿色生活对人类需要的全面满足[J].商业研究,2017,10.

前，我国绿色产品及服务存在不足，绿色产品认证体系还未完善。由于绿色产品种类繁多，绿色产品的认证标准不统一，绿色产品服务欠缺，消费者难以辨别真正绿色产品，也就难以形成对绿色产品的信任。政府应与相关行业部门协调，在绿色产品认证方面建立统一、完善的标准，消除绿色产品市场上标识混乱的现象，确保消费者能买到真正的绿色产品，并提供相应的绿色产品信息服务，获得消费者的信赖，增强消费刺激，促进绿色消费行为。

3. 发展绿色产业，开发绿色产品

绿色产品作为绿色消费的物质基础，发展绿色消费必须要有丰富多样的绿色产品。当前，受限于科学技术，绿色产品的功能属性通常不足，且绿色产品的生产成本高，造成市场价格高，使得消费者觉得绿色产品与传统产品比较起来，价格与性价比之间没有呈现正向关系，从而减少甚至放弃绿色产品的购买。此外，由于绿色产品种类有限，使得消费者想要找到合适的绿色产品比较困难，也会放弃购买。对此，一是要健全绿色产业发展促进机制，构建绿色产业体系，不断提高资源利用水平。二是要统筹规划绿色产品生产基地，开发绿色产品。通过科学规划、合理布局、发展、培育绿色产品生产基地，根据不同地势优势，构建不同的产品基地，生产不同种类的绿色产品，满足消费者多样化的需求。

4. 组建和完善绿色营销体系

发展绿色消费，不仅要发展绿色产业，生产出丰富多彩的绿色产品，还要构建和完善绿色营销体系。①因为市场规模的扩大是企业蓬勃发展的生命线，也是绿色消费与绿色产业赖以发展的基础。为此，一要积极培育与扩大绿色产品市场。开辟绿色通道，建设绿色产品市场，利用电子商务，开拓网上绿色市场。二是要加强企业与消费者之间的交流，做好绿色产品的营销。以消费者为中心，以消费需求为导向，开展市场调查，做好市场定位，开展多样化的绿色营销策略。特别要加强企业与消费者之间的交流，提供绿色产品相关咨询与宣传服务，增强消费者对绿色产品的认识，消除对绿色产品的误解，让消费者体会到绿色产品带来的利处，增强消费动力。

5. 建立绿色消费长效保证机制

首先，加强法制体系建设。当前，我国绿色消费法制化层次低，没有专门的绿色消费法，政策分散，且缺乏权威和可操作的实施细则，缺乏协调性。缺少完善的法制体系，将影响绿色生产与绿色生活，也影响绿色消费发展，为此，应加快绿色消费的基本法、专门法的修订，完善绿色消费的法制体系建设。

---

① 王雅林.“生活型社会”的构建——中国为什么不能选择西方“消费社会”的发展模式[J].哈尔滨工业大学学报(社会科学版),2012,1.

其次，增强经济宏观调控手段。国外通常采取生态税、政府补贴、贸易补贴以及特惠关税等经济手段来促进绿色消费的发展。通过这些经济手段，来直接或间接地降低绿色消费的成本，以此扩大消费需求，推动绿色消费发展。虽然我国也采取了调控政策，但政策大多以政府补贴为主，缺乏连续性。对此我国应采取多样化的补贴手段以及在消费税减免、惩罚性资源价格、差额消费税等方面加强政策修订，引导形成长效良性的绿色消费推广机制，促进绿色消费的发展。

最后，加强市场监督。近年来，我国绿色消费市场不断扩大，但关于绿色消费产品和服务的质量检查监督机制还不完善，绿色监管网络尚未建成，监督执法能力滞后，这些将影响绿色消费政策的执行，阻碍绿色消费的发展，有必要加强绿色产品市场管理和监督，维护绿色产品市场秩序，打击绿色产品的假冒伪劣行为，维护消费者权益。

(二) 实施绿色供给侧改革，以绿色供给推动生活方式绿色转型

绿色代表自然和谐、低碳环保。供给侧结构性改革的目的是通过调整要素分配，增加有效供给，从而能够维护经济社会的健康运行。绿色供给侧改革是要以绿色发展为导向，充分考虑到短期利益和长期利益，当代发展和后代发展，提高资源配置效率，确保自然资源的可持续发展。[①]

1. 以绿色化为核心的供给侧改革

将绿色化放在供给侧改革的核心位置，需要注意以下四个方面的内容：一是注重人与自然的协调发展。人类社会的进步来源于每个人的全面发展的进步，协调发展重在各方面的均衡发展，不是强制要求各行各业同步发展，而是注重整体发展的步调相一致，也就是明确经济社会与自然环境的发展现状，立足于经济社会与自然环境的发展阶段，把握经济社会与资源环境的发展规律，使城镇化发展，区域发展和产业发展能够协调一致。二是发展绿色化生态经济。经济规模的大小要充分考虑到资源循环再生的时间和环境最大可以承受能力，既要满足当代人对资源利用的需求，也要保证后代人的生产生活正常进行。中国经济的高速增长必须是绿色化发展，否则将会导致资源开发超过环境承受能力。目前我国的生态环境的保护已经初见成效，水土流失、土地荒漠化以及沙漠化都得到了明显改善。三是节约能源，提高能源利用效率，生产流程绿色化。能源总量有限和环保的要求使我们不得不实行绿色化生产生活流程，不仅要节约能源的使用量，还要改造技术和方向，高效循环利用资源，在减少

---

① 侯彦杰，吴比.现代消费方式的生态伦理选择[J].学术交流，2016，4.

使用不可再生资源的同时减少污染排放总量，尽可能避免对环境造成不可逆的损害。四是以人民利益为主导。给人民创造良好的生态环境和提供环保绿色产品是以绿色化为核心的供给侧改革的最终目的。要从源头上保护民生，改善民生，继续大力修复生态损伤，避免环境污染，适度适量使用生态资源。

2. 供给侧改革的绿色发展框架

人们物质水平提高，生态环境的保护意识越发增强，希望能生活在美好的生态环境之中。绿色发展的理念产生于人类逐渐重视工业化发展的污染问题和反思生产生活方式合理性的过程中。首先，完善绿色供给机制，形成绿色供应链。完善绿色供给机制主要是优化绿色产业结构和产品结构，按照地方区域的自然环境承受能力调整产业发展计划，革新绿色生产制造技术，生产出能耗较低并具有市场竞争力的绿色产品，促使产业绿色转型。另一方面，从原料采购、生产制造、回收使用等全方位构建绿色供应体系，建立保护环境、节约能耗的生产流通绿色供应链。其次，增大绿色投入力度，保证绿色资源配置有效。经济发展中常常投入过量劳动力和消耗过多资源，还存在供给与需求不匹配，资源错配等问题，这不仅制约了经济发展，还影响了人们的生活水平。在关注绿色资源的单位供给能够带来多少经济收益的同时，我们还要源源不断地增加绿色投入力度，整合现有可利用的自然资源，调查目前市场的资源需求量，高效利用土地，劳动力和自然资源等多方面的供给侧要素，调控投入产出价值比。最后，供给主体政府的绿色发展，政府职能的有效发挥体现在能够保证绿色投入力度，组织协调好环境保护和高效调节分配资源。目前政府各部门体制和管理方式由于历史原因还存在管辖范围重叠，职责界限模糊等局限性，因此政府自身要绿色发展，再从自身绿色发展出发走向全体人民的绿色发展。政府各层管理人员要具备绿色责任和保护资源环境的意识，构建简单直接、灵活全面的政府内部协调组织体系和监督管理体系，加强政府自身对社会经济环境的资源控制能力。

3. 绿色供给侧改革路径

绿色供给侧改革是一项复杂庞大的系统工程，大致可分为三条改革路径。第一，重点加强绿色科技创新，改善生态环境。缓解人类社会与资源环境的紧张关系，应当也必须依靠科技的进步创新。能源技术创新是在传统的节能技术基础上发展新兴的可再生能源技术创新，跟随国外能源技术革新趋势，吸收成熟的技术经验，构建绿色安全高效的能源系统。企业重在建立相关机制，提升全要素生产率，树立绿色创新能够带来经济收益的意识和培养自身绿色创新能力，还要多应用一些能够实现绿色清洁，节约能源的科学技术，鼓励内部集体积极进行绿色创新。第二，健全制度约束，严格的制度约束才能支撑起绿色供给侧改革，我国制度中的根本制度和基础制度能够提供环境保护基础，但是在具体制度的供给数量和质量离我们的目标实现还存在一段距离。改革一些不适合生态环境的制度政策，建立完善绿色供给的市场制度和生态文明的法律条例，把资源环境保护作为制度约束的核心，制定专门针对合理利用资源的环境友好型规划，调节绿色产业的绿色供给，引导企业向环保集约型发展。第三，增加财政支持和应用绿色标识。政府财政要设立用于补贴绿色企业的专项基金，调动企业研发生产绿色产品的积极性，实现供给侧绿色改革。目前绿色标识不够深入人心，应该将绿色标识深入到整个社会各行各业的各个区域，也就是在各个区域划定绿色供给侧改革示范点，在这个示范点列出给予绿色企业的优惠政策以及认定标准，大力支持绿色企业的发展，另外还可以建立绿色学校、绿色社区、绿色交通，开拓全社会的绿色供给新局面。

（三）创新绿色生产方式，促进绿色生产生活互动发展

绿色生产方式是一种积极健康的生产方式，是一种能够充分发挥人们主观能动性，利用自然规律来改造自然并且着眼于可持续发展的生产方式①。它强调的是绿色，即保护生态环境就是保护生产力，改善生态环境就是发展生产力。既要绿水青山，也要金山银山。宁要绿水青山，不要金山银山，而且绿水青山就是金山银山。生产方式绿色化有助于人们改善生活。绿色化的要求本身就是要满足人民群众对绿色产品的需求，而现阶段良好的生态环境和优质的绿色产品已经是人民群众的迫切需求。通过生产方式绿色化既可以保证生态环境的适宜性，又可以大力推进绿色产品的生产发展，因此生产方式绿色化就是改善和普惠民生的生产方式。

相对于传统生产方式，生产方式绿色化是一种从思想意识到实践行为在经济社会发展与物质生产本原问题上的一种提升。我们应当把自然看作一个整体，它不仅包含着我们赖以生存的自然环境，也包含着不断发展的经济社会。传统的生产方式不包括经济社会，从而忽略了生态环境，导致经济发展与生态保护的对立。但是生产方式绿色化既要利用生态环境的工具性，还要承认其价值性，将经济社会发展置于生态总系统中，实现人与自然的和谐发展。

在绿色技术创新中，企业是主体，是直接面向市场，从事商业活动的机构。企业生产的目的是利润最大化，在经济利益的驱动下，企业将生产出的绿色创新产品销售出去。在众多的创新网络中，只有企业才能够将其发挥得最好，挖掘产品的潜在价值，也只有企业才可以将潜在的生产力转化为现实的生产力。企业作为绿色技术创新的主体，是绿色技术创新的动力，也是绿色技术创新最直接的利益受益者。高校和科研院所是科学知识的生产者，是绿色技术

---

①　张三元.绿色发展与绿色生活方式的构建[J].山东社会科学,2018,3.

创新的开始者和实施人，其客观上不断增加对客观世界的认识与知识的积累，在国家的绿色技术创新体系中不断进行新知识、新技术的开发与技术生产，并为社会提供可进行创新的人才。在奥地利政治经济学家熊彼特看来绿色技术创新对于经济增长发生作用的阶段就是在新技术的扩散阶段，当新技术的扩散已经完成的同时，新技术对于经济的刺激也就结束，这样就引导创新主体开始更新的创新探索。因此没有技术中介机构的介入，创新成果的转化就会受到很大的制约，甚至就会使成果胎死腹中。各国都把中介看做是技术推广的重要路径，其实研发单位与企业间的桥梁，是知识商品化的场所。政府是整个创新网络的协调者。由于创新体系中各个要素间的利益诉求是不同的，因此政府发挥着至关重要的作用。当绿色创新的产品稀少的时候，政府应该采取积极鼓励的政策来刺激创新，当绿色创新的产品过多的时候，政府应该完善法律法规来规范市场，指引正确的创新方向。金融机构是经济运行中的枢纽，在绿色创新中发挥的作用越来越大，主要是因为在创新中，其资金的来源从原先的单一性变为现在的多元性，这就表明了金融机构存在的必要性。首先，政府可以通过金融机构来对企业进行管理，为企业的绿色创新指明方向；其次，企业可以通过金融机构的借款来缓解自身财务的压力；最后，研发单位也可以通过金融机构完善支付手段，保障自身的紧急利益。市场经济的发展，逐步地深入到绿色创新的生活方式，绿色技术创新逐渐变为一个复杂又高效的网络系统。

创新绿色生产技术具有很强的现实意义。第一，目前中国的人口众多，人均资源匮乏，环境压力大，传统企业的经济发展方式一味地追求经济利润，对环境的破坏极大，而绿色技术创新有利于减少经济发展过程中环境的压力，实现经济结构的转型；同时以绿色技术创新为引导，将引领中国产业向着绿色化方向的成功转型。第二，通过创新绿色生产方式，有利于推进生态文明的建设。当工业水平发展到一定程度时，必然转移到生态文明建设当中，减少高污染、高耗能产品的生产。绿色创新是针对于环境污染而提出来的，提倡循环经济和低碳经济，这其中包括节能减排技术、清洁生产技术、生态补偿技术等，都是针对工业文明问题的举措。第三，通过绿色技术创新还能够促进社会的可持续发展。可持续发展要求减少对环境的污染，减少私家车尾气的排放，增加产品的循环使用率，这些都可以通过绿色创新来实现。成功推动绿色技术创新就是在快速推进生产方式绿色化的进程，即绿色技术创新就是推动生产方式绿色化的核心驱动力。绿色技术创新的方向和重点是环境友好资源节约，实现劳动方式和社会关系在人与自然的关系中和谐共处且能够实现人类社会继续快速发展的技术创新，是要从根本上提高资源利用与减少废弃物排放，以解决人类面临的资源短缺、生态环境保护等问题。生产方式的绿色化也是生态文明的时代表现，是一种以生态文明为价值观，实现经济社会可持续发展的生产方式。

要实现生产方式的绿色化就离不开技术创新的支撑。习近平总书记也曾指出："实施创新驱动发展战略，是立足全局、面向未来的重大战略，是加快转变经济发展方式、破解经济发展深层次矛盾和问题、增强经济发展内生动力和活力的根本措施。"总而言之，就是通过创新绿色生产方式来促进绿色经济的发展，绿色经济的发展又会作用于生产方式绿色化。

生产技术的创新能增强制造业的竞争力，优化产业结构，这有助于推动我国经济的发展，对物质生产与社会生产有着双重的发展利益。因此绿色技术创新体系的合理建设可以实现生产方式的绿色化，将会是实现中国生态文明建设的重大突破口，我们应坚持创新绿色生产方式的正确道路。

四、落脚点是形成推进生产生活方式绿色转型的合力

（一）加快形成全民参与和践行绿色生产生活方式的良好氛围

构建全民行动体系，形成推进生活方式绿色化的强大合力。人民群众是生态文明建设和环境保护的生力军，人人参与、人人建设必将为推动事业发展提供源源不断的正能量。生活方式绿色化，要落实到每个人的行动中去，从拒绝过度包装，减少一次性物品使用，采购低碳环保产品，乘坐公共交通工具出行，多种一棵树、少抽一支烟，节约一度电、一滴水、一粒米、一张纸等小事做起。开展节约型机关、绿色家庭、绿色学校、绿色社区创建，推广环境友好使者、少开一天车、空调26℃、光盘行动等品牌环保公益行动。加强绿色生活信息发布，帮助消费者获取绿色产品信息，为公众践行绿色生活提供必要的服务。

1. 引导民众树立绿色生活的理念

在党的十八届五中全会中通过的《中共中央关于制定国民经济和社会发展第十三个五年规划的建议》里，习近平总书记就强调过理念是生活的先导。生活方式理念是对生活方式起指导和统率作用的精神动力源，是生活价值观、质量观、幸福观等问题的理论总和与抽象。党的十九大报告则进一步明确："我们要牢固树立社会主义生态文明观，推动形成人与自然和谐发展现代化建设新格局。"要引导民众践行良好的绿色生活方式，绿色发展理念的树立尤为关键。

首先，引导民众树立人与自然和谐共存的绿色理念。人与自然的和谐程度直接影响着我国生态文明建设水平，也体现社会大众对绿色发展理念的认同度和践行力。因此，要真正实现生态环境优化，就应引导民众从思维理念上要真正融入绿色生活中，既要遵守绿色发展的法律法规，又要自觉参与到绿色生活

方式的大众构建队伍中来，尊重自然、保护环境、完善自我。在实践中，通过宣传，引导民众切实将人与自然和谐共存理念融入实践中，自觉强化环保意识，在生产、交换、分配、消费等环节培养节约集约的自觉行为，而且在衣、食、住、用和行方面自觉抵制各种浪费且污染生态的行为，类似购买节能环保产品，使用环保袋及随手关灯诸如此类行动都是在切实践行绿色生活方式，促使民众生活方式尽快绿色环保化，真正实现经济发展与生态环境共生共荣。①

其次，引导民众树立绿色生命观。一方面，要培养民众生态责任感和良好的社会公德心。只有当一个人具有社会责任及公众心态时，摒弃自身的狭隘私欲利己心态，才能更好地站在社会可持续发展的角度去思考问题，规范自己的言行，这也是推行公民绿色生活方式社会化的基础，才能真正促使社会形成良好绿色发展生活方式的风气。另一方面，要培养绿色发展生命观的理念，养成低碳生活习惯和低碳生活方式，以绿色发展观指导人生的价值修养，以绿色的生活价值观为前提，培养自己的绿色发展生活方式，无论在物质或精神生活消费方面，尽力减少耗能，减少环境污染，约束个人的过度消费行为，如穿衣方面尽量少而精，提高衣服的利用率，处理好个人多元物质和文化需求欲与健康生态的关系，努力保护生态环境。

2. 着力营造绿色文化的生活环境

当前，政府要营造良好的生态生活环境，需要培养全体民众良好的绿色行为文化自觉性，进而养成绿色发展的生活方式，引导公民自觉成为生态公民，形成尊重自然、顺应自然和保护自然的生态价值观。

首先，引导广大民众树立"生态公民"理念。②"生态公民"的特性在于把公民责任与生态环保紧密结合起来，理论上具有丰富的生态理论素养，包括生态环保知识、生态法律知识、生态伦理意识和生态责任等等；实践中自觉为生态环境建设服务，推广与自觉践行绿色发展生活方式营造良好素质。目前我国生态公民的培养环境须逐渐强化，一个社会无论发展绿色经济或者是建设生态文明，既需要有绿色生态公民来实施，也需要生态公民来享受、保护建设的成果。需要每个民众能够以"生态公民"的要求来约束自己，才能更好地推动绿色发展生活方式，更好地保护建成的生态环境。把公民培养成生态公民是发展绿色经济必要的前提与基础，需要我国各级政府围绕中央生态文明建设的总体规划要求，推广生态文明理念的传播，加大对全国民众的绿色生活理念的宣传教育。

其次，加强对广大民众的生态教育，拓宽传播渠道，形成宣传长效机制。要真正使绿色发展生活方式成为一种时尚、一种潮流，最终使每个人自觉遵

---

①② 王文明.公民绿色生活方式研究［J］.黄河科技大学学报，2018，3.

守，就必须不断灌输绿色发展的理念，强化对全体公民生态意识教育普及宣传，将绿色发展理念植入每个人心中。一是构建系统化的宣传教育机制。将生态教育融入到基础教育当中去，从小培养绿色化的生活方式理念，并将生态活动融合到社团活动中，贯穿于国民教育的全过程及全社会公民教育的全过程。比如，对于中小学生，可以通过组织“自然体验夏令营”让学生体验与自然融为一体的感觉，培养学生热爱自然、尊重自然的生态理念。二是动用各种媒体工具，实现宣传教育手段的多样化。比如，运用报刊、广播电视、互联网、户外广告、手机等多种传统与现代传媒的载体，生动、立体化地开展宣传教育。此外，在生态宣传教育形式也进行创新，用公众易于接受的语言、形式潜移默化地使之自我内化。比如开展绿色生活教育活动，制定公民行为准则，充分利用各种绿色活动，如环境保护日等进行宣传教育。三是加快发展绿色文化产业，生产出更多蕴含绿色环保理念的文化产品，营造生态文化氛围，形成良好的生态文化长效机制。四是国家自上而下强力推行绿色发展。改变民众的生活方式，既需要引导民众的自觉意识，也需要国家绿色发展一直来推行，将国家意志变为个人意识。在加大绿色发展理念宣传的基础上，建立严格的奖惩制度体系，激励大众积极履行绿色发展生活方式的措施。通过设立“绿色发展节能奖”或者政府的绿色补贴等，推行生态环保建设。比如，对安装太阳能发电装置家庭可资助补助金，家庭多余电量电力公司应按公平价格回收等，切实做到让国家的绿色发展意志融入到民众的日常生活中。

3. 着力营造民众绿色健康的消费心理环境

绿色生活方式的形成需要一定的氛围，只有通过塑造氛围形成一定理念上的传承，才能影响民众自发去了解乃至掌握绿色生活方式知识，矫正乃至重塑民众的消费认知，提高民众的绿色消费意识，进而确立绿色生活方式价值理念，最终践行绿色生活方式，打造起践行绿色生活方式的良好社会氛围，从而营造起具有绿色发展消费的潮流，改变了众多民众的消费观和生活模式。一方面，通过营造绿色氛围，充分利用群体压力效应，引领全社会的绿色生活方式。另一方面，政府通过规范企业、个人的行为，营造整个社会绿色发展消费的潮流，从而改变整个社会的消费观和生活模式。此外，也应借助媒体力量，强化民众对绿色生活方式的心理教育，唤醒更多民众对生态的责任感、道德、审美、忧患乃至科学消费意识，让生态理念、绿色生活方式置于民众心中。

4. 着力提高科技应用于绿色生活方式的力度

随着知识社会时代的来临，科技已然应用于社会各个领域，也已成为当今社会居民绿色生活方式的重要辅助手段。引导广大民众践行绿色生活，不仅仅是理念上的引导，更应是给以民众绿色生活的资源或平台。因此，要强化科技支撑，夯实促进生态环境保护、建设与发展的基础能力。一方面，要科学构建市场导向绿色创新体系，加大对居民现代消费相关科研研发力度，创新绿色消费产品，抓紧实现产业新能源化，为提高公民的绿色发展生活方式提高强有力的科技支撑。另一方面，科技应用对于生态环境往往存在着两面性。因此，在推广科技应用当中，要注意规避可能产生的污染生态进而危及到民众生活的弊端，切实提高科技应用于民众绿色生活方式的积极作用，增强科技对生态环境治理的有效性及针对性。

（二）加快建立绿色生产和消费的法律制度和政策导向

党的十九大报告指出，必须树立和践行绿水青山就是金山银山的理念。绿水青山既要求优良的环境质量，也需要生态健康的保障。要实现绿水青山就是金山银山，必须推动绿色产品和生态服务的资产化，让绿色产品、生态产品成为生产力，使生态优势能够转化成为经济优势。当前，应当全面深化绿色发展的制度创新。一是完善绿色产业的制度设计，构建市场导向的绿色技术创新体系，通过环境外部性的内部化，强化绿色技术创新、绿色生产的经济激励，促进绿色技术、绿色生产的推广应用，使之成为新的经济增长点。二是完善绿色消费的制度设计，加快建立绿色消费的法律制度和政策导向，要让绿色、生态成为生活消费的新导向，使优质生态产品成为附加价值的组成部分，从而绿水青山真正成为促进经济增长的自然生产力。要达到这一效果，就要加快建立绿色生产和消费的法律制度和政策导向，建立健全绿色低碳循环发展的经济体系。构建市场导向的绿色技术创新体系，发展绿色金融，壮大节能环保产业、清洁生产产业、清洁能源产业。

1. 创建绿色生活方式的交易市场体系

市场经济实质是契约经济，一套成熟的市场经济体系应有相应的制度体系。因此，在社会主义市场经济运行体系下，要推行公民绿色发展的生活方式，就应建立相应的市场体系，以此来更好地保护公民践行绿色生活方式中所引发的各种相关利益群体关系，进而保证老百姓在绿色发展理念指引下稳定的生活质量。一方面，借鉴当前国家规定企业之间的碳排放交易市场，在我国广大民众之间也相应设立一个个体碳排放交易市场。具体而言，相关政府部门应结合现代社会生活条件所需耗费相关能量系数，综合计算出每个公民平均每一天生活中所能向自然环境中排放的危害性废物质的量，作为每个成年公民一天生活所需的全部排放量，以此为基数，使用超出者掏钱购买①。当然政府可通过设立类似企业碳排放管理的奖惩机制，对使用少者给予奖励。相反，对那些在现实生活中严重超过所需碳排放量的公民，对自然生态产生一定损害的行

① 庞海坡.绿色发展融入“一带一路”的现实需求与制度保障[J].人民论坛,2017,13.

为，不仅要让其通过市场去购买排放量，而且也要对其进行相应的惩罚。政府可限定每人的最高消费额，即使自己出资也不准超出最高限购量，以此来促使每个公民都形成绿色生活的生态习惯。另一方面，创建民众个人绿色生活的“生态档案”制度，把每个公民日常生活中涉及绿色生态环境发展方式有关的行为，包括维护生态环境的实践记录在案，并进行业绩积分制测量。绿色业绩积分高意味着其绿色积存量高，则应进行奖励，反之则应进行相应惩罚。因此，通过建立经济、精神乃至刑罚等一系列奖惩机制，以此来约束全体民众把生态保护问题放置于个人日常生活中的核心位置，把保护环境与个人健康紧紧联系在一起，从而在全社会里建立一种人人践行绿色生活方式的行为理念，切实保护生态环境。

此外，建立绿色市场体系，还应考虑现实生活中可能存在着一些自然灾害突发事件，这些事件往往会影响到民众的日常生活，甚至影响到民众的身心健康。因此也应建立绿色保险制度，以此来保证民众绿色生活的稳定性。所谓绿色保险制度，是借鉴一般保险的做法，要求企业对自身的生产经营活动进行环保测评来鉴定引发环境事故的概率，而后向保险公司投保。一旦该企业因生产经营活动造成一些具有潜移默化、累积污染生态危害事故时，受害公民甚至单位都可以向保险公司要求索赔。保险公司勘验属实后，对受害公民或受害单位进行赔偿，以此强化相关企业担当起绿色发展的社会责任，维持绿色发展持续进行，保护公民身心健康。

2. 加强和完善绿色生产的法律制度

现代企业的竞争包括产品质量、服务水平乃至营销策划方面的竞争，也涵盖环保方面的竞争。因此，企业应始终秉承绿色生产理念，无论是企业的生产还是企业的发展规划都应紧扣绿色这一主题，积极引导企业在追求利润的同时把不利于周围环境的因素或目标结合起来，着力发展绿色产业，基于全要素生产角度进行绿色发展，不断强化从企业技术开发、生产操作、产品营销等各部门人员的环保意识，优化企业的生产工艺，提高企业能源、资源的利用效率，实现能源的清洁化，最大程度上减少“三废”排放。当然要促使企业实现绿色生产，就应加强和完善绿色生产法律制度，并且加大执法力度，健全生态司法环境，营造企业生产守法氛围，实现经济与生态环境全面、协调的可持续发展。一方面，对接国际先进标准，着力完善生态法律体系，将环境保护列为上至国家机关，下至社会个体民众的权利和义务。健全完善企业生态环境状况公示制度、污染排放标准及考核公示制度和招标项目环境评价公示制度等等，实现与领导生态环境述职制度和生态环境考核评价制度的有效衔接，切实保障民众的生态环境的合法权益。同时，提升《环境保护法》的影响效力，细化实化有关土壤污染、生态保护、化学物质污染、环境技术检测等方面的标准体系，制定出自然资源保护的基本原则、目标要求和监督机制，确保在保护生态环境的同时做到有效的污染防治，并依据现实生活情况，适时制定出特殊的生态环境法规，以弥补国家立法的滞后状态，明确侵占水体湿地、污染水体、污染大气、制造噪声等行为的处罚标准和处理措施。另一方面，应加强环境执法力度，严格执行处罚机制。针对企业的环境违法行为，应严格执行排污许可证制度，实行淘汰制度，淘汰那些违规企业，绝不允许违法企业存有侥幸心理，禁止出现损害群众利益的行为，并且针对部分跨区域或者跨行业的违法行为，可实行联合执法机制，加强部门之间的协调，有效衔接上下级部门之间监督，实现宏观调控与具体监督的有机统一，以此保障执法的有效性和常规化。同时，要依法执政，强化生态执法的监督机制，尤其针对一些重点区域、行业的污染治理，加大监管力度，严格控制重点区域的污染物的达标排放，并且明晰社会公众的环境监督的方式和渠道，做到社会监督和政府监督的有效衔接，从而形成全方位、多维度的立体监督格局。此外，在执法过程中，应从全局的角度来进行环保管理，排除地方保护主义等因素干扰，清理部分与国家环保法相冲突的地方法规，从制度上排除地方政府部门干扰环境政策执法障碍。

第八章

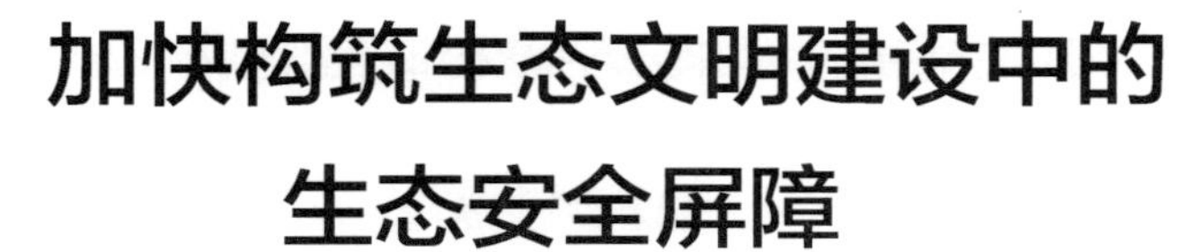

加快构筑生态文明建设中的生态安全屏障

——坚决守住可持续发展的生命线

一、加快构筑生态文明建设中生态安全屏障的重大意义

(一) 生态安全是 21 世纪人类社会可持续发展的主题

1. 什么是生态安全

生态安全是近年来提出的新概念。很多学者给出了不同的理解。大体上有广义和狭义两种。广义上，国际应用系统分析研究所（IIASA）认为，生态安全是指在人的生活、健康、安乐、基本权利、生活保障来源、必要资源、社会次序和人类适应环境变化的能力等方面不受威胁的状态，包括自然生态安全、经济生态安全和社会生态安全，组成一个复合人工生态安全系统。狭义上，生态安全是指自然和半自然生态系统的安全，即生态系统完整性和健康的整体水平反映。也就是说，生态安全一方面是指生态系统自身是安全的，另一方面是指生态系统对人类生存发展是安全的。

生态安全具有多重特征。首先是全球性。生态安全并不是一个区域性概念，而是一个全球性概念。因为生态安全并不是局限于某一个特定的国家和地区，而是针对全球所有国家和地区。如果出现生态危机，它的影响是具有全球性的，而且，没有任何一个国家和地区可以单独应对它的挑战，需要全球所有国家和地区广泛合作。其次是社会性。生态危机的爆发更多的是由人类不规范的社会活动导致的，因此需要人类科学合理的社会活动来应对。因此，生态安全表现出一定的社会性。第三是综合性。生态安全是森林生态系统、海洋生态系统等多个生态系统安全的综合，而不是指单个生态系统的安全性。第四是外部性。生态安全并不仅仅作用于一个国家或地区，而且还会对相邻国家或地区产生溢出效应。最后是战略性。生态安全关系到国家能力建设、经济发展和人民生活，是国家军事安全、经济安全以及社会安全的基础。

2. 全球生态环境问题日益突出

自20世纪90年代冷战结束以来，全球核武器削减，国家或地区之间大规模、高密度的武装冲突减少，使得核威胁、战争破坏对全球安全的影响大大降低。然而，生态环境退化、自然资源匮乏、人口增长等问题已经对全球人类的生存和发展构成严重威胁和挑战。因此，影响全球安全的因素发生了根本性变化，生态安全正在成为21世纪人类社会可续发展的主题。

从全球范围来看，在工业化早期，主要出现了大气污染、工业废水污染等。在工业化中期，主要出现光化学污染、水体富营养化、地下水污染、土地荒漠化等。到工业化后期及后工业化时期，出现生物多样性减少、臭氧层空洞、全球气候变暖等。因此，伴随工业化的发展，全球环境问题也变得日益突出。联合国环境规划署公布的《1972～1992年的世界环境状况报告》指出：1970～1990年间世界人口数量增加40%多——相当于16亿人，而且在下两个10年增长速度会更快；人为活动已经造成了10%的河水受到污染；未来30年中，物种数量可能每年损失1.5万～5万个，或每天减少40～140个；人类活动已使全世界15%的陆地退化；等等。而且，温室气体的排放正在使全球气候变暖，海平面上升。中国国家海洋局公布的《2017年中国海平面公报》指出：2016年，全球二氧化碳浓度达到了403.3微升/升，比2015年高3.3微升/升，为工业化前的145%。2016年全球平均表面温度比1981～2010年的平均值升高0.45～0.56℃，继2016年之后再次达到历史新高；2014～2016年，是有记录以来最热的三年。自1960年以来，从表层到深层海水热量都在增加。2016年全球平均海表温度比1981～2010年的平均值高0.36～0.41℃。在过去的30年里，北极陆地冰持续减少。1993～2016年，全球平均海平面的上升速率约3.4毫米/年，其中2016年全球海平面是有卫星高度记录以来的最高位。总体来看，全球环境问题已经威胁到人类的生命财产安全。构筑生态安全屏障迫在眉睫。

因此，早在1992年，超过1700名科学家，包括很多诺贝尔奖获得者，联名签署了《世界科学家对人类的警告》。这封警告信指出，人类活动正在对地球造成无可挽回的伤害，臭氧空洞、水源开采、空气污染、森林砍伐、土壤枯竭等情况的发生可能导致“人类的悲惨结局”。2017年，来自184个国家的15364位科学家再次发出对“人类的警告”——《世界科学家对人类的警告：第二次通告》。在过去的25年，除了臭氧层空洞问题得到有效遏制以外，其他的（在1992年提出的）重大威胁都愈演愈烈。这份报告指出：在过去的四分之一世纪内，地球人均淡水用量减少 26%；野生捕捞量有所下降；海洋死亡区的面积增加了 75%；损失了近 3 亿英亩的林地，其中大部分转化为农业用途；全球碳排放和平均气温持续大幅上升；人口增长了 35%；哺乳动物、爬行动物、两栖动物、鸟类和鱼类的数量减少了 29%。科学家们还指出，“迅速增长的人口对宝贵资源的无节制消耗仍是人类面临的最主要危机”；人类已经“开启了 5.4 亿年来的第六次物种大灭绝，许多现代生物都将从地球上消失，或到本世纪末宣告灭绝”。

3. 中国的生态安全面临严峻挑战

就中国而言，改革开放以来，中国经济走上了快速发展的道路。GDP 增长速度创造了多次世界奇迹，令世界瞩目。但是，不可否认，中国经济的发展方式是粗放的。伴随较高的经济增长速度，经济发展也带来了高耗能、高污染等负面问题。根据埃森哲公司与中国科学院虚拟经济与数据科学研究中心发布的《新资源经济城市指数报告 2015》，中国经济增长导致的资源损耗、环境污染和生态退化等资源环境成本高达 GDP 的 12.3%。而且，在片面追求经济增长速度、城镇化发展规模时，生态空间被挤压的问题也日趋严重。主要表现在四个方面：一是经济建设用地和工业园区建设挤占了大量耕地，而“占补平衡”的约束导致了占优补劣、占近补远、围湖毁林、上山下滩等不良现象的发生。二是城市建设用地的快速扩张直接占用或破坏了优质农田、河湖水面，导致城郊区、开发区周边的生态空间迅速萎缩或消失。三是在东北林区、西北草原、西南山地等生态脆弱且经济发展滞后的区域，为追求地方利益和发展，开垦林草地、山坡地的现象愈演愈烈，直接侵占生态空间。四是滩涂围垦、填海造地、开山造城等开发建设活动，对生态系统造成严重破坏，进而引发生态环境退化。因此，总的来看，中国国内的生态安全问题也日趋严峻。

4. 世界各国携手应对生态环境问题

面对生态环境破坏的严重威胁，全球各个国家携手应对生态安全问题是必然选择。1992 年，联合国大会通过《联合国气候变化框架公约》（UNFCCC），并于 1994 年 3 月生效。该公约规定，“本公约以及缔约方会议可能通过的任何相关法律文书的最终目标是减少温室气体排放，减少人为活动对气候系统的危害，减缓气候变化，增强生态系统对气候变化的适应性，确保粮食生产和经济可持续发展。”而且，在《联合国气候变化框架公约》的推动下，自 1995 年以来，缔约方每年召开缔约方会议，又称气候大会。会议旨在评估缔约方应对全球气候变化的进展。在历次气候大会上，缔约方达成了多项协议，比较典型的有《京都议定书》和《巴黎协定》。《京都议定书》是人类历史上首次以法规的形式限制温室气体排放。《京都议定书》要求发达国家从 2005 年开始承担减少碳排放量义务，而发展中国家则从 2012 年开始承担减排义务。同时，在

2008～2012年期间，主要工业发达国家要在1990年的基础上使温室气体排放量至少减少5%。具体地，欧盟减少8%，美国7%，日本和加拿大6%，东欧各国5%～8%。而《巴黎协定》是继《联合国气候变化框架公约》《京都议定书》之后，人类历史上应对气候变化的第三个国际法律文本，具有里程碑意义。《巴黎协定》在环境保护和治理上提出了一项“硬指标”，即把全球平均气温升幅控制在工业化前水平以上低于2°C之内，并努力将气温升幅限制在工业化前水平以上1.5°C之内。总体上，这些协议对世界各国应对全球气候变化产生了积极的推动作用。2015年9月，在联合国可持续发展峰会上，193个会员国一致通过了《2030年可持续发展议程》。该议程共包含17个可持续发展目标，涉及社会、经济和环境以及与和平、正义和高效机构相关的重要方面。其中，目标15提出:“保护、恢复和促进可持续利用陆地生态系统，可持续管理森林，防治荒漠化，制止和扭转土地退化，遏制生物多样性的丧失。”综合以上分析，可以看出，世界各国已经认识到生态安全是21世纪人类社会可持续发展的主题。只有积极应对全球生态环境问题，才能实现人与自然的和谐发展。

(二) 生态安全是国家安全的重要组成部分

传统意义上，国家安全仅仅指一个国家或地区保持政治独立、领土完整，且没有遭受外部的军事威胁和侵害。但是伴随国际形势和自然环境的变化，国家安全的内容也变得更加丰富、复杂。尤其是，自然资源短缺、环境污染等生态环境问题，使国家安全面临严重挑战，受到世界各国的广泛关注。因此，生态安全正在成为国家安全的重要组成部分。国家发展改革委指出，我国的生态安全政策重点强调两个方面：一是必须维护生态系统的完整性、稳定性和功能性，确保国家或区域具备保障人类生存发展和经济社会可持续发展的自然基础，这是维护生态安全的基本目标。二是必须要处理好涉及生态环境的重大问题，包括妥善处理好国内发展面临的资源环境瓶颈、生态承载力不足的问题，以及突发环境事件问题，这是维护生态安全的重要着力点，是最具有现实性和紧迫性的问题。同时，也要积极参与全球环境治理，展现负责任大国形象，争取合理的发展空间。

1. 生态安全被纳入到国家安全体系的必要性

习近平总书记在国家安全委员会第一次会议上指出，既重视传统安全，又重视非传统安全，构建集政治安全、国土安全、军事安全、经济安全、文化安全、社会安全、科技安全、信息安全、生态安全、资源安全、核安全等于一体的国家安全体系。明确将生态安全纳入到国家安全体系当中。其必要性主要包含以下几个方面：首先，协调经济社会发展的客观要求。伴随中国特色社会主义进入是新时代以后，社会的主要矛盾已经由“人民日益增长的物质文化需要同落后的社会生产之间的矛盾”转变为“人民日益增长的美好生活需要和不平衡不充分的发展之间的矛盾”。这就说明，在新时代，人民追求的不再仅仅是基本的物质文化需要，而且渴望更高的美好生活。而美丽的生态环境显然是美好生活的必要条件。但是中国当前的经济社会发展是不平衡不充分的。其中一个很重要的原因就是没有完全实现生态安全。虽然我国已经开始逐年加大对生态环境的保护力度，但是不可否认，总体而言，我国的生态环境退化形势依然严峻。而且，我国的生态环境问题已经严重制约经济社会的可持续发展。将生态安全纳入到国家安全体系当中，不仅体现了国家以人为本的发展理念，而且体现了国家政府对生态环境保护的高度重视，有利于促进自然资源的高效利用，进一步加大对生态脆弱地区的保护力度，提高环境质量，促进人口资源环境相协调、经济效益和生态效益相统一。其次，深化国家生态安全管理的重要举措。目前，我国的政府部门是按照生态和资源要素来分工管理生态安全。也就是说，生态安全管理只能是分散在各个部门的。在缺乏统一决策、统一监督管理的情况下，就可能造成部门间行业利益的冲突和公共资源的浪费，进而不利于国家对生态安全的宏观调控。生态安全管理是一项庞大的系统工程，将生态安全纳入国家安全管理框架，有利于整合资源开发利用、环境管理、生态保护等众多领域，协调各主管部门职责与利益，建立起分工明确、协调统一的国家生态治理体系，促进生态治理现代化。最后，实现民族永续发展的必然选择。生态安全是生态文明建设的重要内容，对人类生存和发展的重要性是不言而喻的。也可以说，生态安全是人类生存和发展的基本要求。如果出现生态危机，一切发展都是无从谈起的。而且，从发达国家的发展经验来看，生态危机对民族和国家的长治久安是灾难性的。将生态安全纳入到国家安全体系，有利于让广大干部群众深刻认识自然生态环境对实现民族永续发展的基础支撑作用，有利于进一步突出生态安全保障的重要地位。总之，将生态安全纳入国家安全体系，是推进国家治理体系和治理能力现代化、实现国家长治久安的迫切要求，对于促进经济社会可持续发展、加快生态文明建设具有重要意义和深远影响。

2. 生态安全是国家安全的根本要求

生态安全是国家安全的重要基石，与国家安全体系中的其他安全有密切联系。首先，生态环境问题是国际冲突产生的直接或间接原因。据美国学者威斯汀统计，20世纪以来，为争夺自然资源而爆发的战争多达十几次。比如，1980年爆发的两伊战争、1990年爆发的海湾战争，等等。而且，未来水资源的争夺会更加激烈。联合国的一份新近的报告指出，由于气候变化、需求增长和供应受到污染，到2050年有超过50亿人可能面临缺水。这也为战争埋下了祸根。尤其是像中东、北非、东南亚这些先天水资源匮乏的地区，更有可能为争夺水资源而爆发局部冲突。另外，生态环境破坏具有外部性。由于一国的生态危机爆发，对相邻国家产生了一定的负面影响，常常引起外交纠纷。比如，在20世纪70年代，在美国和加拿大边界地区出现酸雨现象。加拿大政府认为，至少有60%的能够导致酸雨的污染物（二氧化硫、二氧化氮等）是从美国产生，并越界漂流过来。这也导致了加美两国长达15年之久的外交谈判。其次，生态安全影响国土安全。根据联合国粮农组织公布的数据，2015年，世界人均耕地面积平均水平为0.19公顷，中国的人均耕地面积为0.09公顷，远低于世界的平均水平。而且，自1961年以来，中国的人均耕地面积虽然在不断改善，但始终低于世界的平均水平。加之，生态环境破坏对耕地面积的侵蚀，使得人地矛盾变得更加突出。比如，第五次全国荒漠化和沙化土地监测结果显示，截至2014年，全国荒漠化土地面积261.16万平方公里，占国土面积的27.20%；沙化土地面积172.12万平方公里，占国土面积的17.93%；有明显沙化趋势的土地面积30.03万平方公里，占国土面积的3.12%。第一次全国水利普查显示，我国水土流失面积294.91万平方公里，占国土总面积的30.72%。再次，生态安全影响经济安全。生态破化会制约经济的发展，导致严重的经济损失。比如，根据世界银行计算，全球因污染造成的死亡带来的经济损失在2013年高达2250亿美元（约合人民币1.5万亿元），如果把空气污染带来的舒适生活破坏造成的经济损失加在一起，总数字高达5.11万亿美元。水资源匮乏、土地污染等会直接导致粮食减产，使粮食缺口进一步恶化，也会阻碍经济发展。据统计，中国每年有1200万吨粮食受土壤重金属污染，造成损失每年可达200亿元人民币。专家预测，到2020年，中国将有2000亿斤左右的粮食缺口。

（三）从气候变化看生态安全对中国国家安全的重要性

1. 气候变化威胁中国的国土安全

气候变化对中国国土安全的威胁主要体现在，全球气候变暖导致海平面上升，进而淹没中国的部分陆地面积。首先，气候变暖会导致海水增温膨胀、陆源冰川和极地冰盖融化等现象，使海平面上升。中国沿海的海平面上升明显趋势。国家海洋局公布的《2017年中国海平面公报》指出：1980～2017年，中国沿海海平面上升速率为3.3毫米/年，而且，2012～2017年，中国沿海海平面均处于30多年来的高位。尤其是2016年，海平面不仅处于历史最高位，而且上升速率约3.9毫米/年，高于全球的平均水平。根据《第二次气候变化国家评估报告》的预测，未来中国沿海的海平面仍将持续上升，到2030年，全海域海平面上升幅度将达到80～130毫米。其次，海平面上升侵蚀海岸，对部分陆地构成潜在威胁。《2017年中国海平面公报》指出，海平面上升是一种缓发性灾害，其长期累计效应直接造成滩涂损失、低地淹没和生态环境破坏，并导致风暴潮、海岸侵蚀、海水入侵、咸潮和洪涝等灾害加重。2016～2017年，辽宁绥中南江屯岸累计侵蚀距离9.63米，江苏响水三圩港岸段4.3米；2014～2017年，河北秦皇岛北戴河新区岸段累计侵蚀距离4.9米；2015～2017年，山东威海九龙湾岸段累计侵蚀距离6.19米；2017年，海南三亚亚龙湾岸段平均侵蚀距离6.16米。

2. 气候变化威胁中国的军事安全

气候变化对中国军事安全的威胁主要体现在，极端天气、气候变暖等现象的出现会破坏军事设施、降低军队战斗力、加剧军事冲突等。首先，气候变化会导致极端天气频繁出现，进而威胁到中国的军事安全。极端天气是指天气严重偏离常态，在统计意义上属于不易发生的小概率事件。但是，随着全球气候变化，极端天气正在呈现出不断增多增强的趋势。当极端天气出现时，它对中国军队人员、装备以及军事设施产生的破坏也是不可估量的。比如，2005年，受台风的影响，福州地区遭遇特大暴雨，并引致山洪暴发。武警福建省总队的两幢房屋被冲毁，85名军队人员遇难。同样，1996年，台风袭击了广东遂溪空军基地。苏-27战机不同程度受损。尤其是1998年的长江特大洪水，解放军、武警部队投入大量兵力进行抢险救灾，造成多名军队人员牺牲。其次，气候变暖影响中国军事设施安全。一方面，气候变暖会使中国偏远地区的冻土融化，直接影响建立在冻土地带的军事设施。比如，由于冻土的快速融化，建立在青藏高原冻土上的青藏铁路的运行安全受到严重威胁。同样地，位于西北地区冻土地带的导弹基地，也因为冻土的融沉，使得导弹的命中精度降低。另一方面，气候变暖会使海洋酸化，从而引发军事利益的改变。比如，在渤海、黄海和东海出现季节性的海水酸化问题，使中国潜艇的隐蔽性降低。

3. 气候变化威胁中国的社会安全

气候变化对中国社会安全的威胁主要体现在，气候变化引起的极端天气，并危及到社会的健康发展。首先，气候变化引起的极端天气严重危及到居民的生命安全。一方面是极端天气的直接影响。比如，洪涝灾害对居民生命安全的直接威胁。中国是洪涝灾害频发的国家。洪涝灾害每年都会导致大面积人口受灾，大量居民死亡或失踪。《2017年中国水旱灾害公报》指出，2016年遭受洪涝灾害的受灾人口10095.41万人，因灾死亡686人、失踪207人。另一方面是极端天气的间接影响。比如，极端天气往往会造成传染病和自然疫源性疾病的增加，从而对居民生命安全的构成威胁。英国知名期刊《柳叶刀》（*The Lancet*）发布的报告指出，2016年，全球在气候变化影响下极端天气事件明显增多，气候变化加速了一些传染病的传播，比如一种能携带登革病毒的蚊子，由于气温上升，它传播这种疾病的能力自1950年以来已上升9.4%；自1990年以来登革热病例数每10年就近乎成倍上升。其次，气候变化导致生态移民（环境移民）增加。近年来，在气候变化的影响下，中国西北、南疆等地区干旱缺水现象严重，贫困加剧，进而影响社会的和谐稳定。这也导致越来越多的当地居民自发或在政府部门的组织下举家搬迁。最后，气候变化影响交通出行，易引发社会冲突。最典型的例子就是由气候变化引起的航班延误。有些滞留机场的旅客情绪会比较激动，在机场吵闹，甚至毁坏机场设备。

4. 气候变化威胁中国的经济安全

气候变化对中国经济安全的威胁主要体现在，气候变化会导致中国经济损失严重。首先，气候变化引起的洪涝灾害、台风、高温热浪、低温冷冻等都直接造成了严重的经济损失。据统计，1990～2010 年，气候灾害造成的经济损失高达 2000 亿～3000 亿元/年，占 GDP 的 1%～3%。其次，气候变化导致重大工程的安全性、稳定性和耐久性降低。中国气象局局长郑国光指出，气候变化使得青藏铁路、三峡水库、南水北调、西气东输、三北防护林等重大战略性工程的安全生产和运营遭受严重威胁。再次，气候变化影响“一带一路”倡议的实施。由于“一带一路”沿线国家和地区都是极易受到气候变化影响的，中国在这些国家和地区建设的基础设施都会受到气候变化的直接或间接影响。因此，为减少经济损失，《推动共建丝绸之路经济带和 21 世纪海上丝绸之路的愿景与行动》也明确强调要“充分考虑气候变化的影响”。最后，气候变化会引起海洋酸化、海洋赤潮等海洋灾害频发，并造成经济损失。根据《2017 年中国海洋灾害公报》，2010 年，各类海洋灾害共造成直接经济损失 132.76 亿元；与2001～2005 年相比，2006～2010 年的经济损失增加了 18%；2017 年各类海洋灾害共造成直接经济损失 63.98 亿元；与 2008～2017 年的平均状况相比，2017 的经济损失低于平均值。

二、加快构筑生态文明建设中生态安全屏障的重点内容

（一）实施重要生态系统保护和修复重大工程

当前，我国仍面临生态空间遭遇威胁、生态系统质量和服务功能较低、生物多样性加速减少等问题。因此，要牢固树立和贯彻落实创新、协调、绿色、开放、共享的发展理念，保障生态空间、提升生态质量、改善生态功能、构筑生态屏障。实施重要生态系统保护和修复重大工程，是生态安全屏障体系构建的重要环节之一。党的十九大报告提出，要实施重要生态系统保护和修复重大工程，优化生态安全屏障体系，构建生态廊道和生物多样性保护网络，提升生态系统质量和稳定性。报告还强调，要坚持保护优先、自然恢复为主，充分发挥自然系统的自我调节和自我修复能力，通过封禁保护、自然修复的办法，让

生态休养生息。报告还明确了要重点实施“两屏三带”生态安全战略格局上的青藏高原、黄土高原、云贵高原、秦巴山脉、祁连山脉、大小兴安岭和长白山、南岭山地地区、京津冀水源涵养区、内蒙古高原、河西走廊、塔里木河流域、滇桂黔喀斯特地区等生态修复工程。

实施重要生态系统保护和修复重大工程，必须正确把握处理人与自然关系的核心，尊重自然、顺应自然、保护自然。首先，要对生态系统实施统一的保护和修复，陆海统筹、上下联动、合力发展，全面增强生态保护和修复的系统性和协同性。只有生态系统得到了有效地保护，才有基础去修复已经受损的生态系统。同时，修复已退化、损伤或破坏的生态系统并增强其自我修复能力，也会促进生态系统的发展和提升。其次，要严格保障国家生态安全，严格落实生态空间管控，划定并严守生态红线，集中全力保护最重要的生态空间，形成以“两屏三带”为主体的生态安全格局，提升生态系统的稳定性和生态服务功能，筑牢生态安全屏障。再次，要因地制宜，根据生态系统现有退化或破坏程度实施具有针对性的保护和修复措施。如对部分仍处在比较原始状态的自然生态系统实施封闭式的保护，设立自然保护区或其他类型的保护地；对部分处于轻度退化状态的自然生态系统，在优先保护的前提下适当进行生态保育或生态保护；对已经受到较严重损伤或破坏的生态系统采取改造（如低效次生林改造）、改良（如草场改良）等修复措施。

通过实施重要生态系统保护和修复重大工程，推动生态廊道和生物多样性保护网络的构建。生态廊道是指具有保护生物多样性、过滤污染物、防止水土流失、防风固沙、调控洪水等生态服务功能的廊道类型，主要由植被、水体等生态性结构要素构成。生物多样性保护网络是指以自然保护区为骨干，包括风景名胜区、森林公园、湿地公园、地质公园等不同类型保护地在内的生物多样性就地保护网络体系。通过生态廊道和生物多样性保护网络的构建，保护和可持续利用生物多样性，推动生物遗传资源惠益分享，强化生物物种和遗传资源保护能力，构建起生物多样性保护体系。在实施生物多样性保护重大工程的过程中要以生物多样性保护优先区域为重点，开展生物多样性调查和评估；要加强就地保护和迁地保护，完善保护网络体系；要恢复生物多样性受破坏的区域，开展生物多样性保护与减贫示范，促进生物多样性丰富地区传统产业转型与升级。

（二）划定生态保护红线、永久基本农田、城镇开发边界三条控制线

生态保护红线、永久基本农田、城镇开发边界三条控制线是建立生态空间保障体系的重要组成部分。通过划定生态保护红线、永久基本农田、城镇开发边界三条控制线，调整优化空间结构，加强开发强度管控，推动空间发展由外

延扩张向内涵提升转变。

1. 生态保护红线

随着工业化和城镇化的快速发展，中国资源约束压力持续增大，生态问题更加复杂，生态安全和经济社会难以协调发展。生态保护红线是在生态空间范围内具有特殊重要生态功能、必须强制性严格保护的区域；是保障和维护国家生态安全的底线和生命线，通常包括具有重要水源涵养、生物多样性维护、水土保持、防风固沙、海岸生态稳定等功能的生态功能重要区域，以及水土流失、土地沙化、石漠化、盐渍化等生态环境敏感脆弱区域。划定生态保护红线，有助于按照生态系统完整性原则和主体功能区定位，优化国土空间开发格局，理顺保护与发展的关系，改善和提高生态系统服务功能，构建结构完整、功能稳定的生态安全格局，维护国家生态安全。划定并严守生态保护红线，有助于将环境污染控制、环境质量改善和环境风险防范有机衔接起来，确保环境质量不降级，并使其逐步得到改善，从源头上扭转生态环境恶化的趋势，建设天蓝、地绿、水净的美好家园。划定生态保护红线，有助于增强经济社会可持续发展能力，通过人口分布、经济布局与资源环境承载能力相适应，促进各类资源集约节约利用。生态保护红线是生态环境安全的底线，必须建立最为严格的生态保护制度，严格监管生态功能保障、环境质量安全和自然资源利用，实现人口资源环境相均衡、经济社会生态效益相统一。

划定生态保护红线，包括禁止开发区生态红线、重要生态功能区生态红线和生态环境敏感区、脆弱区生态红线。纳入生态保护红线的区域，禁止进行工业化和城镇化开发，从而有效保护我国珍稀、濒危并具代表性的动植物物种及生态系统，维护我国重要生态系统的主导功能。禁止开发区红线范围可包括自然保护区、森林公园、风景名胜区、世界文化自然遗产、地质公园等。自然保护区应全部纳入生态保护红线的管控范围，明确其空间分布界线。其他类型的禁止开发区根据其生态保护的重要性，通过生态系统服务重要性评价结果确定是否纳入生态保护红线的管控范围。

2. 永久基本农田

耕地是我国最宝贵的资源，永久基本农田是耕地的精华。实行永久基本农田特殊保护政策，是确保国家粮食安全、加快推进农业农村现代化的有力保障，是深化农业供给侧结构性改革，促进经济高质量发展的重要前提，是实施乡村振兴，促进生态文明建设的必然要求，是贯彻落实新发展理念的应有之义、应有之举、应尽之责，对全面建成小康社会、建成社会主义现代化强国具有重大意义。永久基本农田的划定和管护，要以建立健全“划、建、管、补、护”长效机制为重点，巩固划定成果，完善保护措施，提高监管水平，逐步构建形成保护有力、建设有效、管理有序的永久基本农田特殊保护格局。

一是要巩固永久基本农田划定成果，既要守住永久基本农田控制线，又要统筹永久基本农田保护与各类规划衔接。对于已经划定的永久基本农田特别是城市周边永久基本农田，不得随意占用和调整。重大建设项目、生态建设、灾毁等经国务院批准占用或依法认定减少永久基本农田的，在原县域范围内补划永久基本农田。统筹生态保护红线、永久基本农田、城镇开发边界三条控制线划定工作，原则上不得突破永久基本农田边界。

二是要加强永久基本农田建设，一方面开展永久基本农田整备区建设，另一方面加强永久基本农田质量建设。永久基本农田整备区是指具有良好农田基础设施，具备调整补充为永久基本农田条件的耕地集中分布区域。各县（市、区）永久基本农田整备区规模原则上不低于永久基本农田保护目标任务的1%。同时整合各类涉农资金，吸引社会资本投入，优先在永久基本农田保护区和整备区开展高标准农田建设，有效稳定永久基本农田规模布局，提升耕地质量，改善生态环境。

三是要强化永久基本农田管理，要从严管控非农建设占用永久基本农田，坚决防止永久基本农田“非农化”。永久基本农田一经划定，任何单位和个人不得擅自占用或者擅自改变用途，不得多预留一定比例永久基本农田为建设占用留有空间，严禁通过擅自调整县乡土地利用总体规划规避占用永久基本农田的审批，严禁未经审批违法违规占用。永久基本农田必须坚持农地农用，禁止任何单位和个人破坏永久基本农田耕作层；禁止任何单位和个人闲置、荒芜永久基本农田；禁止以设施农用地为名违规占用永久基本农田建设休闲旅游、仓储厂房等设施；对利用永久基本农田进行农业结构调整的要合理引导，不得对耕作层造成破坏。

四是要量质并重做好永久基本农田补划，既要明确永久基本农田补划要求，又要做好永久基本农田补划论证。重大建设项目、生态建设、灾毁等占用或减少永久基本农田的，按照“数量不减、质量不降、布局稳定”的要求开展补划，按照法定程序和要求相应修改土地利用总体规划。占用或减少永久基本农田的，地方国土资源主管部门根据《基本农田划定技术规程》组织做好永久基本农田补划工作，省级国土资源主管部门组织实地踏勘论证并出具论证意见。

此外，通过强化永久基本农田保护考核机制、完善永久基本农田保护补偿机制、构建永久基本农田动态监管机制等，来加强永久基本农田保护。将永久基本农田保护情况作为省级政府耕地保护责任目标考核、粮食安全省长责任制考核、领导干部自然资源资产离任审计的重要内容。积极推进中央和地方各类涉农资金整合，按照“谁保护、谁受益”的原则，探索实行耕地保护激励性补偿和跨区域资源性补偿。将永久基本农田划定成果，作为土地利用总体规划的重要内容纳入国土资源遥感监测“一张图”和综合监管平台，作为土地审批、卫片执法、土地督察的重要依据。建立永久基本农田监测监管系统，对永久基本农田数量和质量变化情况进行全程跟踪，实现永久基本农田全面动态管理。

3. 城镇开发边界

城镇开发边界是指在城市总体规划期限内，城镇建设用地布局调控的界限，包括现有建成区和未来城镇建设预留空间，是用于规范和引导城镇进行开发和建设活动划定的区域，是城镇建设区可能形态的空间预留，是城镇基础设施保障的主要地区。城镇的开发边界主要包括现状建成区及其扩展用地；规划的城镇集中建设区，包括规划的独立新城和新建城市组团、纳入规划的独立开发区等功能区、城镇周边公共和市政设施覆盖且连片度较高的村庄；规划备用地等。合理确定城市开发边界，是优化城镇布局和形态，防止城镇无序蔓延、促进城镇紧凑布局和集约发展的重要手段；是盘活存量建设用地，提高土地利用效率，促进城镇转型发展的有效途径；也是推进生态文明建设，保护好优质耕地和生态环境底线，形成生态、农业、城镇合理空间结构的客观要求。

首先要以法定的土地利用总体规划和城市总体规划为基础，在现有法律法规的制度安排下寻求规划管理体制的创新空间。以保护资源和生态环境为前提，在适宜建设的空间，划定城镇空间和城市开发边界，合理控制区域国土开发强度。同时，根据城镇规模和发展方向，引导区域基础设施与城镇空间布局紧密结合，优化城镇形态布局。还需通过定总量、定边界、定结构，维护城市功能和结构的平衡发展，完善城市空间用途管制，加强城乡统筹和管控。

其次要明确城镇开发边界的基本要求，包括界定范围、确定边界、以生态为优先、以优化布局为目的、划定城镇开发边界的形式，并以城市总体规划确定的建设用地范围为基础，在城市开发边界范围内可以预留一定规模的发展备用地作为“弹性空间”，增强规划弹性管控，“弹性空间”原则上不得超过城市规划建设用地规模的20%。

再次要强化城镇开发边界的管理。经批准的城市开发边界，应作为城市总体规划和土地利用总体规划等规划的强制性内容。城市开发边界批准后原则上不得更改。开展城市总体规划修改工作，不得改变经批准的城市开发边界。城市开发边界内的建设用地管理，按照既有城市总体规划和土地利用总体规划相关规定执行。各类新城、新区、开发区、产业园区等，不得在城市开发边界外选址。

最后要加强城镇开发边界的动态维护。在明确市（县）人民政府是城镇开发边界划定责任主体的基础上，建立城市总体规划和土地利用总体规划信息共享的联动机制，及时制定城镇开发边界划定方案，逐步建立统一的空间数据管理信息平台和动态维护更新办法，探索制定协同的规划管控和土地利用政策，落实城镇开发边界的划定和管理工作。

（三）开展国土绿化行动

建设绿色家园是人类的共同梦想。森林关系国家生态安全，绿化国土乃是建设生态文明、维护生态安全的根本，开展国土绿化行动是改善生态环境的紧迫要求，是建设美丽中国、实施乡村振兴战略的基础，是维护国家生态安全的重要举措，是新时代赋予林业发展的重要任务。目前，我国森林覆盖率较低、森林总量不足、质量不高、造林绿化在干旱半干旱地区推进困难。因此，我国要大规模启动和实施国土绿化行动，以维护森林生态安全为方向，动员和支持全社会资源、要素参与到绿化国土、美化中国的行动中来，努力增加森林资源总量，着力提升森林质量，扩大生态空间和生态容量，为实现建设美丽中国和中华民族永续发展奠定坚实的基础。

一是大力推进荒漠化、石漠化、水土流失综合治理，强化湿地保护和恢复，加强地质灾害防治，扩大退耕还林、重点防护林、京津风沙源治理和石漠化治理等工程造林规模。以三北工程 40 周年为契机，新建 2 个百万亩防护林基地，开展精准治沙重点县建设，抓好雄安新区白洋淀上游、内蒙古浑善达克、青海湟水三个规模化林场建设试点，规划造林 723 万亩。

二是实施森林质量精准提升工程。发挥国有林区、林场在绿化国土中的带动作用，加强森林经营，着力提升森林质量。抓好国家储备林基地建设，发挥中央投资撬动作用，利用开发性政策性贷款，发行绿色金融债券，积极培育珍贵树种和大径材，建设国家储备林。

三是创新国土绿化机制，探索先造后补、以奖代补、赎买租赁、贴息保险、以地换绿等多种方式，引导企业、集体、个人、社会组织等各方面资金投入，培育一批从事生态保护修复的专业化企业，优先支持政府和社会资本合作，开展国土绿化项目。同时大力推进森林城市、森林城市群、森林公园建设。

四是开展身边增绿。扎实推进荒山荒地造林，宜林则林、宜湿则湿，充分利用城市周边的工矿废弃地、闲置土地、荒山荒坡、污染土地以及其他不适宜耕作的土地等开展绿化造林。推进荒漠化、石漠化治理，推进沙化土地封禁保护区和防沙治沙综合示范区建设。综合治理水土流失，积极开展生态清洁小流域建设。实施湿地保护与修复工程，逐步恢复湿地生态功能。优化城市绿地布局，建设绿道绿廊，使城市森林、绿地、水系、河湖、耕地形成完整的生态网络。大力开展森林城市、森林城市群、森林村镇、森林公园、郊野公园建设，推进村屯绿化、村庄绿化，着力改善城乡生态，优化人居环境。

（四）完善天然林保护制度，扩大退耕还林还草

天然林是自然界中群落最复杂、结构最稳定、生态功能最完备、生物多样性最丰富的陆地生态系统，在维护国家生态平衡、保障水资源安全、应对气候变化、提升人民福祉、促进绿色发展等方面具有不可替代的作用。当前，为了扩大耕地面积，人们不惜毁林开荒、围湖造田，造成水土流失严重、洪涝和干旱频发、天然林资源严重破坏，呈现出资源结构不良、质量低下以及生态功能减弱等态势。为此，我国着力实施退耕还林、还草、还湖，退牧还草政策，要努力保护好每一寸绿色。实施退耕还林还草，能够有效提高水源涵养能力、改善生态环境、增强防涝抗旱能力、提高现有土地的生产力，还能调整农村产业结构、促进地方经济发展，推动农村经济发展转型，是增加退耕农户现金收入、解放农村劳动力、增加外出务工收入、实现群众脱贫致富的有效途径。因此，我国要进一步完善天然林保护制度，落实全面停止天然林商业性采伐，扩大退耕还林还草，严格落实禁牧休牧和草畜平衡制度，加大退牧还草力度，保护治理草原生态系统，从根本上遏制生态环境恶化，保护生物多样性，促进社会、经济的可持续发展。

一是要进一步完善天然林保护制度。全面停止国有林场天然林商业性采伐，积极推进集体和个人所有的天然林协议，加强天然林管护队伍和基础设施建设，建立健全天然林管护体系。加大对天然林保护的投入，发挥国有林区林场在绿化国土中的带动作用，逐步实现全国天然林资源保护全覆盖，增加森林面积和蓄积量。严格遵循天然林形成规律，以提升天然林生态功能为目的，坚持“保护优先、自然修复为主”的原则，加大封山育林力度，尽量减少人工干扰。对低产低效天然林实施改造，严格确定改造对象及控制规模和范围，改造方式和强度应科学合理，严格执行相关技术规程和政策要求。

二是加快退耕还林还草进度。从保护和改善生态环境出发，将易造成水土流失的坡耕地有计划、有步骤停止耕种，将确需退耕还林还草的陡坡耕地基本农田调整为非基本农田，有步骤地停止耕种，按照适地适树的原则，因地制宜地植树造林，恢复森林植被。坚持农民自愿，政府引导，充分发挥退耕还林还草政策的扶贫作用，加快贫困地区脱贫致富。

三是切实加大林业执法力度。整合林业行政执法资源，建立统一、高效的林业行政综合执法体系，加强林业普法和宣传工作，提高全社会爱林、护林意识，为森林资源的保护和发展创造良好的法制环境。逐步建立征、占用林地专家评审制度和林业主管部门预审制度，实行林地用途管制。大力加强林业行政执法队伍管理，提高执法人员素质，严格实行岗位培训、持证上岗和统一装备、标识，确保依法行政、规范执法，为森林资源的保护和发展创造良好的社

会环境。

(五) 坚持最严格的耕地保护制度，坚守耕地保护红线

耕地是我国最为宝贵的资源。当前，我国经济发展进入常态化，耕地后备资源不断减少，实现耕地占补平衡、占优补优的难度日趋加大。实施最严格的耕地保护制度是确保粮食安全的压仓石，这要求我们要严防死守 18 亿亩耕地保护红线，基本稳定现有的耕地面积，从而倒逼节约集约用地，推进资源节约型社会建设，推动绿色发展。同时通过坚守耕地保护红线，确保进城务工农业人口"进""退"有序，构筑起应对新型城镇化风险的防范体系。因此，要坚守土地公有制性质不改变、耕地红线不突破、农民利益不受损三条底线，坚持最严格的耕地保护制度和最严格的节约用地制度，像保护大熊猫一样保护耕地，着力加强耕地数量、质量、生态"三位一体"保护，着力加强耕地管控、建设、激励多措并举保护，依法加强耕地占补平衡规范管理，落实藏粮于地、藏粮于技战略，提高粮食综合生产能力，保障国家粮食安全，为实现"两个一百年"奋斗目标、实现中华民族伟大复兴中国梦构筑坚实的资源基础。

一是要严格控制建设占用耕地。加强土地规划管控和用途管制，从严核定新增建设用地规模，优化建设用地布局，从严控制建设占用耕地特别是优质耕地。严格执行永久基本农田划定和保护制度，将永久基本农田划定作为土地利用总体规划的规定内容，在规划批准前先行核定并上图入库、落地到户，并与农村土地承包经营权确权登记相结合，将永久基本农田记载到农村土地承包经营权证书上。以节约集约用地缓解建设占用耕地压力，通过实施建设用地总量和强度双控行动，逐级落实建设用地总量和单位国内生产总值占用建设用地面积下降的目标任务。盘活利用存量建设用地，推进建设用地二级市场改革试点，促进城镇低效用地再开发。完善土地使用标准体系，推广应用节地技术和节地模式，强化节约集约用地目标考核和约束，推动有条件的地区实现建设用地减量化或零增长，促进新增建设不占或尽量少占耕地。

二是要改进耕地占补平衡管理。严格落实耕地占补平衡责任，非农建设占用耕地的，建设单位必须依法履行补充耕地义务，无法自行补充数量、质量相当耕地的，应当按规定足额缴纳耕地开垦费。大力实施土地整治，落实补充耕地任务，确保建设占用耕地及时保质保量补充到位，拓展补充耕地途径，统筹实施土地整治、高标准农田建设、城乡建设用地增减挂钩、历史遗留工矿废弃地复垦等。规范省域内补充耕地指标调剂管理，完善价格形成机制，综合考虑补充耕地成本、资源保护补偿和管护费用等因素，制定调剂指导价格。探索补充耕地的国家统筹机制，根据各地资源环境承载状况、耕地后备资源条件、土地整治新增耕地潜力等，分类实施补充耕地国家统筹。严格对补充耕地的检

查、验收，确保数量质量到位。

三是要推进耕地质量提升和保护。对于大规模建设的高标准农田，要统一建设标准、统一上图入库、统一监管考核。建立政府主导、社会参与的工作机制，以财政资金引导社会资本参与高标准农田建设，充分调动各方积极性。实施耕地质量保护与提升行动。全面推进建设占用耕地耕作层剥离再利用，提高补充耕地质量。统筹推进耕地休养生息，积极稳妥推进耕地轮作休耕试点，加强轮作休耕耕地管理，多措并举保护提升耕地产能。同时还要加强耕地质量调查评价与监测。

四是健全耕地保护补偿机制。一方面加强对耕地保护责任主体的补偿激励，积极推进中央和地方各级涉农资金整合，统筹安排资金，加大耕地保护补偿力度。另一方面要实行跨地区补充耕地的利益调节。在生态条件允许的前提下，支持耕地后备资源丰富的国家重点扶贫地区有序推进土地整治增加耕地，支持占用耕地地区在支付补充耕地指标调剂费用基础上，通过实施产业转移、支持基础设施建设等多种方式，对口扶持补充耕地地区，调动补充耕地地区保护耕地的积极性。

三、加快构筑生态文明建设中生态安全屏障的保障机制

从前面的内容可以看出，伴随经济的快速发展，中国生态环境的退化和破坏日益加剧，已经成为制约经济社会可持续发展的瓶颈。进入新常态以来，中国经济由高速增长向高质量发展转变的同时，生态环境保护也再次成为党和政府关注的焦点。在 2018 年的全国生态环境保护大会上，习近平总书记指出，生态环境是关系党的使命宗旨的重大政治问题，也是关系民生的重大社会问题。虽然总体上看，中国的生态环境质量持续改善，出现了稳中向好的趋势，但成效并不稳固。因此，应该继续加快推进生态文明建设中的生态安全屏障构筑。然而，在构筑生态安全屏障的实践过程中，保障机制的缺位使得生态保护与经济利益关系扭曲。生态环境保护者得不到应有的经济激励，而受益者又没有相应地承担经济成本。二者之间产生了不公平的经济利益分配。这种生态保护的方式是不合理的、不科学的，不利于构筑持续性的生态安全屏障，也不利于稳固已取得的生态保护成效。而且，生态环境的保护、修复等也需要大量资金的投入。建立生态安全屏障构筑的保障机制，即生态补偿机制，是改善生态环境保护者与受益者之间的经济利益分配关系，调动各方积极性、保护好生态环境的重要手段。建立生态补偿机制也是促进地区间协调和公平发展的重要手段。因此，党和国家高度重视加快推进建立生态安全屏障构筑的保障机制。在 2016

年5月，国务院办公厅适时出台《关于健全生态保护补偿机制的意见》；党的十八大、十九大报告也都明确提出建立生态补偿制度。这些举措都有力地推动了生态补偿机制的建立。

（一）生态补偿机制的内涵及其原则

生态补偿在国外相关理论和实践中被称为生态系统服务费（payments for ecosystem services，缩写PES），可以激励生态系统服务利用和管理的变革，同时获得有效的保护资金，是环境正外部性内部化的有效途径，是命令控制型工具的重要补充。生态补偿的构成要素是外部性、条件性和自愿性。外部性是生态补偿产生的原因，条件性是生态补偿实施的基础，自愿性是生态补偿推广的前提。环境效益和成本效益是影响生态补偿效率的主要因素。也就是说，提高环境效益和成本效益，生态补偿效率也会得到相应提高。专项法律缺失、补偿力度不足、配套制度不健全等问题仍然是生态补偿的制约要素。首先，生态补偿的专门立法缺失，而现有的相关法律法规存在局限性，导致生态补偿的实施缺少充分的法律支持；其次，生态补偿标准低、领域狭窄、方式单一、资金渠道单一且监管不足，导致生态补偿的实施缺少可持续的推动力；最后，生态资源产权不清晰、检测体系不完善、生态服务价值的计算方法不统一，导致生态补偿的实施缺少基础和标准。总体来说，生态补偿机制正是在考虑了生态补偿的构成要素、生态补偿效率的影响因素以及生态补偿实施的制约要素等的基础上设计形成的。关于生态补偿机制的概念，国内外学者的表述不尽统一。但其内涵是一致的，即环境外部成本的内部化。也就是说，生态环境的破坏者（保护者）在破坏（保护）生态环境的过程中会产生负（正）外部效应，也就是被忽略掉的外部成本。生态补偿机制就是通过收费（补偿）的方式将这些外部成本内部化。

早期的生态补偿形式比较单一，主要是按照“损害环境者付费原则”或“污染者付费原则”，对损害环境者以及污染者进行收费，从而抑制他们对生态环境的损害及污染行为，达到生态保护的目的。进一步，随着生态环境的变化，生态补偿也出现了新的形式，即对生态环境保护者进行补偿。因此，生态补偿既包括对生态环境破坏者的收费，也包括对生态环境保护者的补偿。而且，生态补偿更多的是采用经济手段来平衡二者的利益分配。因此，生态补偿机制的原则主要有以下几个方面：首先是谁受益谁补偿原则。生态资源是稀缺的公共资源，且具有非排他性和竞争性。如果不以收费的方式进行限制，必将导致生态资源的拥挤，进而减少受益者的效益。因此，受益者应该向国家或其他具有产权的主体付费。其次是谁破坏谁补偿的原则。行为主体对生态环境造成破坏，应该承担补偿的责任。如果破坏者没有付出相应的代价，不仅会降低保护者保护生态资源的积极性，而且还将导致更大规模的破坏。最后是政府主导、社会参与的原则。政府的财力是有限的，积极鼓励社会资金参与到生态补偿机制当中，不仅可以减少政府的财力负担，而且可以提高生态补偿的效率。

（二）建立生态安全屏障构筑保障机制的国际借鉴

我国生态安全屏障构筑的保障机制仍然处于探索阶段，存在不健全、不完善等突出问题。而西方发达国家在相应的保障机制方面走在了世界前列。总结国外的成功经验和做法，对于我国加快推进建立生态安全屏障构筑的保障机制具有重要意义。关于国际经验，具体地可以总结为以下几个方面：第一，在建立保障机制的过程中，政府起主导作用。政府的主导作用体现在制定法律法规、提供政策支持、财政投入等，以解决市场难以解决的生态补偿问题。而且，政府仍然是提供生态补偿资金的主体。比如，为加强生态环境保护，美国实行退耕项目，对因放弃耕地而造成机会成本的农民进行生态补偿。而这些补偿资金始终由美国政府提供。北约克摩尔斯是建立于20世纪50年代的一个英国国家公园。为了长久保护该公园的农业风光与生态，英国政府通过了北约克摩尔斯农业计划。由于该区域内83%的土地属于私有，因此，英国政府以向私有土地主购买生态服务的方式进行生态补偿。德国为恢复矿区生态系统，对历史遗留下来的老矿区进行复垦。而复垦所需要的生态补偿资金由德国政府全部承担，其中联邦政府占75%，州政府占25%。第二，在建立生态安全屏障构筑的保障机制的过程中，有效发挥市场作用。市场交易是在双方自愿的前提下进行的，可以提高生态补偿的效率。比如，20世纪80年代，法国毕雷矿泉水公司的水源地受到当地养牛业的污染。为了让当地农民控制奶牛规模，改进粪便的处理方法，该公司以每年每公顷230美元的标准向当地农民提供补偿，同时还为他们提供技术支持、购买先进的农业设备。该公司与当地农民在双方自愿的条件下，完成生态补偿。美国的退耕项目采用的生态补偿标准是借助竞标机制和农户自愿的原则来确定的。而且，在退耕合同期满时，农户可以根据当时的市场行情来决定是否继续参与该项目。第三，跨区域、跨流域合作有利于推进生态补偿。生态资源产生的外部性会出现跨区域、跨流域的现象。因此，相应的生态补偿也应该跨区域、跨流域。国际上比较成功的案例就是德国易北河流域生态补偿。易北河的上游在捷克，中下游在德国。20世纪80年代，捷克的经济发展，对易北河造成严重污染。这也让处于中下游的德国苦不堪言。为此，从1990年起，两国决定进行对口协作，共同整治易北河。两国成立行动计划组、监测小组、研究小组、沿海保护小组、灾害组、水文小组、公众小组和法律政策小组等8个小组，共同制定生态补偿机制。其中，德国出资900万马克用于建设污水处理厂，并对捷克进行适度补偿；在两岸流域建立自然保护区，并禁止在保护区内建设、开发等破坏生态环境的活动；等等。正是由于德国和捷克实行跨流域合作，才推动了生态补偿的顺利实施，进而大大改善了易北河的水质。第四，完善的法律为生态补偿提供硬约束。适时出台相应的法律法规，明确生态保护区受益者和保护者的权利和责任，有利于生态补偿机制的实施。比如，日本的森林法明确规定，政府要适当补偿保安林的所有者。同时，保安林的受益群体也要保安林的所有者支付一定的费用。同样地，瑞典的森林法也规定，自然保护区内林地所有者遭受的经济损失由国家给与充分补偿。还有矿产资源生态补偿法律。美国于 1977 年颁布的《露天采矿控制与复垦法》要求采矿作业结束后必须对土地进行复垦，并明确复垦的标准和程序。《日本矿业法》规定，受益主体要成承担一定的补偿金。第五，生态补偿约束机制是实行生态补偿的有力保障。生态环境税和生态补偿保证金是生态补偿约束的主要形式。就生态税而言，美国、瑞典、德国、日本等国家征收二氧化硫税、水污染税、噪声税等获取税收收入，并将这些收入专项用于生态环境保护。就生态补偿保证金而言，美国国会于 1977 年通过的《露天矿矿区土地管理及复垦条例》规定，任何一个企业进行露天矿的开采,都必须得到有关机构颁发的许可证；矿区开采实行复垦抵押金制度，未能完成复垦计划的其押金将被用于资助第三方进行复垦；采矿企业每采掘一吨煤，要缴纳一定数量的废弃老矿区的土地复垦基金，用于《露天矿矿区土地管理及复垦条例》实施前老矿区土地的恢复和复垦。英国 1995 年出台的环境保护法、德国的联邦矿产法等也都作了类似的规定。

(三) 建立生态安全屏障构筑保障机制的政策建议

2005 年以来，生态补偿机制是国务院每年的年度工作要点。党的十八大报告将生态文明建设独立成篇，并明确提出，“深化资源性产品价格和税费改革，建立反映市场供求和资源稀缺程度、体现生态价值和代际补偿的资源有偿使用制度和生态补偿制度。”但是，由于缺少专门的法律支持和国家统一的强力部署，生态补偿机制的建立仍然处于初级探索阶段，存在很多问题和挑战。比如，生态补偿机制不全面、不平衡；生态补偿标准偏低；生态补偿管理体制不完善；等等。因此，关于生态补偿机制的建立，党的十九大报告再次提出了补充和新的要求，“要建立市场化、多元化生态补偿机制”。也就是说，生态补偿机制的设计要体现出市场化、多元化的特征。具体地，关于健全和进一步推进生态补偿机制，可以考虑以下几个方面：

1. 财政政策对于生态补偿机制的建立至关重要

首先，继续加大对生态补偿的投入，尤其是对中西部地区的生态补偿。相对于东部地区，中西部地区的财政收入水平较低，财政保障能力较弱，生态环境脆弱，对生态补偿依赖性强。因此，通过转移支付等手段增强对中西部地区的财政投入，有利于促进中西部地区的生态补偿，进而推动中西部地区的生态文明建设。当然，在增加财政投入的同时，需要明确资金用途，对财政资金的去向进行严格的监管，确保财政资金的正确有效地使用。其次，有效发挥税收杠杆调节作用。税收政策可以为生态补偿筹措资金，也可以抑制生态资源浪费和生态环境破坏。具体地，可以从以下几个方面进行论述。

（1）调整资源税政策，推进资源税改革。资源税改革是深化财税体制改革的重要内容，也是完善生态补偿机制的有效手段。根据《关于全面推进资源税改革的通知》，应从五个方面对资源税进行改革。第一，扩大资源税的征收范围。以河北省为试点，开展水资源税改革；各地区结合本地实际，逐步将森林、草场、滩涂等资源纳入征收范围。第二，实施矿产资源税从价计征改革。对《资源税税目税率幅度表》中列举的资源品目和未列举的其他金属矿实行从价计征，未列举的其他非金属矿产品实行从价计征为主、从量计征为辅，而黏土、砂石仍然实行从量定额计征。第三，全面清理涉及矿产资源的收费基金。取缔地方出台的针对矿产资源的不规范的各种收费基金项目；切实规范确需保留的依法合规的收费基金项目。第四，合理确定资源税税率水平。省级人民政府结合矿产企业的实际情况，对《资源税税目税率幅度表》列举名称的资源项目和未列举名称的其他金属和非金属矿产品合理确定适用税率。第五，加强矿产资源税收优惠政策管理，提高资源综合利用效率。对采用充填开采方式采出的矿产资源和从衰竭矿山采出的矿产资源减征资源税；省级人民政府结合实际，对从废石、废水等提取的矿产品实行减税或免税。

（2）充分发挥税收优惠的引导作用。对投资生态补偿项目的民间资本、绿色环保产业、增加环保投入更新环保技术以及采用环保设备的企业，采取加速折旧、减免税、退税等多种形式的税收优惠政策。

（3）充分发挥消费税对生态保护的调节作用。对一次性消费品、过度耗费生态资源、破坏生态环境的而未纳入到消费税征收范围的消费品，征收消费税；已经纳入征收范围，但税率维持在较低水平的消费品，提高消费税税率。

2. 建立市场化、多元化生态补偿机制

首先，市场和政府是相辅相成的。政府在建立生态补偿机制中非常重要，发挥主体作用。建立市场化的生态补偿机制，并不是要完全摒弃政府，而是要在一定程度上去行政化，突出市场化的特征。市场化的生态补偿机制仍然需要政府的引导。我国的生态补偿试点主要是由当地政府牵头，通过行政手段来推动生态补偿的实施。这种生态补偿模式往往具有补偿标准低、范围小、积极性不高等特点。通过引入市场化的运行模式，使得受益者和保护者成为市场主体，并在双方自愿的前提下完成交易，将有助于提高生态补偿的积极性和效率。培育和发展碳排放权、水权、排污权、生态保护区配额等交易市场，落实初始分配制度，创新有偿使用、预算管理、投融资机制。而且，建立生态补偿市场后，在确定生态补偿的基准价格时，要运用科学的方法进行评估测算，使之能够合理体现生态产品的价值，避免人为低估。当然，生态补偿价格要围绕基准价格上下波动，更要受市场的供求关系的影响，符合市场规律。建立生态补偿市场，也要有相应的市场规则，包括市场准入规则、市场竞争规则以及市场交易规则，以维护生态补偿市场秩序。在市场准入规则的约束下，实现生态补偿市场主体的多元化。也就是说，在赋予受益者和保护者合法市场主体地位的同时，也要允许民间环保组织的参与，成为合法的市场主体。在市场竞争规则的约束下，实现生态补偿市场监管的多元化。也就是说，在发挥政府职能部门对生态补偿市场监管的主体作用的同时，也要充分借助新闻媒体、民间环保组织和社区公众的监管力量。在市场交易规则的约束下，实现生态补偿市场交易方式的多元化。

其次，建立政府引导、市场推进、社会参与的多元投融资渠道。生态资源是公共资源，具有公共物品的属性。因此，政府应该是生态补偿的主体，政府的财政投入理应是生态补偿资金主要的且较为稳定的来源。而且，政府的财政投入方式主要是财政转移支付和专项资金。其中，中央对地方的转移支付以及地方对生态功能区的转移支付是纵向转移支付；区域之间、流域上下游之间等属于横向转移支付。生态补偿资金主要来源于纵向转移支付。横向转移支付微乎其微。由于中央和地方两级政府的财政能力有限，政府的财政投入往往无法完全满足生态补偿资金的实际需求。这必然会降低生态补偿标准，甚至导致生态补偿项目进度滞后。为加大生态补偿力度，完善生态补偿范围，可以从四个方面筹措生态补偿资金。①在纵向方面，继续加大两级政府的转移支付力度。②在横向方面，应该遵循“成本共担、效益共享、合作共治”，通过设立生态共建补偿基金来增加横向转移支付。资金来源可以是跨省域或省级区域内生态受益区地方政府与生态保护区地方政府之间，以及流域上游与下游之间的横向补偿，也可以是生态受益区企业法人、自然人以及民间环保组织的捐赠。当然，生态补偿的方式并不是只能采取现金补偿，也可以采取其他补偿手段。也就是说，在横向方面，除了横向转移支付资金，也可以采取对口支援、对口协作、水权及碳汇交易、产业转移、产业园区共建、人才培训、社会捐赠等横向补偿手段。③在市场方面，通过市场化的融资渠道，并充分鼓励和引导民间资本或社会闲置资本的参与。这不仅可以减轻政府的财政负担，而且可以提高生态补偿的效率，促进形成生态补偿的长效机制。比如，发行国债或中长期特种环保债券或彩票；积极发展绿色信贷、绿色债券、绿色发展基金等绿色金融；设立市场化运作的各类绿色发展基金；探索环境治理项目与经营开发项目组合开发模式，健全社会资本投资环境治理回报机制；通过税收减免、低息贷款、延长贷款偿还日期等方式，鼓励私人投资向绿色环保产业倾斜；争取国际性金融机构优惠贷款和民间社团组织及个人捐款；等等。④在外交方面，通过争取官方和民间国际环保组织的捐赠和援助来筹集生态补偿资金，或从发达国家的国际环保组织获得技术支持。

最后，进一步建立或完善各类自然资源有偿使用制度。《国务院关于全民所有自然资源资产有偿使用制度改革的指导意见》提出在六个领域完善自然资源有偿使用制度。第一，完善国有土地资源有偿使用制度。对允许经营性开发的国有土地、国有建设用地以及国有农用地全面实行有偿使用。第二，完善水资源有偿使用制度。健全水资源费征收制度，并严格管理水资源费的征收；根据不同地区的水资源状况、经济发展水平等特点，合理调整水资源费征收标准；进行水资源税改革试点，扩大试点范围；鼓励通过水权交易平台开展水权交易，充分发挥市场在水资源配置中的作用。第三，完善矿产资源有偿使用制度。完善矿业权有偿出让制度，征收矿业权出让收益；完善矿业权有偿占用制度，合理确定矿业权占用收费标准；完善矿产资源税费制度，推进资源税改革。第四，建立国有森林资源有偿使用制度。对确需经营利用的森林资源资产，要确定有偿使用的范围、期限、条件、程序和方式；通过租赁、特许经营等方式积极发展森林旅游。第五，建立国有草原资源有偿使用制度。对全民所有制单位改制涉及的国有划拨草原使用权，以及国有草原承包经营权向农村集体经济组织以外单位和个人流转的，应实行有偿使用；稳定和完善国有草原承包经营制度。第六，完善海域海岛有偿使用制度。完善海域有偿使用分级、分类管理制度；提高经营性用海市场化出让比例；建立海域使用金征收标准动态调整机制；完善无居民海岛有偿使用制度；明确无居民海岛有偿使用的范围、条件、程序和权利体系。

3. 加快生态补偿立法，强化顶层设计

法制化是生态补偿规范化的根本保证，也是构建生态补偿的顶层设计。生态补偿立法就是要明确生态补偿的原则、领域、对象、标准、程序、资金来源、考核机制、责任追究、主体权利义务等内容。就生态补偿范围而言，《关于健全生态保护补偿机制的意见》（以下简称《意见》）明确提出目标任务，“到2020年，实现森林、草原、湿地、荒漠、海洋、水流、耕地等重点领域和禁止开发区域、重点生态功能区等重要区域生态保护补偿全覆盖。”因此，该《意见》也为生态补偿立法提供基础。当前我国关于生态补偿的法律法规存在缺位现象，而以指导性政策文件居多。我国现行的法律中，只有《环境保护法》《森林法》等少数立法对生态补偿做出原则性规定。但是，这些也都不是针对生态补偿的专门立法。《环境保护法》偏重于对污染的防治，并没有规定通过生态补偿解决生态保护的外部性问题。《森林法》也只规定了对防护林和特种用途林的生态补偿，通过设立森林生态效应补偿基金来实现，对生态补偿的规定不全面。因此，完全针对生态补偿立法，从而为生态补偿的规范运行搭建法律框架，迫在眉睫。我国也正在积极推进生态补偿立法，构建生态补偿法律体系。首先，尽快出台《生态补偿条例》及其实施细则和技术指南。正在酝酿的《生态补偿条例》就是我国乃至世界上首个专门针对生态补偿的法规。2010 年，国务院将制定《生态补偿条例》列入立法计划。目前，该条例的框架已经确定。其次，合理分配中央和地方的立法权限，确定生态补偿的立法模式。由于自然地理条件、经济发展水平等的区域差异性，中央政府制定的法规不能实行全国“一刀切”。实行生态补偿应该因地制宜。因此，地方政府应该在中央立法的框架下，结合当地的实际情况，制定相应的法规，以更好地解决当地问题。

4. 健全产权制度及绩效评估

首先，英国诺贝尔经济学奖获得者科斯认为，产权不清晰是外部性问题产生的主要原因。如果产权是清晰的，市场交易将最终使资源配置达到帕累托最优。也就是说，按照科斯的理论，如果产权是清晰的，那么生态受益者与生态保护者之间的经济利益分配也是均衡的；如果在生态受益者与生态保护者之间产生了外部性问题，那么就是二者之间的产权不清晰。生态补偿要解决外部性问题的前提，就是健全产权制度。因为补偿对象及主体的认定、补偿资金及收费的分配、权责分配等都涉及产权。因此，产权界限清晰，是建立生态补偿机制的重要内容。对于自然资源资产产权制度，要做到产有主、主有权、权有责、责连利，所有权、使用权、收益权和转让权“四权分置”。在明晰自然资源资产所有权时，要对水流、森林、山岭、草原、荒地、滩涂等自然生态空间进行统一确权、登记、颁证；在规范自然资源资产使用权时，要加强自然资源资产的用途管制。同时，为保证生态补偿的公平，要科学合理地细化产权。对于生态保护区的地方政府，可以看作是当地生态资源的所有人和监管人，应该获得相应的生态补偿。而对于生态保护区的企业、居民而言，他们在服从自然资源用途管制的前提下，付出了一定的机会成本，也应该获得相应的生态补偿。其次，生态补偿的落实直接关系到生态文明建设，影响中华民族伟大复兴中国梦的实现。因此，必须对生态补偿进行动态绩效考核，并强化监督追责。对生态补偿落实不力的地区，要追究责任，并减少补偿资金。对生态补偿践行良好的地区，要加大政策扶助，增加补偿资金。

第九章

加快推进生态文明建设中的全球环境治理

——向全世界传递中国建设生态文明的独特智慧

近年来，随着全球化的推进，世界经济得到了快速发展，但随之而来的环境问题也越来越严重，全球气候变暖、臭氧层的耗损与破坏、生物多样性减少、酸雨蔓延、森林锐减、土地荒漠化、大气污染、水污染等一系列问题，不仅影响了经济发展，甚至直接威胁到人类社会的生存与安全，全球环境治理刻不容缓。

2015 年 9 月 25 日，在具有历史意义的 “联合国可持续发展峰会” 开幕当天，世界各国领导人通过了旨在“消除极端贫穷、战胜不平等和不公正以及遏制气候变化”的《2030 年可持续发展议程》。这一议程呼吁各国现在就采取行动，为今后 15 年实现 17 项可持续发展目标而努力。新的可持续发展目标呼吁世界各国在人类、地球、繁荣、和平、伙伴 5 个关键领域采取行动，并认识到消除贫困的工作必须在应对气候变化的同时，与构建经济增长和解决一系列社会需求的努力并肩而行。可持续发展目标的落实将惠及世界各国和所有人。虽然可持续发展目标不具法律约束力，但是各国政府都应主动承担责任，建立实现 17 个目标的国家框架，对目标的执行情况的跟踪和审查负有主要责任。该议程的通过为推动全球环境治理带来了新契机与新要求。

然而，当今世界秩序风起云涌，正处在动荡与重构之中，全球环境治理并不是一帆风顺。2017 年 8 月 4 日，美国向联合国正式提交了退出《巴黎协定》的意向书。这一退出行为不仅对人类应对气候变化的积极努力造成了巨大打击，而且对全球气候治理及其背景下的全球关系产生了重要影响。与之形成鲜明对比的是，作为最大的发展中国家，中国一直致力于国际的环保工作，积极推动《巴黎协定》生效，展现出了负责任的大国形象。五年来，以习近平同志为核心的党中央，准确把握我国发展阶段性特征，着眼人民群众新期待，做出了加快推进生态文明建设的战略决策。① 这既是我国社会发展到一定阶段做出

① 张勇.把握重点持续推进大力加强生态文明建设[N/OL].人民网,2017 年 12 月 21 日.http://theory.people.com.cn/n1/2017/1221/c40531-29721782.html.

的科学决策，也是我国作为一个负责任发展中大国，积极落实联合国《2030年可持续发展议程》的重要体现。党的十九大报告中更是明确指出："建设生态文明是中华民族永续发展的千年大计。"党的十九大报告中有关生态文明建设的内容，高屋建瓴、内涵丰富，字字充满中国智慧，句句符合中国国情，处处体现中国特色，为中国特色社会主义新时代树立起了生态文明建设的里程碑，为推动形成人与自然和谐发展现代化建设新格局、建设美丽中国提供了根本遵循和行动指南。①关于坚持人与自然和谐共生作为新时代坚持和发展中国特色社会主义的基本方略重要内容，人与自然是生命共同体等重要论断，也为全球环境治理提供了科学指导。可以说中国生态文明建设的绿色理念正在成为全球共识。

一、生态文明建设中的全球环境治理

（一）可持续发展成为当今人类共识

地球资源和环境正面着临严重威胁，环境问题已经从区域性问题演变成全球性问题，环境污染不再限于城市与工厂周围，已经蔓延到广大农村甚至跨越国界。英国著名生态学家德华·戈德史密斯认为："全球的生态环境恶化，可喻为第三次世界大战，大自然在崩溃、在衰亡，其速度之快已达到这种程度：如果让在这种趋势继续发展，自然界将很快失去供应人类生存的能力。"②环境问题已发展成为全球性的严重问题。防治污染，保护环境，成为关系到当今人类的根本利益和为子孙后代造福的大事。因此，保护生态环境成为全球面临的迫切性问题。

从《寂静的春天》到《增长的极限》，人类从反思环境问题到迫于环境压力思考如何发展。联合国人类环境会议的《人类环境宣言》到联合国《2030年可持续发展议程》，则是全球正式思考环境问题到选择发展道路。走可持续发展道路，是20世纪人类的世纪觉醒。在新的千年里，以广阔视野和深邃眼光，从整个人类和全球保持人口—资源—环境三者协调平衡的角度出发，综合运用自然科学和人文、社会科学知识以及先进技术手段，形成解决世纪难题的最佳方案，找到社会发展与良性生态之间的结合点，找到既保护环境又不停止发展有效的"度"，力求做到"经济社会的发展必须同资源开发利用相协调，在满足当代人需要的同时，不危及后代人满足需要的能力"。③走可持续发展道路，既是当前世界各国的共识，也是各国面临的共同使命。

---

① 马生军.推进生态法治建设美丽中国[EB/OL].人民论坛，2018年5月8日.http://www.rmlt.com.cn/2018/0508/518418.shtml.

②③ 郭辉东，邓润平，唐正.论全球化时代的环境治理[R/OL].中国环境学会，2011年6月22日.http://zt.cast.org.cn/n12603275/n12603434/12991312.html.

（二）生态系统特征要求环境治理的全球联合行动

当今世界，没有哪个国家可以在环境问题上独善其身，因为生态系统具有整体性和开放性。生态系统是一个整体的功能单元，其存在方式、目标和功能都表现出统一的整体性，是生态系统最重要的特征之一。同时，对于单个生态系统而言，它又是开放的，不同生态系统之间相互作用与影响。这就意味着，地球系统作为一个有机联系的整体，各个生态系统都是开放并且紧密联系的，不管哪一部分受到破坏，都会对整体造成不良影响。因此，世界环境和气候的变化离不开各国人民的共同努力，这是生态系统特征给我们的重要启示。而且，生态系统要想发挥其作用，保有和利用其生态价值，就要求人类活动对生态系统的干扰或破坏不能超过生态系统所能承受的极限，否则超过这一“阈值”，虽然生态系统仍然存在，但其生态价值就会完全消失，生态功能无法实现。[①]这就意味着全球生态系统功能的保持，需要人类共同努力，尽可能地减少对全球生态系统的破坏。此外，生态系统功能具有整体受益性，在全球系统下，生态环境保护具有正外部性，环境治理与保护行为会使系统内的各个主体受益。因此，改善生存环境，推动绿色发展，实施全球环境治理，绝不应是某个国家的事情，也绝不应是某个国家的单独行动，需要各国加强自我约束，共同发展，谁都不应自我割裂，也不应“搭便车”，而是需要相互协调，通力合作。

建设绿色家园不仅是中国人的梦想，也是世界各国人民的共同梦想。共享同一片天，同住一个地球，在环境面前，世界各国是不可分割的“命运共同体”。面对全球性的生态危机，不论发达国家还是发展中国家都不能独善其身，唯有携手同行，构筑尊崇自然、绿色发展的全球生态体系，才有可能实现世界的可持续发展和人的全面发展。[②]

（三）中国应成为全球生态文明建设中的主要参与者与引领者

2017 年，美国总统特朗普宣布退出了全球气候治理史上里程碑的《巴黎协定》，对全球应对气候变化造成了重大打击。国际社会批评这是对地球未来构成严重威胁的“惊人之举”。与这一不负责任行为形成鲜明对比的是，我国积极参与全球环境治理，参与环境保护国际合作，参与国际社会应对气候变化进程，主动承担国际责任，并积极贡献中国智慧。因此，我国不仅要在全球环境

① 沈满洪.生态经济学[M]. 北京：中国环境科学出版社，2008：91.

② 李玉峰. 栉风沐雨，砥砺前行，共建美丽中国[N/OL]. 光明网-理论频道，2017 年 10 月 13 日.http://theory.gmw.cn/2017-10-13/content_26503934.htm.

治理中发挥积极作用，还应有所担当。

1. 积极采取有效措施推进生态治理

中国政府言出必行，采取有效措施应对气候变化，并付诸实际行动。2015年11月30日，习近平主席在气候变化巴黎大会上说，中国在“国家自主贡献”中提出将于2030年左右使二氧化碳排放达到峰值并争取尽早实现，2030年单位国内生产总值二氧化碳排放比2005年下降60%～65%，非化石能源占一次能源消费比重达到20%左右，森林蓄积量比2005年增加45亿立方米左右。①2016年，中国碳排放强度比前一年下降6.6%，远超出当初计划下降3.9%的目标，保持着应对气候变化的力度和势头。2011～2015年，中国碳排放强度下降了21.8%，相当于少排放23.4亿吨二氧化碳。中国确定了“十三五”期间碳排放强度下降18%、非化石能源占一次能源消费比重提高至15%等一系列约束性指标。近年来，中国逐步改变不合理的产业结构，推动绿色、循环、低碳发展，制订“史上最严格”《环境保护法》，树立不可逾越的生态红线，着力改善突出的大气、江河污染等环境问题。“二氧化硫、氮氧化物排放量分别下降5.6%和4%，74个重点城市细颗粒物（PM2.5）年均浓度下降9.1%；清洁能源消费比重提高1.7个百分点，煤炭消费比重下降2个百分点……”②中国生态文明建设最新成果印证了中国推动生态文明建设的决心，为应对气候变化和推动全球环境治理做出了积极贡献。

2. 大力推动全球环境治理合作

中国积极开展气候外交，引领应对气候变化的国际合作。在全球应对气候变化《巴黎协定》的达成、签署、批准、生效的整个过程中，中国政府做出了关键性的贡献，使《巴黎协定》成为历史上批约生效最快的国际条约之一，有效地推动了全球环境治理工作。2015年年底，联合国巴黎气候变化大会前夕，各方在减缓、适应、资金、技术、能力建设等方面如何体现发达国家与发展中国家的区分上分歧巨大。中国国家领导人与发达国家和发展中国家领导人广泛接触，最终在巴黎气候大会前与美国、欧盟、印度、巴西等国家和经济体的领导人发表了联合声明，为重大分歧点找到“着陆区”和解决方案，也为《巴黎协定》的最终达成奠定了基础。③巴黎气候变化大会协议不仅仅涉及减排问题，更是落实《联合国气候变化框架公约》（以下简称《公约》）具体行动的协议。习近平主席明确表示：协议要有利于实现《公约》目标，有效控制大气温

---

①② 常红，王欲然，贾文婷，等.习近平“绿色治理”观：世界认同体现中国担当——国际社会高度评价“绿水青山就是金山银山”论[N/OL].人民网，2017年6月7日.http://world.people.com.cn/n1/2017/0607/c1002-29322132.html.

③ 杨威，董志成. 习近平厚植绿水青山世界点赞美丽中国[N/OL].中青在线，2017年6月7日.http://news.cyol.com/content/2017-06/07/content_16158863.htm.

室气体浓度上升，引领绿色发展，就是在用“中国力量”推动达成一个有力度、有雄心、有法律约束力的协议。2015 年 11 月 30 日，中国国家主席习近平出席巴黎气候变化大会开幕式，并发表题为《携手构建合作共赢、公平合理的气候变化治理机制》的重要讲话，强调各方要展现诚意、坚定信心、齐心协力，推动建立公平有效的全球应对气候变化机制，实现更高水平全球可持续发展，构建合作共赢的国际关系。中国国家主席习近平还在大会上提出了“四个有利于”：有利于实现公约目标，引领绿色发展；有利于凝聚全球力量，鼓励广泛参与；有利于加大投入，强化行动保障；有利于照顾各国国情，讲求务实有效。①这一系列明确表态与重要论述，有力地推动了《巴黎协定》的达成，促进国际间应对气候变化问题的合作。2016 年 9 月，在二十国集团领导人第十一次峰会的举办地杭州，中国向联合国秘书长交存了气候变化《巴黎协定》批准文书，有力地推进了《巴黎协定》的早日生效。近年来，中国已批准加入了 50 多项与生态环境有关的多边公约和议定书，在推动全球气候谈判、促进新气候协议达成等方面发挥着积极的建设性作用。

“一带一路”倡议引领绿色合作。2017 年 5 月，习近平总书记在“一带一路”国际合作高峰论坛发表的主旨演讲中强调指出，将“一带一路”建成创新之路。要坚持创新驱动发展，建设 21 世纪的数字丝绸之路。要促进科技同产业、科技同金融深度融合，为互联网时代的各国青年打造创业空间、创业工场。要践行绿色发展新理念，共同实现 2030 年可持续发展目标。

中国大力推进气候变化南南合作。在加强本国气候治理的同时，中国还切实考虑其他受气候变化影响较大的发展中国家利益。为此，2015 年 9 月，中国宣布出资 200 亿元人民币建立“中国气候变化南南合作基金”，帮助发展中国家应对气候变化，为全球气候治理做出实实在在的努力。目前中国气候变化南南合作基金已经启动，正在发展中国家开展 10 个低碳示范区、100 个减缓和适应气候变化项目和 1000 个应对气候变化培训名额的合作项目。②中国南南合作团队已与 27 个国家开展合作，帮助这些国家提高适应和减缓能力、管理能力和融资能力，真正起到了有担当、负责任的引领角色。

3. 贡献中国智慧与理念引领全球环境治理

作为全球应对气候变化事业的积极参与者，中国的绿色发展理念从考虑全球生态安全的角度出发，为推动世界更好实现可持续发展做出贡献。尤其是党

---

① ② 杨威，董志成. 习近平厚植绿水青山世界点赞美丽中国[N/OL]. 中青在线，2017 年 6 月 7 日. http://news.cyol.com/content/2017-06/07/content_16158863.htm.

的十八大以来，秉持构建人类命运共同体的理念，我国在努力解决自身生态环境问题的同时，积极参与全球环境治理，与100多个国家开展了环保交流合作，与多个国际、国家或区域组织建立合作机制，形成了高层次、多渠道、宽领域的合作局面。中国特色社会主义生态文明建设的理论探索，为全球环境治理贡献了“中国智慧”与“中国方案”。①

建设好生态文明是关系人民福祉、关乎民族未来的长远大计，也与全球环境保护息息相关。中国把加强环境治理、构建人与自然和谐发展放在更加突出位置，把建设良好生态环境作为实现中华民族和世界永续发展的目标，“下决心、花力气”改善生态环境，普惠百姓的中国决心、中国信心和中国作为更是得到了世界的认可。同样，作为世界公民，中国秉承生态文明建设理念，践行推动绿色发展、可持续发展的使命感及责任感。2016年5月，联合国环境规划署专门发布《绿水青山就是金山银山：中国生态文明战略与行动》报告，充分认可中国生态文明建设的举措和成果。2017年世界环境日中国主题：“绿水青山就是金山银山。”可见，中国生态文明建设的绿色理念已成为全球共识，正在传向全世界。中国正以自身独特的生态文明建设理念与实践，为全球环境治理提供着经验与智慧。

二、新时代生态文明建设思想：以马克思主义为指导，凝聚东西方文化精华的先进理论

对于如何处理好人类社会发展与生态环境保护关系的问题，东西方哲人都在寻找救世良方，越来越多的人把目光投向中国的天人合一观、古希腊的自然哲学和马克思主义辩证自然观。②“万物各得其和以生，各得其养以成”。中国把生态文明建设作为“十三五”规划重要内容，通过科技创新和体制机制创新，落实创新、协调、绿色、开放、共享的新发展理念，形成人和自然和谐发展的现代化建设新格局。③以马克思生态文明思想为指导，凝聚东西方文化精华的先进理念——新时代生态文明建设思想，不仅是我国，也是指导全球生态

① 李玉峰. 栉风沐雨，砥砺前行，共建美丽中国[N/OL]. 光明网-理论频道，2017年10月13日.http://theory.gmw.cn/2017-10/13/content_26503934.htm.

② 郭辉东，邓润平，唐正. 论全球化时代的环境治理[R/OL]. 中国环境学会，2011年6月22日.http://zt.cast.org.cn/n12603275/n12603434/12991312.html.

③ 常红，王欲然，贾文婷，等.习近平“绿色治理”观：世界认同体现中国担当——国际社会高度评价“绿水青山就是金山银山”论[N/OL].人民网，2017年6月7日.http://world.people.com.cn/n1/2017/0607/c1002-29322132.html.

文明建设的理论思想。

(一) 树立人与自然和谐的绿色发展理念

与西方世界讲求征服自然不同，东方思想更注重的是人与自然融合。正如美国哲学家杜威所说：西方人是征服自然，东方人是与自然融洽。无论是古希腊对地中海的征服，还是几千年前阿基米德的“给我一个支点，我可以撬动整个地球”的壮志豪言，都反映出西方世界中人与自然关系的对抗性与征服性。也正是这种利用自然、征服自然的思想指导，在科技革命快速兴起后，人类征服、改造自然的能力大幅度改进，生产力水平快速提高，但伴随而来的自然生态环境遭受破坏的程度也是空前的。

生态文明来源于生态思维，中国传统文化中充满了生态智慧，无论是古代儒家的“天人合一”思想还是道家的“无为”思想，都在一定程度上反映出古代东方倡导崇尚自然、与自然和谐发展的思想。①儒、释、道三家尽管在对自然的具体态度上有差异，但都对人与自然的关系以及人在自然中的定位这一中国传统哲学的根本问题作了回答。把人看作“实现人与自然和谐统一为目的的德性主体”，把“天人之际”“天人合一”作为处理人与自然关系的基本准则。儒家文化中的生态思想最本质的就是善待自然、顺应自然。孔子说：“仁者爱人”，要人们把仁爱推广延伸到对世间的一切物质和生命。释家提出“佛性”乃万物之本原，万物之差别仅是佛性的不同表现，宣扬众生平等，认为“山川草木，悉皆成佛”“心净则土净”。道家强调人要以尊重自然规律为最高准则，把天人之道、道法自然、效法天地作为人生行为的基本遵循，这些思想和主张，是我们的祖先在探索人与自然关系的道路留下的宝贵精神财富，对我们今天认识和理解生态文明本质有着重要的思想价值。建设生态文明，不是要放弃工业文明，回到原始的生产生活方式，而是要以资源环境承载能力为基础，以自然规律为准则，以可持续发展、人与自然和谐共生为目标，建设生产发展、生活富裕、生态良好、生命健康的生态文明社会。②

党的十九大报告提出“坚持人与自然和谐共生”，并将其作为新时代坚持和发展中国特色社会主义的基本方略之一。如何更好践行绿色发展理念、更好坚持人与自然和谐共生，已成为中国实现高质量发展的必答题。习近平同志指出，良好的生态环境是中国梦的重要内容。为此，中国积极探索资源节约、环境友好的发展路径，寻求经济发展和环境保护双赢，正在走出一条生产发展、生活富裕、生态良好的文明发展道路。这为中国积极参与全球绿色治理奠定了

---

① 龙睿赟.中国特色社会主义生态文明思想研究[M].北京:中国社会科学出版社,2017年8月:53.

② 让生态文明理念走向世界[EB/OL].环保舆情网,2018年5月11日.http://www.eppow.org/2018/0511/137966.html.

坚实基础。中国大力践行绿色发展理念、推进生态文明建设，是对全球实现绿色转型和可持续发展的重大贡献。①

（二）注重系统性与全局性的治理理念

基于生态系统作用的整体性发挥与整体性受益的特征，全球生态环境的保护与改善需要世界各国共同努力。然而，作为全球治理能力重要组成部分的绿色治理能力，则呈现出发达国家强、发展中国家弱的非均衡性特征。这主要是因为以欧美为代表的西方发达国家通过经济全球化构建的全球价值链，使全球绿色治理能力出现了非均衡性。长期以来，广大发展中国家参与全球绿色治理的基本前提是必须接受西方发达国家所制定的环境规则。但是，随着人类面临的资源环境约束不断趋紧，这些环境规则的不合理性日益凸显。例如，在碳排放约束条件下，资本追求利润最大化的本质会促使排放强度高的产业向发展中国家转移。如果在全球绿色治理中不能很好解决发达国家向发展中国家进行低碳技术转移这一关键问题，那么，通过在国家间分配减排任务来实现全球减排目标的愿望就会落空，全球环境系统的整体性能提升也就难以实现。②

中国的生态文明建设思想则是系统性与全局性的理念，人类命运共同体思想就是这一理念的充分体现。党的十九大报告共十三部分，其中第十二部分以“坚持和平发展道路，推动构建人类命运共同体”为标题，专门讲构建人类命运共同体，系统阐述了人类命运共同体思想的丰富而深刻的内涵及其时代价值。

习近平总书记在这部分一开始就指出：“中国共产党是为中国人民谋幸福的政党，也是为人类进步事业而奋斗的政党。中国共产党始终把为人类做出新的更大的贡献作为自己的使命。”可见，倡导构建人类命运共同体的目的就是希望为人类做出新的更大的贡献。人类命运共同体思想还专门写进了党的十九大修改通过的《中国共产党章程》，特别强调指出：“推动构建人类命运共同体，推动建设持久和平、共同繁荣的和谐世界。”所以，完全可以说，习近平总书记提出的人类命运共同体思想为全球生态和谐、国际和平事业、变革全球治理体系、构建全球公平正义的新秩序都贡献了中国智慧和中国方案。③大力推动构建人类命运共同体，积极参与应对全球气候变化国际行动，有力推动全球绿色治理体系变革，正是这一思想指导的具体实现。

“一带一路”建设中，中国对内深入推进绿色发展、循环发展、低碳发展，对外积极应对全球气候变化、承担大国责任，也是中国参与全球环境共同治理

---

①② 周亚敏. 积极参与全球绿色治理[N]. 人民日报, 2018-4-9(7).

③ 冯颜利, 唐庆. 习近平人类命运共同体思想的深刻内涵与时代价值[N/OL]. 人民网, 2017年12月12日. http://theory.people.com.cn/n1/2017/1212/c40531-29702035.html.

的体现。“一带一路”建设在投资贸易中突出生态文明理念，加强生态环境、生物多样性保护和应对全球气候变化合作，共建绿色丝绸之路。同时，中国坚决反对西方国家强行推行他们制定的环境规则的做法，主张在人类命运共同体理念引领下，坚持共商共建共享原则，努力实现各方合作共赢。中国智慧、中国方案不仅在推进绿色丝绸之路建设中发挥着重要作用，而且对构建全球绿色治理体系产生重要影响，必将对建设一个清洁美丽的世界作出更大贡献。①

（三）满足人民美好生态环境需要的主动治理理念

西方发达国家基本都是走了先污染后治理的道路。半个世纪前，曼哈顿和如今的北京一模一样：燃煤与汽油产生的雾霾笼罩了整座城市。1966 年 11 月，一场严重的雾霾笼罩了纽约城，在数天内造成 24 人死亡。②一系列环境重大污染事件之后，西方国家终于开始被动治理环境。

我国的环境治理与生态文明建设，则是主动解决人民群众关心的热点环境问题，满足人民对绿色美好生活追求的主动治理。李克强总理曾表示，中国不愿意也不能走“先污染后治理”的老路。中国的基本国情除了人口多，还有就是环境承载能力脆弱，中国用世界上不到 9%的耕地养活了 20%的人口，人均耕地面积、人均水资源占有量都远远低于世界平均水平。中国没有这个能力去继续走高投入、高排放乃至于高污染的路子。中国政府要坚定走绿色发展道路的理念，同时，要铁腕出击来整治现有的污染，不再欠“新账”，并且要多还“老账”。③习近平总书记在党的十九大报告指出，我们要建设的现代化是人与自然和谐共生的现代化，既要创造更多物质财富和精神财富以满足人民日益增长的美好生活需要，也要提供更多优质生态产品以满足人民日益增长的优美生态环境需要。可以说，党的十九大报告为未来中国的生态文明建设和绿色发展指明了方向、规划了路线。生态文明建设功在当代、利在千秋，建设生态文明是中华民族永续发展的千年大计。④习近平生态文明思想体现了炽热的民生情怀与主动治理理念。

（四）以马克思生态文明思想为指导的科学生态文明理念

习近平总书记在出席纪念马克思诞辰 200 周年大会上发表重要讲话强调，

---

① 周亚敏. 积极参与全球绿色治理[N].人民日报,2018-4-9(7).

② 美专家.中国不要走西方先污染后治理的老路[N/OL].中国日报中文网,2015 年 12 月 11 日.http://www.chinadaily.com.cn/hqgj/jryw/2015-12-11/content_14393169.html.

③ 李克强:中国不能走“先污染后治理”的老路[EB/OL].网易财经,2013 年 9 月 10 日.http://money. 163. com/13/0910/19/98EERVOV00254VCP. html.

④ 专家学者谈习近平生态文明思想[EB/OL]. 人民网,2017 年 12 月 6 日. http://theory. people. com. cn/n1/2017/1206/c40531-29688503. html.

马克思主义始终是我们党和国家的指导思想，是我们认识世界、把握规律、追求真理、改造世界的强大思想武器。新时代中国共产党人仍然要学习马克思，学习和实践马克思主义，高扬马克思主义伟大旗帜，不断从中汲取科学智慧和理论力量，更有定力、更有自信、更有智慧地坚持和发展新时代中国特色社会主义，让马克思、恩格斯设想的人类社会美好前景不断在中国大地上生动展现出来。

新时代生态文明建设思想是中国共产党对人与自然关系本质的深刻认识和对人类社会发展规律的深刻总结，继承和发展了马克思主义生态观，①是推动生态文明建设而形成的科学理论指导和实践指南。

首先，马克思主义摒弃人与自然二元对立的观点，认为通过生产实践，人与自然可以构成有机联系的整体。习近平总书记指出，“我们既要绿水青山，也要金山银山。宁要绿水青山，不要金山银山，而且绿水青山就是金山银山。”这一重要论述深刻揭示了人与自然、社会与自然的辩证关系，为新时代生态文明建设确立起新的理论和实践范式。②其次，马克思和恩格斯对人、自然及其相互关系的研究指出，人对自然界的“人化”过程及其所产生的不同环境结果有可能对人、自然、社会产生不同的影响，就使得人与自然存在着不同的发展方向，即或相互和谐，或相互对立。③习近平总书记指出，人类经历了原始文明、农业文明、工业文明，生态文明是工业文明发展到一定阶段的产物，是实现人与自然和谐发展的新要求。我们的生态文明建设选择坚持人与自然和谐共生。再次，马克思和恩格斯指出对自然、人及其相互关系发展规律的认识局限性和盲目性是生态环境问题产生的原因。④党的十八大以来，以习近平同志为核心的党中央将生态文明建设作为统筹推进“五位一体”总体布局、协调推进“四个全面”战略布局的重要内容，从认识论的高度深化了我们对新时代生态文明建设重要意义的认识，⑤突破了认识的局限性与盲目性。

可以说，党的十八大以来，习近平总书记着眼于满足人民日益增长的优美生态环境需要，全面把握人与自然的关系，就生态文明建设发表一系列重要论述、作出一系列战略部署，形成了系统完整的新时代生态文明建设思想，开辟了马克思主义人与自然关系理论的新境界，为新时代生态文明建设提供了有力思想武器。⑥

---

① 张勇. 把握重点持续推进大力加强生态文明建[EB/OL].中国经济网,2017 年 12 月 22 日.http://views.ce.cn/view/ent/201712/22/t20171222_27393943.shtml.

②⑤ 黄承梁.新时代生态文明建设的有力思想武器(深入学习贯彻习近平新时代中国特色社会主义思想)[N].人民日报,2018-4-24(7).

③④ 赵成,于萍.马克思主义与生态文明建设研究[M].北京:中国社会科学出版社,2016:71.

⑥ 黄承梁.新时代生态文明建设的有力思想武器(深入学习贯彻习近平新时代中国特色社会主义思想)[N].人民日报,2018-4-24(7).

对于如何学习马克思主义，推动生态文明建设，习近平总书记在纪念马克思诞辰200周年大会上指出："学习马克思，就要学习和实践马克思主义关于人与自然关系的思想，坚持人与自然和谐共生，动员全社会力量推进生态文明建设，共建美丽中国。"学习马克思，就是要学习和实践马克思主义关于人类社会发展规律的思想。要遵循"生态兴则文明兴，生态衰则文明衰"的生态与文明发展历史规律；就是要学习和实践马克思主义关于坚守人民立场的思想。要恪守"良好生态环境是最公平的公共产品，是最普惠的民生福祉"基本遵循；就是要学习和实践马克思主义关于生产力和生产关系的思想。要牢固树立"保护生态环境就是保护生产力、改善生态环境就是发展生产力"的理念；就是要学习和实践马克思主义关于人民民主的思想。要充分调动人民的积极性、主动性、创造性；就是要学习和实践马克思主义关于文化建设的思想。要继承和发扬中华传统智慧，培育和发展社会主义生态文明观；就是要学习和实践马克思主义关于人与自然关系的思想。要坚持人与自然和谐共生，建设美丽中国；就是要学习和实践马克思主义关于世界历史的思想，要以生态文明建设为构建人类命运共同体贡献东方智慧和中国方案。①

我们要坚持用马克思主义理论的战略观和整体观，注释、解读、理解和创新迈步新时代生态文明建设系列重大理论，厚实生态文明建设基础理论研究，以马克思主义生态文明建设话语体系和理论体系，引领和推动生态文明建设成为国际社会可持续发展理念新思潮，做全球生态文明建设的参与者、贡献者和引领者。②

综上所述，习近平总书记生态文明思想是中国传统天人合一理念与西方工业文明升级在中国现实背景下碰撞的结晶，是马克思主义在中国特色社会主义生态文明建设上的理论新发展，具有鲜明的时代特征和中国特色，体现着辩证唯物主义的精神；不仅丰富了中国特色社会主义生态文明建设理论，也为建设美丽中国，实现中华民族永续发展提供了科学指南；既是中国发展的内生要求，也是世界协同的大势所趋。③

三、生态文明建设中的中国智慧与实践探索

（一）生态文明建设的中国经验

1. 树立正确的生态理念

理念是行动的先导。党的十八大以来，以习近平同志为核心的党中央提出

---

① ② 黄承梁.以马克思主义理论实现对生态文明建设的战略指引[N].中国环境报,2018-5-10(3).

③ 专家学者谈习近平生态文明思想[EB/OL].人民论坛网,2017年11月21日.http://www.rmlt.com.cn/2017/1121/503738.shtml.

了关于生态文明建设的一系列新理念新要求。在生态文明理念方面，明确提出要树立尊重自然、顺应自然、保护自然的理念，树立“绿水青山就是金山银山”的理念，树立自然价值和自然资本的理念，树立空间均衡的理念，树立山水林田湖草是一个生命共同体的理念。在生态文明与经济社会发展的关系方面，提出发展和保护相统一，保护生态环境就是保护生产力，改善生态环境就是发展生产力，必须把保护生态环境作为优先选择；良好生态环境是最公平的公共产品，是最普惠的民生福祉，必须坚持绿色惠民。在生态文明实现路径方面，强调要转变先污染后治理、重末端轻源头的旧思维、老路子，形成绿色底线思维、法治思维、系统思维，像保护眼睛一样保护生态环境，像对待生命一样对待生态环境，为人民提供干净的水源、清新的空气、安全的食品、优美的环境，等等。在党中央、国务院的正确领导下，各级党委、政府和广大干部推进生态文明建设的意识明显增强，企业依法排污治污、保护环境的主体意识正在形成，全社会勤俭节约、绿色低碳、文明健康的氛围日渐浓厚，人人参与环保、贡献环保的行动更加自觉。①

2. 生态文明建设的顶层设计和组织保障

中国共产党是用马克思主义武装起来的政党。中国共产党基于党情、国情、世情，深刻地感知到世界环境保护主义运动潮流涌动。党的十八大以来，以习近平同志为核心的党中央，不断强调深化和推进生态文明体制改革，加强顶层设计，加强法治和制度建设，生态文明建设纳入制度化、法治化轨道。十三届全国人大一次会议审议通过了《中华人民共和国宪法修正案》，生态文明历史性地写入了宪法。这是党建设生态文明的政治主张上升为国家意志的生动体现，使生态文明建设在社会主义建设事业中的地位发生了根本性和历史性的变化，表明中国共产党的执政理念和执政方式进入一个新境界。这一系列行动为生态文明建设提供了党的意志基石和组织保障。②

党的十八大以来，党中央一致把生态文明建设摆在更加突出的位置，“这既是重大经济问题，也是重大社会和政治问题”。习近平总书记从这样的高度上强调生态建设问题，振聋发聩！正是站在实现“两个一百年”奋斗目标和中华民族永续发展的高度上，站在对全人类生存环境高度负责的制高点上，习近平同志把生态文明建设看作功在当代、利在千秋的事业，对生态环境保护方面的问题看得很重。保护生态环境刻不容缓。习近平同志强调：现在，我们已到了必须加大生态环境保护力度的时候了，也到了有能力做好这件事情的时候了。

---

① 杨晶.大力推进生态文明建设 努力走向社会主义生态文明新时代[N/OL].人民网,2017年11月2日.http://theory.people.com.cn/n1/2017/1102/c40531-29623573.html.

② 黄承梁.以马克思主义理论实现对生态文明建设的战略指引[N].中国环境报,2018-5-10(3).

如果再不抓紧，任凭破坏生态环境的问题不断产生，我们就难以从根本上扭转我国生态环境恶化的趋势，就是对中华民族和子孙后代不负责任。 我国生态环境矛盾有一个历史积累过程，不是一天变坏的，但不能在我们手里变得越来越坏，共产党人应该有这样的胸怀和意志。①

3. 全面推进生态文明体制改革

贯彻绿色发展理念，建设生态文明，从根本上扭转生态环境恶化趋势，是关系我国发展全局的一场深刻变革。 为此，党的十九大报告提出，加强对生态文明建设的总体设计和组织领导，设立国有自然资源资产管理和自然生态监管机构。 改革生态文明建设监管体制。 加强对生态文明建设的总体设计和组织领导，设立国有自然资源资产管理和自然生态监管机构，完善生态文明建设管理制度，统一行使全民所有自然资源资产所有者职责，统一行使所有国土空间用途管制和生态保护修复职责，统一行使监管城乡各类污染排放和行政执法职责。 构建国土空间开发保护制度，完善主体功能区配套政策，建立以国家公园为主体的自然保护地体系。 坚决制止和惩处破坏生态文明建设行为。②

除了全面提升管理机制功能外，还应强化公民环境意识，把建设美丽中国化为人民自觉行动。 生态文明建设同每个人息息相关，每个人都应该做践行者、推动者。 习近平同志强调，要强化公民环境意识，倡导勤俭节约、绿色低碳消费，推广节能、节水用品和绿色环保家具、建材等，推广绿色低碳出行，鼓励引导消费者购买节能环保再生产品，推动形成节约适度、绿色低碳、文明健康的生活方式和消费模式。 要加强生态文明宣传教育，把珍惜生态、保护资源、爱护环境等内容纳入国民教育和培训体系，纳入群众性精神文明创建活动，在全社会牢固树立生态文明理念，形成全社会共同参与的良好风尚。③

4. 不断强化生态保护的法制建设

习近平同志强调：保护生态环境必须依靠制度、依靠法治。 只有实行最严格的制度、最严密的法治，才能为生态文明建设提供可靠保障。 在这方面，最重要的是要完善经济社会发展考核评价体系，把资源消耗、环境损害、生态效益等体现生态文明建设状况的指标纳入经济社会发展评价体系，建立体现生态文明要求的目标体系、考核办法、奖惩机制，使之成为推进生态文明建设的重

---

①③ 闻言. 建设美丽中国，努力走向生态文明新时代——学习《习近平关于社会主义生态文明建设论述摘编》[N]. 人民日报，2017-9-30(6).

② 杨先婷.加快生态文明体制改革，建设美丽中国[EB/OL].中国网，2018 年 1 月 11 日.http://cul.china.com.cn/2018-01/11/content_40141090.htm.

要导向和约束。从制度上来说，要建立健全资源生态环境管理制度，加快建立国土空间开发保护制度，强化水、大气、土壤等污染防治制度，建立反映市场供求和资源稀缺程度、体现生态价值、代际补偿的资源有偿使用制度和生态补偿制度，完善环境保护公众参与制度，强化制度约束作用。①

2016 年 12 月 2 日，习近平总书记对生态文明建设作出重要指示。他强调，要深化生态文明体制改革，尽快把生态文明制度的“四梁八柱”建立起来，把生态文明建设纳入制度化、法治化轨道。党的十八届五中全会公报提出，“实行最严格的环境保护制度”。2015 年 4 月，中共中央、国务院《关于加快推进生态文明建设的意见》出台。2015 年 9 月，中共中央、国务院印发了《生态文明体制改革总体方案》，其中明确树立“绿水青山就是金山银山”的理念。2016 年 11 月，国务院印发《“十三五”生态环境保护规划》，明确提出“到 2020 年，生态环境质量总体改善”的主要目标，并提出一系列主要指标。②可以说，党的十八大以来，“大气十条”“水十条”“土十条”、《党政领导干部生态文明建设损害责任追究办法（试行）》，制定的一系列规定为生态保驾护航。各地实行了“河长制”“环保一票否决制”使保护环境这一基本国策深入人心。如今人们的环保意识普遍增强，各级政府对环保尤为重视，更加坚定走生产发展、生活富裕、生态良好的文明发展道路，生态文明建设取得了新成效。③

（二）新时代中国生态文明建设的实践④

建设生态文明，必须解决好怎么做的问题。党的十八大以来，以习近平同志为核心的党中央在统筹推进“五位一体”总体布局、协调推进“四个全面”战略布局中，把生态文明建设摆在重要位置，推动我国物质文明、政治文明、精神文明、社会文明、生态文明协调发展，为新时代生态文明建设实践提供了科学指导。

1. 打下坚实物质基础

建设生态文明离不开物质文明基础，要以发展生态产业为支撑。其中，生态农业和生态工业是生态文明建设的基础产业。信息产业、人工智能产业、生

---

① 闻言. 建设美丽中国，努力走向生态文明新时代——学习《习近平关于社会主义生态文明建设论述摘编》[N]. 人民日报，2017-9-30(6).

② 刘少华.绿水青山 生态文明建设的中国方案[N].人民日报海外版，2017-3-31(1).

③ 杨先婷.加快生态文明体制改革，建设美丽中国[EB/OL].中国网，2018 年 1 月 11 日.http://cul.china.com.cn/2018-01/11/content_40141090.htm.

④ 黄承梁.新时代生态文明建设的有力思想武器（深入学习贯彻习近平新时代中国特色社会主义思想）[N].人民日报，2018-4-24(7).

态服务业等在提升生态文明建设水平中也具有重要作用。大力发展生态产业，应积极推进传统产业绿色化，大力发展绿色低碳循环产业，加快实现生产全过程的绿色化、生态化。坚持以重大生态技术创新为突破口，以实现自然—社会—经济动态平衡为目标，构建现代产业发展新格局，服务现代化经济体系建设。

2. 强化政治和组织保障

建设生态文明需要政治文明作保障。必须改革完善相关制度，形成有利于生态文明建设的体制机制。党的十八大以来，以习近平同志为核心的党中央深入推进生态文明体制机制改革，努力加强顶层设计，把资源消耗、环境损害、生态效益纳入经济社会发展评价体系。与此同时，通过组建自然资源部、健全国土空间开发保护制度、完善主体功能区配套政策、建立以国家公园为主体的自然保护地体系等措施，为生态文明制度建设构筑起“四梁八柱”，有力推动新时代生态文明建设步入制度化、法治化轨道。

3. 提供精神动力和智力支持

建设生态文明离不开精神文明作指引。在历史上，中华民族形成了天人合一、道法自然、和谐共生等生态智慧。习近平同志指出，中国优秀传统文化的丰富哲学思想、人文精神、教化思想、道德理念等，可以为人们认识和改造世界提供有益启迪。建设生态文明，需要在大力传承和弘扬中华优秀传统文化的基础上不断创新，形成与当代社会相适应的生态文明建设精神和智慧。在知识经济和智力资本占主导的 21 世纪，这样的生态文明建设精神和智慧对于实现人与自然和谐共生、促进人类社会可持续发展至关重要。

4. 明确社会载体和建设主体

建设生态文明要以社会文明为载体，把建设美丽中国化为人民的自觉行动。建设生态文明，必须明确为了谁、依靠谁的问题，即为广大人民群众提供更多优质生态产品、满足人民群众日益增长的优美生态环境需要，依靠广大人民群众进行生态文明建设。习近平同志指出，良好生态环境是最公平的公共产品，是最普惠的民生福祉；要为子孙后代留下天蓝、地绿、水清的生产生活环境。这些重要论述彰显以人民为中心的发展思想，体现深厚的人民情怀，明确了生态文明建设的目的，回答了生态文明建设为了谁、依靠谁等根本问题，对于调动广大人民群众生态文明建设的积极性主动性创造性、最大程度汇聚全社会生态文明建设合力、形成绿色健康的生产方式和生活方式具有重要意义。

链接 9-1　福建长汀:水土治理样板县的生态之路①

凤凰涅槃,昔日火焰山下孕育的汀江湿地公园(彭仁柏图)

汽车在福建长汀河田、三洲两个乡镇穿行,夏日阳光映衬为这片大地披上了一层令人惊艳的生机。青山幽静,草木馥郁,空气清新,茂密的森林翠绿欲滴,绿油油的田地犹如油画,清澈蜿蜒的小溪静静流淌,荷花的幽香引来蜜蜂和蝴蝶在花间飞舞,人走在其间,仿佛在画中漫步。

看到眼前的乡村美景,让人无法把它和曾经中国南方红壤区水土流失最为严重的地区联系在一起。

经历了长达数年的水土治理,长汀已呈现一种新的经济与生活形态,湿地公园、生态农业与绿色旅游成为了主角,作为古汀州的原乡文化开始回归。

"它既是大自然的杰作,也见证了人类的努力和争取。"长汀县政府的一名官员感叹道。

"长汀经验"简史

"长汀的水土流失治理是一个漫长历史过程,前后一共经历了好几代人。"长汀县委常委、宣传部长卓国志称。

根据资料记载,早在20世纪40年代,长汀就与陕西长安、甘肃天水一起列为中国三大水土流失治理试验区。

① 韩雨亭.福建长汀:水土治理样板县的生态之路[N/OL]. 澎湃新闻,2017年8月21日.http://m.thepaper.cn/newsDetail_forward_1768585.

1940 年 12 月，中国最早水土保持机构——“福建省研究院土壤保肥试验区”在长汀河田设立，当时中华民国政府力图治理长汀水土流失，但收效甚微。

1949 年，中华人民共和国宣布成立后仅两个月，福建便成立“长汀县河田水土保持试验区”。尽管福建历届主政者均对此高度重视，在初步治理的层面上取得一定成效，但十年“文化大革命”，让其治理成果受到严重损失。

改革开放后，如何治理长汀水土流失重新成为福建主政者的重要议题。

当时情况已异常严峻。根据 1985 年提供数据显示，长汀水土流失面积高达 146.2 万亩，占全县面积的 31.5%。尽管经过 1985~1999 年的努力，情况有所缓解，治理的水土流失面积达 45 万亩，减少水土流失面积 35.55 万亩，有效减轻了洪涝灾害，但如何彻底改变水土流失的被动局面，任重而道远，仍有 100 多万亩的水土流失区亟待治理。

1998 年元旦，时任福建省委副书记的习近平到长汀调研，他给长汀水土流失治理的题词是“治理水土流失，建设生态农业”。习近平在福建工作期间，曾五次到长汀调研，并提出要求，作出很多重要批示，形成了强大的推动力。2000 年 2 月，在他的批示之下，长汀水土流失综合治理项目被列入福建省为民办实事项目，确定每年扶持 1000 万元资金。

2000~2008 年期间，作为长汀水土治理第一个八年“攻坚”。当地政府用史无前例的力度，使用封山育林、改良植被、补贴烧煤、发展绿色产业、转移农村剩余劳动力和生态移民外迁等手段，进行了一场长达数年的治理行动。此举取得了很好的效果。2009 年的数据统计，长汀县累计治理水土流失面积 107 万亩。2010 年，福建省委和省政府作出决定——再干 8 年，并提出“水土不治、山河不绿，决不收兵”。

2012 年 1 月 16 日，时任中共中央政治局常委、国家副主席的习近平作出批示，特别指出：“长汀县水土流失治理正处在一个十分重要的节点上，进则全胜，不进则退，应进一步加大支持力度。要总结长汀经验，推动全国水土流失治理工作。”

由此，长汀以其出色的治理成效成为中国南方治理水土流失的样板县，“长汀经验”也成为中国推动生态文明的号角。

长汀南山镇大坪治理点 2012 年 1 月原貌，山上光秃秃，植被脆弱

开发性保护

2012 年以来，长汀的水土流失治理进入到了“快车道”。

根据统计数据显示，在“十二五”期间，长汀县累计综合治理水土流失面积 60.8 万亩，占规划任务 104.8%，水土流失面积下降至 39.6 万亩，水土流失率降至 8.52%。

那么，“长汀经验”又在哪里呢？

从水土流失治理的动员模式来看，长汀县政府使用了“政府主导、社会联动”的模式。

“我认为用开发来推动治理的模式是一个创新。”长汀县三洲镇政府一名官员称。

长汀县三洲镇万亩杨梅基地，曾经的黄山变为花果山

杨梅是三洲镇的一张生态名片，在治理水土流失过程中，当地先后种植了杨梅 12260 亩，把昔日“火焰山”变成“花果山”，由此一举成为福建单体面积最大的杨梅基地。

“草牧沼果”也是一种生态开发治理模式，当地大力推广种植优质牧草‘Ⅱ系狼尾草’，以草为基础，沼气为纽带，同时果业、养殖业为主体。

如此一来，既治理了水土流失，同时推动了乡村经济。通过推广“草牧沼果”的模式，寻找到了生态效益和经济效益的结合点。

长汀南山镇治理点 2016 年 9 月，经过四年的水土治理，现在绿意盎然

链接 9-2　致意毛乌素沙漠的最后一座沙山①

沙丘顶部之外，大多数是下图如此的固沙。以沙包一排一排地固定住流沙，在沙包之间植树种草。你可以想象，一个人，一天能埋多少沙包。然后再推算，这一片沙漠的治理，需要投入多少人工，多少年的岁月。

经过多年治沙，植被的根系已经抓住一片土地；良好的植被已经调节水土，在沙粒表面结起苔藓的硬壳，盖住流动的沙子。沙丘在被慢慢地固定。

这座沙山，最近才有了名字，叫乌兰木伦沙山。听说是因为要在这里建公园，才起了这么个名字。过去，它和千千万万座像它一样狰狞的沙山只有一个共同的名字——毛乌素沙漠。毛乌素沙漠雄踞在苍茫的鄂尔多斯高原，就像一只暴戾狂野的巨兽，稍有风吹草动，便怒气冲天，一跃千里地扑向沃野良田、城镇村庄，无情地吞噬草原，驱赶着人类。那时，生活在沙漠淫威下的鄂尔多斯人只能傻傻地咧嘴苦唱：

---

① 肖亦农．致意毛乌素沙漠的最后一座沙山[N]．光明日报，2017-03-24(15)．图片引自：阿耐的博客：http://blog.sina.com.cn/ane："我看到的毛乌素沙漠治理"．

六月的沙蓬无根草，

哪儿挂住哪儿好……

茫茫的鄂尔多斯高原，到处是走西口的苦男怨女无奈的悲咽。

毛乌素沙漠是人造沙漠，它是人类贪欲的儿子，成形不过上千年的历史。其大部在鄂尔多斯草原，并沙蚀陕西、宁夏一些邻近地区。名城古镇陕北榆林，历史上曾被毛乌素沙漠逼得“三迁”。近43000平方公里的毛乌素沙漠，是中国有名的八大沙漠之一，在现在的鄂尔多斯市域内有35000多平方公里，地理学上也称之为鄂尔多斯沙漠。

历史上，鄂尔多斯草原是中国北方游牧民族的游牧地，是大自然赐予人类的优良牧场。

7万年前，中国人的祖先河套人就生活在这片牛羊肥硕、水甜草美的土地上。秦时期，通过移民造田，鄂尔多斯草原成为大秦帝国的“新秦中”，其富庶与关中平原齐名。这里还修建了世界上第一条“高速公路”——大秦直道，直贯鄂尔多斯草原。汉时，这里设立州郡无数，人烟稠密，是繁华之地。五代十国时，一代枭雄赫连勃勃被鄂尔多斯的美丽富饶折服。他在这里建立了匈奴大夏国，大兴土木，修建了统万城，并定都于鄂尔多斯草原。接下来是无休止的征战，农业和游牧这两大人类文明在这里交融冲撞。战争、滥垦、铁犁和铁蹄无情地践踏着鄂尔多斯草原，沃野变荒成沙，渐渐有了沙漠。唐朝诗人许棠留下了“茫茫沙漠广，渐远赫连城”的名句，这是我能看到的关于鄂尔多斯沙漠的最早的文学记载。700多年前，鄂尔多斯虽有沙漠，但其美丽仍吸引了世界君王成吉思汗的目光，吟咏感叹中，他竟将手中伴随征战几十年的马鞭失落，并决定自己身后就葬在马鞭失落的地方——毛乌素沙漠中的甘德尔山。眨眼间700余年过去了，成吉思汗眼看着自己钟爱的鄂尔多斯草原，一点一点地被沙漠无情地吞噬，成为一块千疮百孔的破抹布。到了清代，有人填过这样一首词，把鄂尔多斯沙漠的荒凉写了个透：

鄂尔多斯天尽头，

穷山秃而陡，

四月柳条抽。

一阵黄风，

不分昏与昼。

因此上，

快把那“万紫千红”一笔勾。

这一笔勾了近300年，万紫千红几乎与鄂尔多斯沙漠无关。春夏秋冬，满目枯黄。到了20世纪末，鄂尔多斯沙化面积已达到90%之上。正应了西方哲人说过的一句话：人类大踏步地走过，身后留下了无尽的荒漠。

21世纪的第一道曙光照耀着鄂尔多斯市，这是工业化科学发展的曙光。被沙漠这个混蛋儿子欺负了千年的鄂尔多斯人，提出要用工业化的思维解决环境问题，要绿富同兴，把鄂尔多斯的山山水水荒漠枯山都看成可以循环发展的资源。要走出仅解决人吃马嚼的治沙思维,三十亩地一头牛的小打小闹,永远解决不了土地荒漠化问题。工业文明的思维,调整着鄂尔多斯人与鄂尔多斯沙漠的关系。于是,他们对入驻的大型企业,提出"用百分之一的工业用地,换取百分之九十九荒漠治理"的理念,在推进工业化的进程中,完成荒漠化的治理。于是,鄂尔多斯的沙漠里,出现了那么多花园式的工厂,"产煤不见煤,养羊不见羊"成了鄂尔多斯一道靓丽的风景。

鄂尔多斯沙漠里建起了生物质发电厂,利用沙柳平茬复壮的生物属性,建设起了永不枯竭的绿色煤炭基地。鄂尔多斯农牧民在沙漠里广种沙柳,每年通过平茬得到了可观的经济收益。于是,各类承包荒沙种植沙柳的企业、合作化组织及个人在鄂尔多斯比比皆是,座座沙山都"名花有主"。农牧民或成为绿化企业的工人,植树种草挣工资,或将承包的荒漠转租给治沙大户。短短十余年的时间,鄂尔多斯沙漠绿浪翻滚,荒漠成了聚宝盆。方圆几万里的毛乌素,很难见到百十亩大的明沙。毛乌素沙漠已经远遁,退守到人们的记忆之中。

联合国治理荒漠化组织总干事曾这样评价:毛乌素沙漠治理实践,做出了让世界向中国致敬的事情。

四、全球环境治理的现实与困境

当前,世界各国在全球环境治理方面取得了阶段性成果,为全人类共同应对全球环境问题打下良好的基础。然而,相关活动的举办并不能很好遏制全球环境恶化,一系列环境问题的出现暴露出全球环境治理面临的困境,迫切需要全人类采取措施积极应对这一困境。

(一)全球环境治理的现实情况

在世界绝大部分国家的长期共同努力下,全球环境治理取得了阶段性成果,主要体现在两个方面。一是有关全球环境治理的论坛和活动相继举办。2017年5月,"一带一路"国际合作高峰论坛提出建立生态环保大数据服务平台,倡议建立"一带一路"绿色发展国际联盟①。同年7月,二十国集团(G20)峰会在德国汉堡召开,多个国家和地区表示全面禁售燃油车以推动《巴黎协定》目标达成。9月12日,《关于消耗臭氧层物质的蒙特利尔议定书》缔结30周年纪念大会在北京召开。自蒙特利尔议定书缔结30年来,淘汰了几乎所有消耗臭氧层物质生产和使用。这些论坛和活动的成功举办使全球环境治理合作理念深入人心,为全人类共同应对全球环境问题打下良好的基础。二是各国

① 习近平在"一带一路"国际合作高峰论坛开幕式上的演讲《携手推进"一带一路"建设》单行本出版[N].人民日报,2017-05-19(001).

就全球环境治理议题达成共识和协议。2017 年 5 月，欧盟及其 7 个成员国向联合国递交《关于汞的水俣公约》批准文书，这一公约是近 10 年来环境与健康领域内订立的一项新的世界性公约，旨在保护人类健康与环境免受汞及其化合物人为排放和释放的危害。同年 11 月 6～18 日，联合国波恩气候变化大会通过了名为“斐济实施动力”的一系列成果，通过了加速 2020 年前气候行动的一系列安排[①]。同年 12 月，以“迈向零污染地球”为主题的第三届联合国环境大会在肯尼亚内罗毕召开，大会在海洋垃圾、污染防治等环境领域通过了 13 项非约束性决议和 3 项决定，发布了多份环境报告，给各国污染治理提供思路和建议。一系列共识和协议的达成推动了全球环境治理工作的开展，为全球环境治理提供重要的机制保障。

虽然世界各国在可持续发展、气候变化等方面取得了阶段性成果，但是相关活动的举办和条约的签订并不能很好遏制全球环境恶化，全球环境恶化状况为全球环境治理工作蒙上了一层阴影。2017 年 7～8 月，刚果（金）北基伍省首府戈马市居民使用被污染的水后，霍乱疫情迅速爆发并不断扩散，截至 12 月 21 日，疑似感染人数突破 100 万，其中 2219 人死亡。2017 年 8 月，包括比利时、荷兰、德国在内的 16 个欧洲国家相继发现“毒鸡蛋”，并迅速蔓延，影响范围波及中国香港等地[②]。一系列环境问题的出现暴露出全球环境治理面临的尴尬境地。

（二）全球环境治理的困境所在

当前全球环境治理工作在实施中面临多重困境，集中体现在治理主体、治理要素、治理体系、治理方式和治理新阻力等方面。发达国家与发展中国家之间在全球环境治理中的矛盾激化，全球环境治理缺乏相应的资金、技术和人才等基本要素的支撑，尚未形成有效的治理分工体系，主权国家、政府间国际组织和非政府间国际组织的全球环境治理方式均存在明显的局限，美国退出《巴黎协定》对全球环境治理合作信心造成创伤，联合国全球环境治理中心地位被边缘化，联合国缺位问题成为全球环境治理进程的突出障碍，这一系列问题对全球环境治理造成极其不利的影响。

1. 治理主体之间的矛盾

全球环境治理主体之间的矛盾主要有两个层次。一是发达国家与发展中国家之间在全球环境治理中的矛盾激化。首先是发达国家和发展中国家在环境治理议题谈判中地位不平等，发达国家在资金、技术和人才等方面总体具有优

---

① 杜悦英.气候谈判的波恩“接力”[J].中国发展观察,2017(22):20-22.

② 2017 年国内国际十大环境新闻[EB/OL]. http://env.people.com.cn/n1/2018/0129/c1010-29792296.html.

势，在全球环境议题谈判中长期占据主导地位，虽然崛起中的发展中国家在环境议题谈判中的发言权和影响力不断增强，但是仍处于被动地位，地位的不平等为谈判设置了障碍。其次是发达国家和发展中国家在经济发展方式和利益诉求的差异增大，在资金、责任与成本分担等问题上分歧加大，特别是2008年金融危机后，发达国家在改善国际环境方面的表现更加消极，有些国家以保护环境为借口试图通过严格的环境准入机制限制发展中国家发展，为全球环境治理工作带来重重困难。二是发达国家内部和发展中国家内部在全球环境治理议题上的利益分歧加大。发达国家内部不同的利益诉求阻碍了环境政策的有效协调。西方大国激烈争夺全球环境治理领导权，试图发挥本国的技术优势与他国开展竞争，借此提升国际影响力，导致在很多环境议题上变得对立。发展中国家内部利益的分化也越来越严重。从早期的“77国集团+中国”的模式到后来的“小岛屿国家、非洲集团、拉美国家集团等分立”再到2009年哥本哈根会议后形成的多个实力较强的发展中国家抱团模式①，发展中国家共同的声音愈来愈弱，甚至出现为争取资金技术而相互指责对方环境问题的现象。

2. 治理要素支撑不足

全球环境治理需要大量的资金、技术和人才等基本要素的支撑。使用和推广新的节能减排技术需要资金、人才等一系列要素的配套。在现实工作中，发展中国家经济发展水平低，资源主要用于经济发展，环境修复资金、节能减排技术和环境保护领域相关人才缺乏，关键要素支撑不足使得发展中国家环境治理工作难以进行。在国际环境治理谈判中，虽然对于发达国家的资金、技术等援助责任形成了一定共识，但是在具体执行过程中缺乏有效的约束监督机制，很多发达国家没能按照约定向发展中国家提供相应的环境治理要素②。特别是在全球经济低迷的背景下，许多发达国家面临财政吃紧问题，对发展中国家环境治理的资金资助、损失补偿和技术人才支持的能力和意愿均面临挑战，发展中国家环境治理要素获取存在困难③。而对于联合国环境规划署等国际环境治理机构来说，其环境治理资金来源有限，环境保护的技术水平不高，创新能力不足，相关领域的环境治理人才十分缺乏，开展的全球环境治理工作收效甚微，不能有效解决全球环境问题。

3. 治理体系不健全

全球环境治理体系不健全的困境主要体现在两个方面。一是尚未形成有效

---

① 王志芳. 当前全球环境治理的特点与中国的应对[M]//中国国际战略评论2015.北京：世界知识出版社，2015：18.

② 叶琪.全球环境治理体系：发展演变、困境及未来走向[J].生态经济，2016，32(09)：157-161.

③ 李文俊.当前全球气候治理所面临的困境与前景展望[J].国际观察，2017(04)：117-128.

的治理分工体系。当前全球环境治理分工体系落后，虽然联合国环境规划署是全球环境治理重要机构，但是其内部各部门职能分散，工作机制僵化、形式单一，治理力量显示出碎片化和分散化的特征。随着发展中国家的崛起，特别是“金砖五国”和一些发展中国家在全球环境治理中的话语权和影响力迅速上升，冲击了西方发达国家的领导地位，全球环境治理的核心力量出现泛化。二是尚未形成综合全面的治理体系。当今全球环境治理有政府主导型、市场调控型和企业自愿管控型三种模式①。政府主导型在全球环境治理中占据最为重要的地位，政府包揽了环境治理的方方面面，影响市场环境调控和企业环境治理行为。政府主导型环境治理模式在消耗大量人力、物力、财力的同时，不可避免地制约市场和企业在环境治理中作用的发挥。而市场在环境治理中也具有一定的局限性，过度重视利益最大化的偏好可能导致消极影响；企业的“搭便车”行为也降低了其他环境治理主体的积极性。因此如何协调好政府、市场和企业三者在全球环境治理体系中的作用边界成为当前全球环境治理工作的一个难点。

4. 治理方式局限性

主权国家、政府间国际组织和非政府间国际组织的全球环境治理方式均存在一定局限。就主权国家来说，各主权国家均以实现其自身利益为前提进行协商谈判，往往导致谈判过程艰难且漫长，各主权国家的环境治理方式难以对比、交流和相互借鉴。一些官僚体制的弊端如效率低下、形式重于内容、程序僵化等问题也是制约主权国家全球环境治理方式有效性的重要因素。就政府间国际组织来说，其环境治理行为往往受到掌握资源的多少、管理能力的高低和执行方式的选择限制②。政府间国际组织的资金来源单一，各种资源主要来自于主权国家，资源来源渠道没有充分保障。机构复杂、机制僵化也对政府间国际组织环境治理方式的选择和效果产生消极影响。在弱约束的情况下，政府间国际组织的全球环境治理积极性也会受到损害。就非政府间国际组织来说，权威性不足和资金短缺是制约其全球环境治理行动的重要因素。虽然近年来非政府间国际组织的数量不断增多、影响力不断加大，但总体上非政府间国际组织的规模和力量的较小，权限认同度较低，所掌握的资源也较少，导致其所能采用的环境治理方式单一贫乏。

5. 治理出现新阻力

近些年，少数国家出于其自身利益考虑，拒绝承担相应的环境治理责任，成为全球环境治理新阻力。2017 年 11 月，叙利亚宣布加入《巴黎协定》，美国成为唯一反对该协定的国家③。《巴黎协定》为 2020 年以后全球合作应对气候

---

① 殷杰兰.论全球环境治理模式的困境与突破[J].国外社会科学,2016(05):75-82.

② 刘颖.全球环境治理的现实困境与路径选择[J].鄱阳湖学刊,2012(04):79-86.

③ 叙利亚加入巴黎协定:美国成唯一反对国[EB/OL]. http://www.zaobao.com/realtime/world/story20171108-809360.

变化指明了方向，提供了制度保障，在人类应对气候变化方面具有里程碑的意义①。为了进一步恢复美国经济、扩大国内就业和维护其国际霸权地位，美国总统特朗普宣布退出《巴黎协定》。美国此举无疑对全球环境治理产生重大负面影响，一是使国际社会对《巴黎协定》的履约前景表示担忧。美国退出《巴黎协定》将增加其他国家的节能减排负担，增加履约难度和成本，同时对其他国家产生了不良的示范效应，对全球环境治理合作信心造成创伤。二是使美国盟友对履行全球环境治理相关协约的意愿造成消极影响。虽然法国、意大利、德国等多个西方国家和美国国内的一些企业表明继续坚持《巴黎协定》，但是美国的退出无疑会削弱发达国家在全球环境治理谈判中的话语权，同时更加难以调和发达国家内部的矛盾分歧，从而降低其他发达国家的协商和履行条约意愿。

6. 全球气候变暖日趋严重

当前人类面临着诸如恐怖主义、气候变暖、环境污染等诸多非传统安全问题，这些问题成为全球共同面临的挑战，已经威胁到人类社会生存发展。其中，以全球气候变暖尤为引人关注。从英国工业革命到现在的200年时间，特别是第二次世界大战以来人类活动所排放的大量温室气体，其中最主要是二氧化碳，使得大气当中温室气体的浓度越来越高，温室效应不断增强。《2018年中国气候变化蓝皮书》指出，2017年全球表面平均温度比1981～2010年平均值（14.3℃）高0.46℃，比工业化前水平（1850～1900年平均值）高出约1.1℃，成为有完整气象观测记录以来的第二暖年份，也是有完整气象观测记录以来最暖的非厄尔尼诺年份。②就中国而言，1951～2017年中国地表年平均气温平均每10年升高0.24℃，升温率高于同期全球平均水平，北方增温速率明显大于南方地区，西部地区大于东部，青藏地区增温速率最大。③全球气候变化会导致一些地方粮食大幅减产造成饥荒，或是引发洪水、暴风雪等自然灾害，例如美国的暴风雪、加州干旱引发的大火等自然灾害都是由于全球气候变化所引发的。

7. 治理体系中联合国的缺位

虽然全球环境治理在联合国的框架下取得了一些治理成效，但是联合国全球环境治理中心地位面临边缘化的困境，联合国缺位问题成为全球环境治理进程的一大障碍。治理体系中联合国的缺位问题主要体现在三个方面：一是联合国全球环境治理组织机构臃肿松散。面对同一个环境问题，联合国众多的组织机构缺乏明确分工，很大程度上导致资源浪费。例如针对全球气候变化问题，

---

① 周茂荣.中国落实《巴黎协定》的机遇、挑战与对策[J].环境经济研究，2016，1(02)：1-7.

②③ 郭静原.《2018年中国气候变化蓝皮书》发布——气候变暖为何越走越“极端”[N].经济日报，2018-4-18.

除了联合国环境规划署和开发计划署这两个机构外，世界气象组织、世界银行等机构均有相关工作计划，众多的组织机构各自开展工作计划，不能形成治理合力，降低治理效果。二是联合国全球环境治理能力不高。联合国的治理能力包括资源整合能力、责任主体协调能力、监督能力等方面。首先是联合国的资源整合能力有待提高。联合国作为全球环境治理最重要的国际协商平台，未能真正发挥协调者作用，特别是近年来相关治理主体利益分化，使得世界各国就环境治理达成一致协议更加困难。其次是联合国的监督能力和强制能力有待提高。对于各成员国的任务执行情况没有形成有效的监测体系和强制约束力，部分国家执行不力降低了其他成员国的参与意愿，导致新一轮谈判更加困难。三是联合国全球环境治理中心地位面临边缘化危机①。从联合国全球环境治理进程方面看，成员国在协商谈判中的各种矛盾日益凸显，分歧愈来愈大，联合国尚未形成协调各方矛盾、化解各方利益分歧的能力，在各治理主体协商谈判中地位日益边缘化。从全球环境治理各组织机构参与方面看，联合国的全球环境治理中心地位面临其他组织机构的挑战。随着各立场相近的国家合作次数更加频繁和程度的加深，这些地区性组织机构开展内容相近的治理工作，对联合国框架下的全球环境治理体系形成了一定挑战。

五、中国参与全球环境治理的思路建议

中国作为世界最大的发展中国家和第二大经济体，在全球环境治理中扮演愈来愈重要的角色，特别是在全球环境治理面临困境、全球环境治理效果整体欠佳的当前，中国积极参与全球环境治理、坚决履行相关条约无疑为全球环境问题的解决注入一股强大推动力。中国在生态环境治理方面的成功经验也为全球环境治理提供了新思路、新方法，特殊的时期和条件呼唤并催生全球环境治理的“中国方案”。

（一）中国参与全球环境治理的原则

中国在参与全球环境治理中应遵循“共同但有区别的责任”原则，一是共同合作原则，全球环境问题的解决需要世界各国协商合作，中国要和其他国家共同合作；二是有区别责任原则，中国要承担与经济发展、人均排放量和历史排放量相适应的环境治理责任；三是包容发展原则，中国要能实现经济、环境、文化等社会各方面基本达到共同可持续发展。

---

① 石晨霞.联合国与全球气候变化治理：问题与应对[J].社会主义研究，2014(03)：161-167.

1. 共同合作原则

地球是一个相互联系的生态体系，很多环境问题的起因和影响具有全球性。全球环境问题具有多重性、矛盾具有繁杂性、任务具有繁重性，仅仅依靠单一国家或组织机构是无法解决的[①]。特别是在全球环境恶化的现实情况下，任何一个国家和地区都无法逃避责任，全球环境治理体系的参与主体、内容也具有世界性。全球环境问题的解决需要世界各国协商合作，一齐出力。坚持世界各国共同合作是推进全球环境治理的重要原则，也是解决全球环境问题的唯一出路。中国在全球环境治理中扮演重要角色，必须坚持共同合作原则，积极参与全球环境治理协商谈判，树立起负责任大国形象。

2. 有区别责任原则

广大发展中国家的经济发展水平较低，为了实现发展目标，能源消耗需求需要合理增长。发达国家由于历史责任和发展水平等诸多因素，需承担更多环境治理职责，发达国家要对其历史累计排放和当前较高的人均排放承担责任，率先减少排放。与此同时，要向发展中国家提供资金和技术。在发展经济、消除贫困的过程中，发展中国家要采取积极的措施，尽可能少排放[②]。中国作为发展中国家，受到发展阶段的限制，经济发展水平和能源结构很难在短时间内实现升级，在全球环境治理中应遵循有区别责任原则，承担与经济发展、人均排放量和历史排放量相适应全球环境治理责任。

3. 包容发展原则

世界各国不论发达国家还是发展中国家，都有经济发展诉求。世界各国具有平等的发展机会，共享全球经济发展的成果，共担全球环境治理的责任，通过协商合作实现互利共赢。包容增长是指经济、环境、文化等社会各方面基本达到共同可持续发展。实现包容性增长既需要推进全球环境问题的逐步解决，又是推动落后国家和地区工业化进程的重要力量。中国还处在社会主义初级阶段，在全球环境治理中要遵循包容发展原则，积极推动达成全球环境治理的价值共识，代表广大发展中国家发声，通过推动资金技术转移等方式使得社会经济实现可持续发展，同时促进全球环境问题得到逐步解决。

（二）中国参与全球环境治理的建议

当前，在激烈的全球经济竞争中，很多国家存在着追求经济增长、忽视牺牲生态环境利益、忽视宏观调控和全球协调的倾向。部分国家环境国策被置于

① 张海滨，陈婧嫣.中国参与全球环境与卫生治理：机遇、挑战与对策[J].中国卫生政策研究，2015，8(07)：21-25.

② 中华人民共和国国务院新闻办公室. 中国应对气候变化的政策与行动[EB/OL]. http://www.scio.gov.cn/zfbps/ndhf/2008/Document/307869/307869.htm.

次要的地位，更多的是讲治理经济环境,治理生态环境却置之不理。在治理环境的对策上不是经济、社会、环境的协调发展，而是先主动污染后被动治理，对全人类的生存环境构成了重大威胁。在全球环境恶化的现实情况下，每个国家和地区都无法逃避责任。全球环境治理体系需要全世界来共同参与。党的十九大宣告中国特色社会主义进入新时代，中国参与全球环境治理也进入新时代。新时代中国要大力倡导构建人类命运共同体，推动构建全球环境治理要素支撑，主动承担全球环境治理责任，积极分享中国生态文明建设经验，推动全球环境治理方式多样化。

1. 大力倡导构建人类命运共同体,协调治理主体之间的矛盾参与全球环境治理

地球只有一个，在全球环境问题面前，全体人类是命运共同体。一方面，解决环境问题，中国离不开世界，世界也离不开中国。只有世界各国共享发展机遇，共担环境治理责任，才能实现世界经济社会的可持续发展。中国当前的很多环境问题，只有纳入全球环境治理体系中才能得到解决。构建人类命运共同体思想就是我们为全球环境治理贡献的中国智慧、中国方案。构建人类命运共同体思想指明了世界环境治理途径和人类未来的前进方向。当前，全球环境治理面临各种问题和挑战，特别是各治理主体之间存在多层次的利益矛盾，要切实推动全球环境治理工作深入开展，就需要协调好各层次、各主体之间的矛盾。

中国的发展阶段和经济体量决定了其协调全球环境治理主体之间矛盾的关键作用。在发达国家与发展中国家之间的全球环境治理矛盾方面，要促进南北国家的平等协商，推动发达国家的资金、技术和人才等向发展中国家转移，努力推进南北国家在资金、责任和成本分担等方面达成共识。在发达国家内部与发展中国家内部全球环境治理矛盾方面，要注意协调发达国家内部矛盾，通过提倡构建人类命运共同体的理念争取找到发达国家之间的利益共同点，推动全球环境议题的协商谈判。作为发展中国家一员，要努力协调好发展中国家之间的矛盾，积极与立场相近的发展中国家开展合作，共同发声、共同行动。

2. 坚决捍卫发展中国家利益,推动构建全球环境治理要素支撑

中国作为世界最大的发展中国家，要始终站在发展中国家的立场，在全球环境治理中坚决捍卫广大发展中国家利益。面对不少国家认为中国已经是经济大国和经济强国，希望中国承担更大的全球环境治理责任的论调，应当时刻坚持中国是发展中国家的国际定位不动摇。加大全球环境治理南南合作，加大对落后国家和地区的资金、技术援助，积极宣传中国在国内和国际环境卫生领域所做的贡献。积极推动南北国家就全球环境治理问题进行协商，针对全球环境治理中的关键问题——资金、技术和人才等方面问题，要积极推动构建全球环境治理的要素支撑。

推动构建全球环境治理要素支撑可以从两方面着手。一是加强自身在环境科学和技术方面的攻关。由于缺乏相关核心要素的支持，发展中国家在全球环境治理谈判中往往处于被动地位。与发达国家相比，中国的环境科学技术水平还不高，但是基于对中国过高的定位和期望，发达国家对中国进行要素援助的意愿逐渐下降，中国在环境治理领域申请外部要素支持的空间越来越小，现阶段的中国亟需进行环境治理方面的技术攻关。二是加强全球环境治理在要素转移方面的协商谈判。减少排放和减少污染是一项长期、艰巨的任务，如何适应全球气候变化和处理全球环境问题是发展中国家面临的一个紧迫问题。资金、技术和人才智力等是实现发展中国家有效减少排放和污染的重要要素支撑，要加强与发达国家就要素转移问题进行协商谈判，让发达国家继续向包括中国在内的发展中国家提供资金、技术等要素帮助，推进全球环境治理工作和切实解决全球环境问题提供重要要素保障。

3. 主动承担全球环境治理责任,推动健全全球环境治理体系

全球环境治理是任何一个国家和地区都无法逃避的工作，中国应更主动承担全球环境治理相应责任。一方面，要更加重视国内环境治理。中国人口多，经济增长速度快，能源消耗大，环境治理压力大，解决好国内环境问题就是为全球环境治理做贡献。另一方面，要更加积极参与全球环境治理工作。长期以来中国开展环境治理工作已经累积了大量经验，一定程度上有能力承担更大的全球环境治理责任，能够为其他国家提供环境治理领域相关援助，展现中国负责任大国形象。

要更加认识到中国在全球环境治理工作中的重要作用，积极推动健全全球环境治理体系。针对全球环境治理分工体系不健全问题，一方面要积极推动联合国环境规划署等相关国际组织职能机制和工作内容的完善和创新，推动统筹好各组织各部门的环境治理工作开展，避免治理全球环境治理力量碎片化和分散化。另一方面，面对全球环境治理核心力量出现泛化的现象，要注意与具有共同或相似利益的国家展开合作，携手推动健全全球环境治理体系，为全球环境治理工作持续注入强大推动力。针对全球环境综合治理体系不健全的问题，要推动协调好政府、市场和企业在全球环境治理工作中的关系和作用，推动解决政府过度包揽问题，在一些环境治理领域中少干预或退出，让其他更高效环境治理主体有更多的作用空间。要注意弥补市场的局限性，坚决打击部分企业非法排污问题。鼓励企业转变发展方式和能源消耗方式，提高企业的环保意识和污染处理意愿。

4. 积极分享中国生态文明建设经验,推动全球环境治理方式多样化

中国在节能减排、应对全球环境问题中的努力有目共睹，也获得国际社会的赞赏和肯定。2017年12月，全球环境问题最高决策机构联合国环境规划署授予中国塞罕坝林场建设者“地球卫士奖”[①]，这是对中国生态文明建设的肯定，更是对中国人民为人类生态环境建设作出贡献的肯定。世界环境治理需要借鉴中国的实践经验，参考中国有效的环境治理方法。要加大宣传，通过多种平台和途径向世界各国展示中国生态文明建设成果，积极分享全球环境治理经验，为全球环境治理提供中国方案，推动环境治理方式多样化。

分享中国生态文明建设经验，推动全球环境治理方式多样化可以从三大治理主体入手。对于主权国家的全球环境治理，要积极协调各主权国家利益，推动各国就全球环境治理问题进行协商谈判，促进各主权国家就环境治理经验进行分享、交流和相互借鉴。主权国家是推进全球环境治理工作最重要的力量，要积极探索全球环境治理方式创新，革除官僚体制弊端。对于政府间国际组织的全球环境治理，要加大各种治理资源投入，增强其治理实力，积极推动其管理能力提升和执行方式创新。健全环境治理约束监督机制，增强政府间国际组织全球环境治理积极性。对于非政府间国际组织的全球环境治理，要发挥我国环境非政府组织在全球环境治理中的作用，支持其扩大资源来源途径，提升其全球环境治理参与能力，鼓励其全球环境治理方式多样化。

5. 坚决履行全球环境治理承诺，共同应对全球环境治理新阻力

中国作为负责任的大国，在全球环境治理中也应当承担起相应责任，坚决履行全球环境治理承诺。面对复杂的全球环境问题，共同承担全球环境治理责任是世界各国共同的呼声。要继续积极参与、支持和推动全球环境治理方案和协约的签订，坚定不移维护世界各国就全球环境达成的来之不易的成果，坚决推动相关协议条款的履行。面对近阶段单边主义抬头的势头，全球环境治理出现的新挑战，要团结世界各国力量，共同应对全球环境治理新阻力。

2016年11月，事关全球气候治理的《巴黎协定》正式生效。面对美国的退出，中国要承担起大国的责任，以更加积极的姿态参与到全球环境治理协商谈判中，更加积极推动相关共识、协约和条款的签订，以更加负责任的态度推进协约条款的实施。健全法律规定，完善相关监督机制，构建公平的综合评价指标，推进环境治理工作的顺利开展。针对美国退出《巴黎协定》对国际社会履约预期产生的负面影响，要积极呼吁世界各国更加团结一致，重建全球环境治理信心，积极承担起更大的责任，共同应对全球环境治理新阻力。针对美国退出《巴黎协定》对其盟友履行其他环境治理协约意愿产生的消极影响，要坚决维护《巴黎协定》的有效性和权威性，积极调和相关国家的矛盾分歧，提高世界各国全球环境治理协商谈判的意愿。

---

① 王国平，邓晖，李慧. 新时代：全球环境治理的“中国榜样”[N]. 光明日报，2017-12-06(01).

6. 积极应对全球气候变暖，稳步推进绿色发展

气候变化是典型的全球环境问题，不论温室气体的排放源在地球何处，形成全球气候变化的效果均相同。全球气候变化被列为非传统安全威胁和全人类面临的共同挑战，需要全球共同采取减缓气候变化的行动。任何国家和个人都是地球村里普通而平等的一员，在全球气候变化问题面前，谁都不可能置身事外。应对气候变化等全球性环境问题，需要各个国家树立人类命运共同体意识，协同采取措施共同应对。习近平总书记在党的十九大报告中提出，全世界要齐心协力“构建人类命运共同体，建设持久和平、普遍安全、共同繁荣、开放包容、清洁美丽的世界”①。

改革开放40年来，中国经济建设取得巨大成就。但是，与此相伴随的是巨大的能源消耗和温室气体排放。在此背景下，中国在全球气候治理中的观念转变和政策应对已发生根本性改变，从由局外到边缘进而成为全球气候治理的中心成员之一，并在推动全球气候治理的健康发展上发挥着积极的影响。早在20世纪初，国务院在《关于印发全国生态环境保护纲要的通知》中明确提出，我国生态环境破坏逐步加剧，对经济社会发展构成严重威胁；2014年中国制定发布了《国家应对气候变化规划（2014～2020年）》《国家适应气候变化战略》等文件；2017年中国启动全国碳市场，提出建设全国碳市场对引导相关企业转型升级，促进中国绿色低碳和更高质量发展；2018年1月，中国开始实施的《环境保护税法》，提出推进生态文明建设的单行税法。这其中，中国在《巴黎协定》中提出国家自主贡献目标尤为全球关注。该协定提出“到2030年，中国单位GDP的二氧化碳排放要比2005年下降60%～65%，非化石能源在一次能源消费占比要提升到约20%，森林蓄积量比2005年增加约45亿立方米，特别提出在2030年前后二氧化碳排放要达到峰值并努力早日达峰”②。

为了积极应对全球气候变暖，实现中国在《巴黎协定》中提出国家自主贡献目标，中国应从国内国际方面入手：从国内来讲，要树立绿色发展的理念，绿色发展不仅有利于减缓国际减排压力，更有利于实现国内的可持续发展。要改变发展动能，由资源依赖向创新驱动转变，减少能源需求，用较少的能源投入支持较快的经济发展，用太阳能、风能和水电等非化石无碳能源支持经济增长，实现能源低碳化，要推动经济发展方式由传统的高排放、高污染向绿色、低碳方式转变。要坚持以公正为核心的价值观指导，通过政府、市场和社会的力量加强环境制度建设，增强环境责任意识。从国际来讲，当前中国已经被推

---

① 习近平.决胜全面建成小康社会，夺取新时代中国特色社会主义伟大胜利——在中国共产党第十九次全国代表大会上的报告[N].人民日报，2017-10-29.

② 齐美娟.“中国经验”助力全球气候治理[J].中国国情国力，2018，(3)：6-8.

到了全球环境治理的舞台中央，迫切需要制定适宜的气候战略，承担起全球气候治理领导责任。要把全球利益和中国利益更好地结合起来。作为人类命运共同体的重要一员，中国要从维护全球利益的角度出发,加快促进低碳转型,为维护全球气候安全作出更大贡献。要旗帜鲜明地反对发达国家在气候安全问题上的双重标准，把知识产权问题纳入国际气候谈判的议程，完善低碳技术国际转让机制。

7. 维护联合国治理中心地位,充分发挥治理参与者角色

中国经过40年改革开放，取得巨大发展成就，对全球环境治理的态度更加积极，日益成为全球环境治理的重要成员之一。要主动承担相应的环境治理责任，扮演全球环境治理重要参与者角色。面对中国从全球环境治理边缘国家到中心成员之一的客观角色的重要转变，要转变思维方式，更加深刻意识到参与全球环境治理有利于国家自身发展，更加积极主动参与到全球环境治理工作中来。不仅要成为全球环境治理的重要参与者，更要积极发出中国声音，贡献中国智慧，以实际行动推动全球环境治理走向公平、有序和高效。特别是作为联合国环境规划治理的重要支持者和坚定拥护者，面对全球环境治理体系中联合国的缺位问题，要维护联合国权威，巩固联合国在全球环境治理工作中的中心地位。

全球环境治理需要有高水平的国际平台，需要有权威并具有广泛影响力的主要倡导者，联合国具备主导全球环境治理的基本条件。中国在扮演治理重要参与者角色的同时，要巩固联合国全球环境治理的中心地位。一是要推动联合国全球环境治理组织机构革新。推动各相关机构在职能划分、任务分配方面进行协调分工，推动各项环境治理工作有序高效开展，形成治理合力。二是推动提高联合国全球环境治理能力。要维护联合国全球环境治理权威，增强联合国的资源整合能力、成员国矛盾协调能力、任务执行强制能力和环境治理工作监督能力。推动建立健全的环境治理评估体系、工作执行监督机制和奖惩机制，提升治理效果。三是积极维护和巩固联合国全球环境治理中心地位。在促进全球环境治理谈判和提高各成员国全球环境条约履行的能力方面，联合国拥有其他国际组织难以取代的重要作用。随着中国经济实力和综合国力的提升，中国在环境领域取得显著成就的同时，对全球环境治理的作用日益凸显。要协调好各成员国之间的内在分歧，推动世界各个国家和地区在联合国框架下就全球环境治理问题进行协商谈判，推动全球环境问题得到逐步解决。

目前，全球环境问题日益成为世界各国关注的焦点。环境危机已是关系到整个地球与全人类生死存亡的危机。如何在全球经济面临转型的重要时期，缓解环境问题压力，实现可持续发展，已经成为全球关注的焦点之一。虽然世界各国在全球气候变化等方面取得了阶段性成果，但是相关措施并不能很好遏制全球环境恶化。当前全球环境治理工作在实施中，面临着治理主体、治理要素、治理体系、治理方式和治理新阻力等诸多问题。中国作为世界最大的发展中国家和第二大经济体，在全球环境治理中扮演愈来愈重要的角色。中国不仅起到了沟通发达国家和发展中国家之间的桥梁作用，还在平衡大国主导与多方协商一致方面发挥了重要作用。中国以自己发展中国家的地位，紧紧地把其他国家团结起来，代表了发展中国家的利益。联合国环境规划署执行主任埃里克·索尔海姆特别强调，中国对全球环境治理方面起到了无可替代的巨大推动作用，较好实现国家利益与全球利益、当前利益与长远利益的均衡。党的十八大以来，以习近平同志为核心的党中央牢固树立新发展理念，把绿色发展摆上更加重要的战略位置，取得了显著的成效。进入新时代，中国必须大力倡导构建人类命运共同体，协调治理主体之间的矛盾，坚决捍卫发展中国家利益，推动构建全球环境治理要素支撑，主动承担全球环境治理责任，推动健全全球环境治理体系，积极分享中国生态文明建设经验，推动全球环境治理方式多样化，坚决履行全球环境治理承诺，共同应对全球环境治理新阻力。要树立绿色发展的理念，转变发展动能，推动经济发展方式由传统的高排放、高污染向绿色、低碳方式转变。要旗帜鲜明地反对一些发达国家在气候安全问题上采取双重标准，把全球利益和中国利益更好地结合起来。

第十章

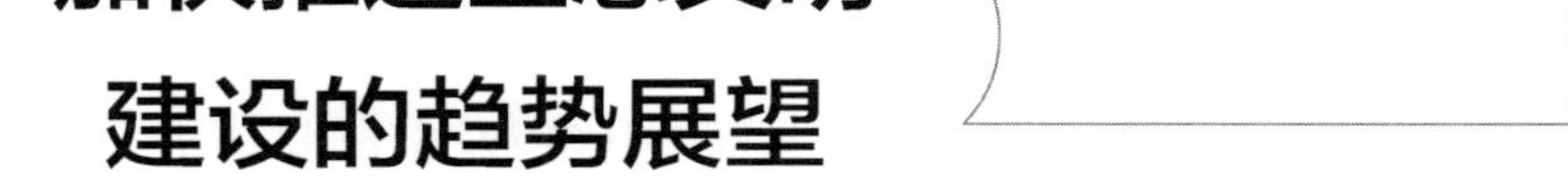

加快推进生态文明建设的趋势展望

——奋力走向生态文明新时代

一、强化主体功能定位，优化国土空间开发格局

国土是我国生态文明建设的空间载体，党的十九大报告指出“统一行使所有国土空间用途管制和生态保护修复职责”“像对待生命一样对待生态环境，统筹山水林田湖草系统治理”。因此，如何强化主体功能定位、实施主体功能区战略、加强国土空间管制和生态保护修复，成为我国生态文明建设的关键问题。目前，我国国土空间表现出多样性和非均衡性，可以看出高强度的工业化、城市化并不是适合所有国土空间的统一开发方式。因此，在国土开发与利用上必须遵循自然规律，区分不同功能，有序开发，全面落实主体功能区制度，真正实现生态文明建设这一国家发展战略。

（一）生态文明要积极实施主体功能区战略

要不断健全和完善国土空间规划体系。通过合理布局生产空间、生活空间和生态空间，科学推动不同区域的社会经济发展，提高城乡土地利用率，促进生态环境保护等规划“多规合一”。同时，实施国家国土规划纲要，编制与完善与主体功能区相配套的政策体系、划定生态红线，建立空间规划体系等改革举措，加强对国土的综合治理，以构建因地制宜的城乡建设空间体系，合理增加生态用地，扩大对绿地、水域、湿地的生态保护①，促进国土空间结构的优化与调整，促进人口、经济与资源承载能力的相互平衡。

要进一步完善主体功能区相关产业政策。为确保主体功能区的有序开发，应细化各主体功能区的产业政策，依据中共中央、国务院印发的《关于加快推

---

① 新华.强化主体功能定位优化国土空间开发格局[J].黑龙江国土资源,2015(6):24.

进生态文明建设的意见》（以下简称《意见》）所提出的重要问题，将当地实际情况与国家相关政策相结合，对不同主体功能区实施差别化市场准入政策，科学划定禁止开发区域，明确限制开发区域的准入事项与优化开发区域、重点开发区域和限制开发区域的相关产业，杜绝发生盲目无序的开发现象。

要加快健全主体功能区的考核评价体系。可以依据主体功能区规划并参照《意见》要求、各个区域的考核评价体系与实施办法进行完善和修订，改变以往唯 GDP 论的错误观念，对农业开发区和重点生态功能区施行多元化的考核方法，细化考核指标，以推动这些区域的合理开发和科学利用，强化自身主体功能定位①。

链接 10–1 主体功能区

主体功能区指基于不同区域的资源环境承载能力、现有开发密度和发展潜力等，将特定区域确定为特定主体功能定位类型的一种空间单元。主体功能不同，区域类型就会有差异。大致可分为以提供工业品和服务产品为主体功能的城市化地区，以提供农产品为主体功能的农业地区，以提供生态产品为主体功能的生态地区等。划分主体功能区主要应考虑自然生态状况、水土资源承载能力、区位特征、环境容量、现有开发密度、经济结构特征、人口集聚状况、参与国际分工的程度等多种因素。

一定的国土空间具有多种功能，但必有一种主体功能。我国各地区各种自然环境和资源条件差别迥然，各地区不能按照统一的发展模式进行发展，根据全国整体发展规划及各地具体情况，我国国土空间按开发方式分为优化开发区域、重点开发区域、限制开发区域和禁止开发区域。优化开发区域包括环渤海、长三角和珠三角 3 个区域；重点开发区域包括冀中南地区、太原城市群、呼包鄂榆地区、哈长地区、东陇海地区、江淮地区、海峡西岸经济区、中原经济区、长江中游地区、北部湾地区、成渝地区、黔中地区、滇中地区、藏中南地区、关中—天水地区、兰州—西宁地区、宁夏沿黄经济区和天山北坡地区等 18 个区域；限制开发区域分为农产品主产区与重点生态功能区，农产品主产区主要包括东北平原主产区、黄淮海平原主产区、长江流域主产区等 7 大优势农产品主产区及其 23 个产业带，重点生态功能区包括大小兴安岭森林生态功能区、三江源草原草甸湿地生态功能区、黄土高原丘陵沟壑水土保持生态功能区、桂黔滇喀斯特石漠化防治生态功能区等 25 个国家重点生态功能区；禁止开发区域包括国务院和有关部门正式批准的国家级自然保护区、世界文化自然遗产、国家级风景名胜区、国家森林公园和国家地质公园等。

---

① 陈自力.强化主体功能定位科学编制广西“十三五”规划，广西政协网[DB/OL]http://www.gxzx.gov.cn/index.php? m=content&c=index&a=show& catid=93&id=2083.

（二）生态文明要大力推进绿色城镇化

绿色城镇化既突出了“绿色”这一价值取向，又包含了“城镇”这一集约目标，这也意味着在科学确定城镇化开发强度和边界的同时，也应将绿色发展理念融入城镇化发展内涵。

链接 10-2　绿色城镇化理念的形成[①]

2013 年 12 月 12~13 日召开的中央城镇化工作会议首次提出：“要体现尊重自然、顺应自然、天人合一的理念，依托现有山水脉络等独特风光，让城市融入大自然，让居民望得见山、看得见水、记得住乡愁……保护和弘扬传统优秀文化，延续城市历史文脉。”[②]此后，习近平同志在 12 月 15~16 日召开的中央经济工作会议上提出：“要把生态文明理念和原则全面融入城镇化全过程，走集约、智能、绿色、低碳的新型城镇化道路。”[③]2014 年 12 月 9~ 11 日召开的中央经济工作会议上，习近平同志指出：“现在环境承载能力已经达到或接近上限，必须顺应人民群众对良好生态环境的期待，推动形成绿色低碳循环发展新方式。”[④]时隔不到半年，即 2015 年 4 月 25 日，中共中央、国务院出台《关于加快推进生态文明建设的意见》，该意见在第二章的第五节首次提出要“大力推进绿色城镇化”，即：要“保护自然景观，传承历史文化，提倡城镇形态多样性，保持特色风貌，防止‘千城一面’”“强化城镇化过程中的节能理念，大力发展绿色建筑和低碳、便捷的交通体系，推进绿色生态城区建设，提高城镇供排水、防涝、雨水收集利用、供热、供气、环境等基础设施建设水平。所有县城和重点镇都要具备污水、垃圾处理能力，提高建设、运行、管理水平。加强城乡规划‘三区四线’（禁建区、限建区和适建区，绿线、蓝线、紫线和黄线）管理，维护城乡规划的权威性、严肃性，杜绝大拆大建”[⑤]。在 2015 年 12 月 20~ 21 日召开的中央城市工作会议上，习近平同志进一步指出：“城市发展要把握好生产空间、生活空间、生态空间的内在联系，实现生产空间集约高效、生活空间宜居适度、生态空间山清水秀。城市工作要把创造优良人居环境作为中心目标，努力把城市建设成为人与人、人与自然和谐共处的美丽家园”“要坚持集约发展，树立‘精明增长’‘紧凑城市’理念，科学划定城市开发边界，推动城市发展由外延扩张式向内涵提升式转变。城市交通、能源、供排水、供热、污水、垃圾处理等基础设施，要按照绿色循环低碳的理念进行规划建设”[⑥]，从而使得“绿色城镇化”的内容更加明确和具体。

---

① 张双悦.走绿色城镇化道路：内涵，外延及路径选择[J].经济研究参考，2017，23：95-100.

② 2013 年中央城镇化工作会议，http://wenku.baidu.com/view/2a480f683b3567ec102d8a32.html.

③ 2013 年中央经济工作会议公报[C/OL]. http://www.360doc. com/content/13/1024/09/2814428_323683966. Shtml.

④ 2013 年中央经济工作会议公报[R/OL]. http://www.360doc. com/content/13/1024/09/2814428_323683966. Shtml.

⑤ 中共中央、国务院关于加快推进生态文明建设的意见[N/OL]. http://www.gov.cn/xinwen/2015-05/05/conte nt_2857363.htm.

⑥ 2015 年中央城镇化工作会议[C/OL]. http://www.360doc.com/content/16/0129/22 /2966147_531567732. shtml.

推进绿色城镇化要坚持以人为本。必须把传统的城镇化建设与人文精神协调统一起来，根据地区人口、经济和环境条件，将绿色、环保、低碳、智能、集约等关键理念融入到城镇化的发展和规划中，以满足绿色城镇化对居民生活改善的期许，形成以人为本的生态环境保护模式，建设一批文明和谐的现代化新城镇。

推进绿色城镇化要提前做好规划设计。应在充分调研的基础上，科学制定城镇化长远规划，明确发展目标，选择发展模式和路线，合理规划城区建设，避免浪费用地、大拆大建，切实解决我国城镇化发展过程中所面临的土地资源紧缺、环境压力大等关键性问题。

推进绿色城镇化要深入探索城镇化建设创新模式。通过引入新能源企业，督促企业以绿色发展为导向，优先发展资源集约和环境友好产业，大力发展绿色生产，推进城镇绿色照明，研发绿色工艺，推广城镇节水、节能、节地、节材技术，稳步实现城镇经济绿色增长①。

（三）生态文明要加快美丽乡村建设

美丽乡村建设要科学建立乡村规划体系。完善的规划体系是建设美丽乡村的前提，良好的规划布局有利于提高农村资源的利用率。因此，在美丽乡村的建设工作中，应注重科学地建立乡村规划体系，避免千篇一律，或是开发过度。可以以交通等基础设施为纽带，以县级为单位制定美丽乡村规划，构建乡村布局。推进“多规合一”，加快城乡一体化规划，推动城乡供水、污水处理、造林绿化、垃圾回收等专项规划衔接配套②。鼓励引导各乡镇村根据乡村资源禀赋与区域实际情况，科学定位，因地制宜，合理布局产业经济，坚持以“宜工则工、宜农则农、宜商则商、宜游则游”的农村产业发展思路，创建富有当地特色的产业园、生态园，积极发展休闲旅游、文化体验等多元发展方式，促进美丽乡村建设的良好发展③。

美丽乡村建设要推动一二三产业融合发展。产业融合是美丽乡村建设的重要保障。美丽乡村建设离不开农村经济实力的保障，因此，要以农村龙头企业为核心，鼓励农业龙头企业与其他企业合作，大力推动农产品加工业的发展，促进全产业链经营；要发展多功能农业，推进农业与旅游业、乡土文化、红色教育、医疗健康等相关产业的结合，创新农业产业组织形式，加强农民专业合

---

① 吴振山.大力推进“绿色城镇化”[J].宏观经济管理,2014(4):32-33.

② 张梦洁,黎昕.美丽乡村建设中的文化保护与传承路径探究[J].内蒙古农业大学学报(社会科学版),2015(6):11-15.

③ 姜长云.推进农村一二三产业融合发展的路径和着力点[J].中州学刊,2016(5):43-49.

作社和土地股份合作社规范化建设，合理解决利益分配问题，构建农户、农民专业合作社与龙头企业之间互利共赢的合作模式。在此基础上，建立农产品产供销一体化体现，推动农产品直销，改变农产品流通体系，加速农村一二三产业有效合理的结合①。

美丽乡村建设要树立样板与典型。选择农村中部分发展现状好、后劲足、公共设施完善区位优势明显，辐射带动作用强的乡村，通过资源整合与重点培育，进行重点提升打造，建设一批美丽乡村新样本，为其他农村的美丽乡村建设提供借鉴，成为其他农村社区群众看得见、摸得着、能参观、能学习的新典型②。

(四) 生态文明要加强海洋资源科学开发和生态环境保护

海洋生态环境保护要严格执行海洋功能区划。一方面，提高海洋利用的集约化程度，强制限制海域的开发强度。另一方面，严格控制陆源污染物的排放情况，制定重点海域污染总量排放控制制度，有针对性地加强特殊海域的综合诊治和生态建设，定期开展不同海域的海洋资源与生态系统综合评估，实现强度和总量双控制，切实有效地保护重要、敏感和脆弱的海洋生态系统。

海洋生态环境保护要实施自然海岸线控制制度。对于相关填海工程及其规模进行严格控制，生态脆弱、敏感、自净能力差的海域应严格限制围填海，若发现违反填围海规定的行为，应严格追究其责任人法律责任。海岸带的开发应充分考虑地区生态环境，以及国家及地方有关建设项目的相关法规，逐步实现陆海统筹、区域联动。

海洋生态环境保护要严格落实海域污染防治方案。按照海陆统筹原则，严格进行总氮、总磷总量控制，规范入海排污口设置，加强对直排入海污染源和沿海工业园区的监管，全面清理设置不合理、非法设置、或经整治后仍无法达标的排污口。提高涉海项目准入门槛，完善海洋风险应急处理机制，提升海洋抗风险能力，对沿海化工、冶炼等重污染企业开展定期检查，彻底排除海洋环境安全隐患。

海洋生态环境保护要严格开展海洋生态保护与修复工作。加大力度保护海滨湿地、产卵场、索饵场、越冬场、洄游通道等重要渔业水域，实施增殖放流，建设人工鱼礁，合理发展海洋牧场。加强对于渔业资源的保护，规范国家级海洋保护区的建设与管理，并尽快完善海洋生态补偿和生态损失赔偿等相关

---

① 李平衡，严立冬，邓远建，等.全域美丽乡村建设：来自湖南浏阳的经验与启示[J].生态经济，2018，34(1)：223-224.

② 孙开林.加快推进美丽乡村建设，人们论坛网[DB/OL].http://www.rmlt.com.cn/2016/0321/420970.shtml.

制度[①]。

二、推动技术创新和结构调整，提高发展质量和效益

党的十九大报告强调要推进绿色发展，加快建立绿色生产和消费的法律制度和政策导向，建立健全绿色低碳循环发展的经济体系，构建市场导向的绿色技术创新体系。一方面，生态文明的发展离不开技术进步，生态保护归根到底需要依靠科技创新的驱动和引领；另一方面，生态文明建设对科技的进步也提出了更高的要求，当今科学技术的发展也应将生态文明作为最重要的精神内核。

（一）生态文明要推动科技创新

明确政府部门在绿色科技创新中的主导作用。党的十九大报告指出应加强对生态文明建设的总体设计和组织领导，因此应完善政府的顶层设计，通过制定严格有效的环境保护制度，为绿色创新营造良好的制度环境，引导和激励企业以绿色发展为方向进行科技创新。在此基础上，还应进一步强化以绿色指标为核心的创新绩效的考核和监管。正如党的十九大报告中指出，要改革生态环境监管体制，政府部门既要重视经济指标的考核，也不能忽视环境效益的评价。应实施绿色科技创新效益考核评价，按照建设节约型社会的科技攻关要求，制定生态文明建设科技工作的考核指标，并将其纳入干部考核评价体系。

构建市场导向的绿色技术创新体系。党的十九大报告指出，构建市场导向的绿色技术创新体系，让市场在资源配置中发挥决定性作用。哈佛大学教授迈克尔·波特认为，环境规制有助于企业提高技术创新能力，从而弥补由环境规制导致的成本上升，提升企业生产力与竞争力。因此，通过提高污染排放标准，严惩污染责任人，完善环保信用评级，鼓励企业积极向清洁生产转型，推进绿色创新技术，引导发展绿色产业，壮大节能环保产业和清洁能源产业。同时，还可以通过加大绿色科技在财政中的支出比重，设立重大绿色科技专项，建立绿色科技服务平台，加强环保领域关键性研发成果的示范与共享，进一步促进绿色科技创新[②]。

除此之外，为了更好地发挥科技在生态文明建设中的作用，必须重点突破环保领域科学发展中的核心问题，攻克一批环境领域的科学难题和技术攻关，加速解决重点领域的环境污染问题，把握环境污染的机理和调控机制，全面提

① 纪岩青.严控围填海，严防水污染，舟山加大力度保护近岸海域生态环境[N].中国海洋报，2016-11-17.

② 沈小平.让科技创新成为生态文明的绿色引擎[N].科技日报，2015-5-12.

升科技对于环境保护的支撑水平。与此同时，提高多元化多渠道的环保科技投入，健全环保科技信息交流平台，强化绿色创新人才的培育和引入，加快形成门类齐全、装备齐全、富有活力的环保科技产业体系[①]。

（二）生态文明要调整优化产业结构

生态文明是产业结构优化的根本，也是社会运行和一切历史向前发展的基础。随着中国特色社会主义进入新时代，转变发展理念、重塑产业结构成为了生态文明建设的关键任务。

调整优化产业结构应以绿色发展为导向。随着生态文明进程的不断推进，产业结构的优化要坚持与绿色发展相协调，以市场为导向，坚持绿色金融发展，加速培育低碳、环保、节能的清洁绿色产业，促进能源生产与消费的新一轮革命，将绿色发展理念全面贯彻到产业结构优化的各个环节。

调整优化产业结构应进一步促进生产方式和消费方式的生态化发展。以生态文明建设引领产业结构优化，采取对自然生态直接投资的方式，加大对自然保护性成本的投入，巩固社会生产的自然基础，使产业结构调整获得持续发展的动力。同时，引导绿色生态消费，倡导低碳出行、适度消费与节约的生活方式，以生态需求激活绿色生产动力，借助于市场规律的调节，进一步促进产业结构的调整。

调整优化产业结构要坚持以人为本。以生态文明建设引领的产业结构优化，要坚持以人民为核心，以人民的需要为起点，与自然生态系统的客观发展相结合，使产业结构优化与人及自然发展的需要相重合、相适应[②]。

（三）生态文明要发展绿色产业

发展绿色产业要以绿水青山就是金山银山为基本点。目前，我国经济发展正处于新常态，同时，环境污染、生态退化等问题也较为严峻，因此，同时处理好经济发展与生态改善这两大问题对于我国经济社会的发展至关重要。绿色产业的发展不仅能够改善生态环境，同时也能推动经济的发展，逐步实现既有绿水青山又有金山银山的美丽中国。

发展绿色产业要给予适当财政支持。由于绿色产业本身具有较强的外部性，绿色产业所生产的绿色产品和提供的绿色服务可以产生较大的社会效益。但由于部分绿色产业前期投入大，技术难度高，成本回收周期较长，因此，仅仅依靠绿色企业自发投资很难满足绿色产业的发展需要。因此政府部门应当综

---

① 茆京来.科技创新为生态文明建设提供重要支撑[N].中国科学报.2017-10-20.

② 张春晓.以生态文明建设引领产业结构升级[DB/OL].人民论坛网 http://www.rmlt.com.cn/2018/0313/513583.shtml.

合利用财政手段对绿色产业进行补偿，以扶持绿色产业的长远发展。除了财政补贴的引导作用外，也可以鼓励银行等金融机构向公益性较强的绿色行业进行持续的绿色信贷投入，建立绿色信贷投入长效机制。

发展绿色产业要为发展提供物质支持。“仓廪实而知礼节，衣食足而知荣辱”，要使绿色发展观念深入人心，全社会形成绿色发展的共识，必然需要以一定的经济基础作为支撑，经济水平的不断提高可以为产业结构转型升级带来更多空间①。

链接 10-3　绿色产业

关于绿色产业的定义，国际绿色产业联合会(International Green Industry Union)发表了如下声明：“如果产业在生产过程中，基于环保考虑，借助科技，以绿色生产机制力求在资源使用上节约以及污染减少(节能减排)的产业，我们即可称其为绿色产业。”由于绿色产业的概念非常宽泛，业内有关专家又把绿色产业划分为狭义绿色产业与广义绿色产业。

1. 狭义绿色产业

清洁生产技术：提供工业生产、产品与服务，持续进行清洁生产改善；回收再生资源以创造生态化：将生产中所产生的副产品与废弃物回收，并转制为基本原料的相关产业；应用再生资源生产再生产品：将生产中所产生之副产品或废弃物回收，并转制成具其他功能与用途产品之相关产业；开创具新兴与策略性之环保技术：引进高级环保技术，培育高级环保人才，发展各种高级化学、生物、物理等环保技术，以建构绿色产业科技；再生能源产品与系统制造：清洁能源及废弃物能源利用，改善能源结构、促进能源可持续利用之相关再生能源科技产业；关键性环境保护相关产业：解决社会与产业界环保问题之技术及关键性组件开发制造之关联产业。

2. 广义绿色产业

制造业：在工业制程、产品与服务中，持续进行清洁生产之改善；金融服务业：再进行金融贷款服务时。考虑业者之绿色程度给予不同之额度或优惠，协助业者之绿色化，是另一种形式之绿色产业；服务业：于行业形态中时时考虑所使用之物品或系统中，均以绿色产品或包装为优先考量者，亦可视为绿色产业；旅游业：旅游业进行旅游时应推动永续旅游之形式，以降低环境资源之冲击，同时针对特定人士及保护区进行生态旅游以保护环境敏感区域；其他：所有在企业经营形态中考虑到永续性发展，推展绿色文化的产业，均可视为广义的绿色产业。

① 肖钰. 资源型城市唐山低碳经济发展问题研究——以发展绿色信贷推进经济产业转型[J]. 河北能源职业技术学院学报，2014，14(4)：46-48.

三、全面促进资源节约循环高效使用，推动利用方式根本转变

《中共中央关于制定国民经济和社会发展第十三个五年规划的建议》中明确提出了要全面节约和高效利用资源的战略部署，这是我国资源利用管理工作的根本遵循。科学把握我国资源国情，高效节约地使用自然资源，加快转变思想观念，践行节能减排、循环利用，转变当前发展方式，促进社会经济可持续发展，是落实这一战略部署的必然要求①。

（一）生态文明要推进节能减排

多措并举，合力提升政策实施效果。节能减排科技政策的实施需要各项措施的协同。应根据政策目标特点，发动多方面力量，相关部门之间应加强组织协作，共同探索合理的政策办法，以促进政策绩效的提高。同时，政策的制订、颁布也应充分考虑各项政策目标的特点，综合发力，共同推进政策目标的实现②。

明确重点，加强关键部位管理。在实施总体管理办法的基础上，加强对各重点能耗系统的监督和管理，如对水、电、气、油等各项能耗数据的监控，对空调、车辆、电梯等重点耗能设备的规范使用，对中央空间、机房设备、照明系统等的重点节能改造，切实提高能源的利用率。

强化管理，建立约束激励机制。落实节能减排任务的各单位、各部门具体人员，建立节能减排工作责任体系与量化标准，设立考核评价机制，并将考评结果纳入各单位年度工作目标考核管理，明确奖惩办法。采取日常检查与突击抽查相结合的方式，加强日常监督和管理。同时，举办各类型的主题宣传活动，开展系统性培训，进一步深化节能减排理念，营造良好的节能减排工作氛围。

加强创新，优化节能减排举措。树立绿色改造思路，推行节能管理办法，运用节能设计思路，开展诸如中央空调输配系统改造、水泵智能化改造等一系列创新型节能降耗改造，以新型节约型产品替代原有老旧的高耗能设备③。

---

① 姜大明.全面节约和高效利用资源[N].人民日报,2015-12-08.

② 张国兴,等.节能减排科技政策的演变及协同有效性——基于211条节能减排科技政策的研究[J].管理评论,2017,29(12):72-83.

③ 戴季宁.依法高效推进节能减排的新思路[N].金融时报,2017-12-5.

（二）生态文明要发展循环经济

构建并完善循环经济制度体系。一是要落实生产者责任制度，应尽快在复合物包装、报废汽车、动力电池、铅蓄电池等领域开展制度设计，规范进口商、生产商、销售商、消费者等各类主体责任。二是要推动区域循环经济评价指标体系，以资源产出率、循环利用率为核心指标，以物质流分析为基础方法，发布不同区域层面的循环经济发展水平评价指标。三要加快构建循环经济信用评价制度，构建全国统一的集生产者延伸责任信息、资源循环利用信息、再生产品质量信息等相关信息资源的统一共享平台，并对企业施行绿色信用评价。

加强财政对于循环经济的扶持力度。一是要增加财政投入。通过对现有资金渠道的整合，提高财政资金的使用率，强化政府财政支持与社会融资的联动，引导社会资本进入循环经济领域。二要创新融资方式。提供多样化融资方式，如银行信贷、外国政府转贷款、债券承销、融资租赁等多重方式为循环经济提供资金支持，并大力倡导金融机构实施绿色信贷，加强绿色信贷的引导，鼓励社会资本成立绿色产业相关基金。三要严格信用惩罚。对绿色信用良好的企业发放循环经济补贴，并在政策方面予以优惠支持，并对失信企业进行惩戒。

发挥市场机制对循环经济的调节作用。一要深化价格改革。全面推行水、电、气的阶梯价格，按用量对供热进行计量收费，制定垃圾处理收费政策，完善落实污水处理收费管理办法，完善资源价格的形成机制。二要加强税收调节。逐步扩大水资源征税范围，推进税改试点工作，落实资源综合利用产品和劳务增值税政策、资源综合利用和环境保护节能节水专用设备企业所得税优惠政策。

构建产学研用融合的技术转化体系。在国家“十三五”科技支撑计划中纳入市场急需的循环经济关键技术，鼓励优秀科研团队加入技术攻坚，建设循环经济国家工程研究中心，扩大科技投资的推广范围，大力提升科研技术实力。及时推进先进装备的运用，在电力、钢铁、有色金属、石化、建材等重点行业推广循环经济的先进技术，通过技术创新提升产业间连接的运行效率。

选择重点领域全力推进循环经济建设。开展以城市为重点的资源循环利用基地建设，推动实现废旧金属、轮胎、建筑垃圾、生物质废弃物等各类城市废弃物统一回收、自动分类和高值利用；推进以园区为重点的循环改造活动，加强对长江经济带、京津冀地区、珠三角地区等重点园区的循环化改造，统筹园区再生资源、工业废固、生活垃圾等的再利用和无害化处置；并且，以商业模式为重点形成“互联网+”环境下的资源循环行动，建设线上线下融合的回收网络系统，开展重点产品的全生命周期追溯机制。

链接 10-4　循环经济

循环经济亦称资源循环型经济，以资源节约和循环利用为特征、与环境和谐的经济发展模式，强调把经济活动组织成一个“资源—产品—再生资源”的反馈式流程；其特征是低开采、高利用、低排放；所有的物质和能源能在这个不断进行的经济循环中得到合理和持久的利用，以把经济活动对自然环境的影响降低到尽可能小的程度①。

循环经济的思想萌芽诞生于20世纪60年代的美国。“循环经济”这一术语在中国出现于20世纪90年代中期，学术界在研究过程中已从资源综合利用的角度、环境保护的角度、技术范式的角度、经济形态和增长方式的角度、广义和狭义的角度等不同角度对其作了多种界定。当前，社会上普遍推行的是国家发展改革委对循环经济的定义：“循环经济是一种以资源的高效利用和循环利用为核心，以‘减量化、再利用、资源化’为原则，以低消耗、低排放、高效率为基本特征，符合可持续发展理念的经济增长模式，是对‘大量生产、大量消费、大量废弃’的传统增长模式的根本变革。”这一定义不仅指出了循环经济的核心、原则、特征，同时也指出了循环经济是符合可持续发展理念的经济增长模式，抓住了当前中国资源相对短缺而又大量消耗的症结，对解决中国资源对经济发展的瓶颈制约具有迫切的现实意义。

循环经济的根本目的是要求在经济流程中尽可能减少资源投入，并且系统地避免和减少废物，废弃物再生利用只是减少废物最终处理量。循环经济“减量化、再利用、再循环”——3R原则的重要性不是并列的，它们排列是有科学顺序的。减量化——属于输入端，旨在减少进入生产和消费流程的物质量；再利用——属于过程，旨在延长产品和服务的时间；再循环——属于输出端，旨在把废弃物再次资源化以减少最终处理量。处理废物的优先顺序是：避免产生—循环利用—最终处置，即首先要在生产源头——输入端就充分考虑节省资源、提高单位生产产品对资源的利用率、预防和减少废物的产生；其次是对于源头不能削减的污染物和经过消费者使用的包装废弃物、旧货等加以回收利用，使它们回到经济循环中；只有当避免产生和回收利用都不能实现时，才允许将最终废弃物进行环境无害化处理。环境与发展协调的最高目标是实现从末端治理到源头控制，从利用废物到减少废物的质的飞跃，要从根本上减少自然资源的消耗，从而也就减少环境负载的污染。

（三）生态文明要加强资源节约

提高资源利用效率。提高节水、节能、节地、节材、节矿标准与建筑物、

① 陆雄文.管理学大辞典[M].上海：上海辞书出版社，2013.

道路、桥梁等建设标准，促进水耗、能耗与物耗的降低，并设立政策体系，进行严格的约束管理，对不达标的产品强制更新或更换。加强对于水资源的管理，以水定产、以水定城，建设节水型社会，落实国家节水行动①。

实行总量和强度双控。创新资源宏观管理方式，对约束性指标进行强化管理，对能源、水资源、建设用地等消耗施行总量和强度的双控制，在控制总量的同时，也控制单位生产耗能，以节约资源和促进资源的高效利用。必须从全局高度健全完善约束性指标体系，提高节能、节水、节地、节材、节矿标准，打破部门和地方利益局限，使经济发展目标和社会和谐有机结合起来，建立目标责任值，分层级分解和落实目标。合理设置价格体系，完善市场化机制和交易制度，加强监督和公示，建立资源利用的审查、准入、核定和违法处罚制度，不断完善评价体系，将评估结果作为考核领导班子和选拔任用干部的重要依据。

坚持最严格的节约用地制度。我国的基本国情决定了我们必须坚持最严格的节约用地制度。一要通过严格控制新增建设用地规模，实施总量控制和减量化管理，对新增建设用地的规模、农村集体建设用地规模、结构和时序安排等进行严格调控，将城镇低效用地再开发，工矿废弃地复垦。二要对用地标准进行严格挂钩，科学制定开发利用准入条件，降低工业用地比例，健全和完善节约用地标准。三要严格管控建设用地空间，在全面制定永久基本农田的基础上，进一步管控城乡用地拓展边界控制，合理划定城市开发边界，实现产业发展与用地空间相协调。四要加强对于土地浪费的惩罚，打击浪费和闲置土地的行为。

建立健全用能权、用水权、排污权、碳排放权初始分配制度。为发挥市场在资源配置中的决定性作用，建立并完善用能权、用水权、排污权、碳排放权初始分配制度，在市场导向的基础上建立环境保护和资源节约的长效机制。对自然生态空间统一确权登记，明确产权主体，分级从许可权向所有权体制转变，从体制上发挥好政府的管理和调节作用，处理好政府与市场、政府与企业之间的关系。

推行合同能源管理和合同节水管理。运用市场手段促进节能节水服务机制，实施合同能源管理和合同节水管理。开展合同能源管理宣传活动，克服认识误区。突破技术瓶颈，加快建设和完善监测队伍和监测机构，把节能节水作为重要抓手。创新金融投资机制，为企业解决融资难的问题，建立绿色金融服务体系。

倡导绿色、文明、合理的消费模式。倡导合理消费，制止浪费、奢靡之

---

① 推进资源全面节约和循环利用[N].经济日报,2018-1-27.

风，政府部门应积极发挥主导和表率作用，倡导合理消费，降低行政运行成本，抵制公款消费；要提高门槛，加快制度建设，提高过度消费成本；要开展宣传活动，倡导反对过度包装、食品浪费、过度消费，从生产、流通、仓储、消费等各个环节全面落实节约理念；要杜绝攀比式消费、提倡勤俭节约，引导社会大众设立正确的消费观，提倡绿色消费、文明消费。

四、加大自然生态系统和环境保护力度，切实改善生态环境质量

（一）生态文明要保护和修复自然生态系统

坚持预防为主、防治结合、综合治理的方针。在实施开发建设活动之前，及时遏制破坏生态环境的行为发生，消除污染源，从根本上解决环境污染问题，减轻事后治理付出的代价。同时，对于已经被破坏的自然环境，必须改变以往单一的处理方式，以多重手段进行综合治理，把环境污染和生态破坏控制在能够维持生态平衡的限度之内，以保证人体健康、社会物质财富和经济保障不受到损坏，实现可持续发展战略。

加大对野生动植物资源的保护。加强对于水土资源、森林草原资源、矿产资源的保护和管理，加强对于破坏生态环境、浪费自然资源行为的惩罚力度。严惩非法乱采滥挖，增强废弃矿山植被恢复。加强对于河流水域的生态保护，通过落实重大生态修护工程，对主要河流的生态环境进行实时监控，严格防止养殖业对河流水域的污染，禁止向河流湖泊直接排污。综合治理荒漠化、石漠化和水土流失。同时，也要注意对随季节迁徙的动物的保护，杜绝大肆捕杀候鸟的情况出现，加强自然保护区的建设①。

健全气候变化管理机制。建设气候变化风险及极端天气综合预警系统，加强对于天气事件的预测预报，科学评估气候承载能力，健全气候变化风险防控管理机制。

建立防灾减灾机构设置。提升农业、林业、水资源等重点领域和生态脆弱地区适应气候变化能力。加强气候变化应对的科技学术支撑，健全气候变化统计核算体系、政策与管理体制，开展应对气候变化的重大战略研究②。

---

① 陈明辉.加大自然生态系统和环境保护力度的 15 条建议[J].重庆社会科学,2012(2):105-107.

② 全面推进污染防治,打造蓝天碧水净土安徽样板[N].安徽日报,2016-8-10.

链接 10–5 自然生态系统

生态系统简称ECO，是ecosystem的缩写，指在自然界的一定的空间内，生物与环境构成的统一整体，在这个统一整体中，生物与环境之间相互影响、相互制约，并在一定时期内处于相对稳定的动态平衡状态。生态系统的范围可大可小，相互交错，太阳系就是一个生态系统，太阳就像一台发动机，源源不断给太阳系提供能量。地球最大的生态系统是生物圈；最为复杂的生态系统是热带雨林生态系统，人类主要生活在以城市和农田为主的人工生态系统中。生态系统是开放系统，为了维系自身的稳定，生态系统需要不断输入能量，否则就有崩溃的危险；许多基础物质在生态系统中不断循环，其中碳循环与全球温室效应密切相关，生态系统是生态学领域的一个主要结构和功能单位，属于生态学研究的最高层次。

生态系统的组成成分：非生物的物质和能量、生产者、消费者、分解者。其中生产者为主要成分。不同的生态系统有：森林生态系统、草原生态系统、海洋生态系统、淡水生态系统（分为湖泊生态系统、池塘生态系统、河流生态系统等）、农田生态系统、冻原生态系统、湿地生态系统、城市生态系统。其中，无机环境是一个生态系统的基础，其条件的好坏直接决定生态系统的复杂程度和其中生物群落的丰富度；生物群落反作用于无机环境，生物群落在生态系统中既在适应环境，也在改变着周边环境的面貌，各种基础物质将生物群落与无机环境紧密联系在一起，而生物群落的初生演替甚至可以把一片荒凉的裸地变为水草丰美的绿洲。生态系统各个成分的紧密联系，这使生态系统成为具有一定功能的有机整体。生物与环境是一个不可分割的整体，我们把这个整体叫生态系统。

（二）生态文明要全面推进污染防治

持续推进大气污染防治。制定实施大气污染防治相关行动计划与实施方案，严格执行空气质量和大气污染防治“双考核”制度，对重点问题、重点领域针对性地进行治理。持续推进清洁生产，开展对于工业污染的治理，深入推进重点行业企业的脱硫脱硝除尘设施建设，全面整治重点行业、区域、企业挥发性有机物。严格执行机动车排气污染防治规定，加强机动车污染防治，全面淘汰黄标车。深入开展大气污染区联防联控联治，落实秸秆禁烧监管，全面实施城市PM2.5监测与控制。

加强水污染防治。组织开展对重点流域水污染防治专项规划整治，提高污水处理厂及重点工业行业污水处理排放标准，实施重点湖泊生态环境保护专项工作，加强重点流域枯水期污染联防工作。实施饮用水水资源环境保护工作，建设农村集中式饮用水水源保护区，全面加强供水过程管理。

加强土壤、重金属和固体废物污染防治。制定土壤污染防治工作行动计划实施方案，严格把控工业污染场地治理工作，对土壤污染开设修复试点，逐步建立土壤环境质量监测体系，优先保护耕地土壤资源。加强对于重金属污染综合防治规划，从源头进行控制，全面禁止在重点区域新、改、扩建增加重金属污染物排放。开展重金属废水、废气的深度处理工作，引导涉重金属生产企业集中生产、集中治污。健全化学品、持久性有机污染物、危险废物等环境风险防范，制定相关应急管理机制，严格防控工业固体废料污染，加强危险废物和医疗废物管理。

加强农业面源污染防治。实施农业面源污染监控，加大重点流域农业面源污染的综合防治工作，深入研发农业面源污染综合防治技术，探索创新管理模式。建立化肥总量达标综合示范区、粮食作物防控示范区、病虫害专业化统防统治与绿色防控融合推进示范区。积极开展耕地质量提升与节肥行动，实施粮食作物病虫害防控及节药工作。创建畜禽养殖标准化示范基地与水产健康养殖示范基地，严格执行畜禽养殖“禁养区”“限养区”制度，优化渔业养殖品种结构，创新养殖模式。

开展城乡环境综合治理。大力加强垃圾污水处理、建筑治理、广告标牌治理、矿山治理和绿化提升，以铁路沿线、公路沿线、江河沿线及城市周边、省际周边、景区周边为突破口，打造美丽城乡景观带。加快推进省级以上自然保护区、景观区、县级以上城市规划区等重要居民集中生活区，以及重要交通干线、河流和湖泊沿线范围内的矿山地质环境问题治理。加快改造城镇生活污水垃圾处理设施，实现城镇环保基础设施全覆盖，建设雨污分流改造、污水处理厂及配套管网，加快推进城镇污水全收集全处理，为人民群众提供更多的亲水环境①。

（三）生态文明要积极应对气候变化

积极应对气候变化要以科技能力提升为抓手。通过对核心技术的完善，加强对气候变化的综合观测，推进卫星遥感监测等措施，不断提升科技对于气候变化的支撑力。加强气象灾害的风险管理工作，通过对强暴雨洪涝灾害的严格监控与对气象灾害的信息管理，有效降低气象灾害风险。进一步提升生态和环境气象监测服务能力，建立健全生态文明气象保障监测服务体系，加强推进环境气象预报，提升环境气象评估能力。推进气候资源保护工作，制定气候可行

---

① 全面推进污染防治，打造蓝天碧水净土安徽样板[N].安徽日报，2016-8-10.

性论证标准，建设管理制度体系，进一步推动气候资源在绿色发展中的作用。开展气候变化影响评估和适应等相关工作，做好核心区域的二次气候评估报告编制，积极开展地方应对气候变化工作①。

积极应对气候变化要以共赢多赢为目标。习近平总书记在党的十九大提出，“坚持和平发展道路，推动构建人类命运共同体”，呼吁“各国人民同心协力，构建人类命运共同体，建设持久和平、普遍安全、共同繁荣、开放包容、清洁美丽的世界”。这一理念和主张也彰显了我国在应对全球气候变化上对世界的责任担当②。因此，在气候变化问题上，中国与其他国家的合作，首先应以共赢多赢为合作目标。通过将应对气候变化的技术产权化、资本化、市场化和政策化有效对接，使得全球气候变化技术能够满足公共产品供给，并受惠于技术提供者，实现参与主体利益、环境效益和经济效益的多方共赢，力争将升温控制在2℃或1.5℃之内，大幅度提升全球气候变化适应能力。其次，应体现协同合作内容。一方面，重新评估和定位各国在应对气候变化中的技术需求，根据各国技术创新能力，调整技术措施和发力点，克服共性技术问题，顺应技术需求的演化规律，共同解决前沿技术合作开发中遇到的问题。另一方面，开展机制和政策领域的合作，在气候公约技术机制的完善中融入生态文明核心理念，在概念上、应用上和执行上实现贸易框架与气候政策的协同效应，并建立平台、方法、分类和数据库，鼓励国家政府与私营部门合作开展调研，为筛选合作的优先领域、优先模式、优先措施、标准制定和实施等相关内容提供依据。除此之外，技术合作成果的获得与分析更有利于应对气候变化问题的目标发展，开放分析合作成果，其核心是整合创新资源、构建创新网络、获取溢出效应、克服技术障碍、降低研发风险、拓宽商业化渠道，以实现低成本、快速度的气候变化技术化发展与创新成果的转化，有效应对全球气候变化③。

五、生态文明要健全制度体系

党的十八届三中全会通过的《中共中央关于全面深化改革若干重大问题的

---

① 重庆市气象局.多举措加强2018年气候变化工作[DB/OL].重庆市政府政府网站.http://news.sina.com.cn/c/2018-04-05/doc-ifyuwqez5136525.shtml.

② 豪尔赫·切迪克,张晓华.引领应对气候变化国际合作[DB/OL].人民网.http://finance.people.com.cn/n1/2017/1123/c1004-29662643.html.

③ 蒋佳妮,王文涛,王灿,等.应对气候变化需以生态文明理念构建全球技术合作体系[J].中国人口资源与环境,2017(1):57-64.

决定》首次确立了生态文明制度体系，指出到2020年构筑起由八项制度构成的产权清晰、多元参与、激励约束并重、系统完整的生态文明制度体系①。在《关于加快推进生态文明建设的意见》中把生态文明制度体系作为重点，可以说，完整的生态文明制度体系是生态文明建设的基础地位，也是未来生态文明建设的一大趋势。

（一）生态文明要健全法律法规

要充分考虑与现行法律法规的有效衔接。以制度化、法律化的方式推进生态文明建设，在十三届全国人大一次会议审议通过的《中华人民共和国宪法修正案》中，正式将宪法序言第七自然段一处表述修改为："推动物质文明、政治文明、精神文明、社会文明、生态文明协调发展，把我国建设成为富强民主文明和谐美丽的社会主义现代化强国，实现中华民族伟大复兴②。"这是健全生态文明法律法规的最为根本的表现，也充分地反映出了党和国家对生态环境问题的高度重视。

要加快制定生态领域法规。目前，我国在生物多样性保护、土壤环境保护、湿地保护、生态补偿、应对气候变化方面的法律法规上不健全，以生物多样性为例，我国是全球生物多样性最丰富的国家之一，但也是生物多样性丧失最严重的国家之一，多数地区存在着过度猎杀、栖息地碎片化等问题，因此，要尽快制定《生物多样性保护法》以保护动物、植物、微生物以及生态环境。目前，云南省已经推进生物多样性保护地方立法工作，多方正在推进的《云南省生物多样性保护条例》有望成为我国生物多样性保护的第一个地方性法规③。

要持续完善生态领域相关法律法规。截至目前，我国已经出台了多部环境保护相关的法律，包括《大气污染防治法》《水污染防治法》《节约能源法》《循环经济促进法》《矿产资源法》《森林法》《草原法》《野生动物保护法》等，但在实施过程中仍然存在一些漏洞，比如许多规定过于笼统，缺乏相应配套的规章制度，导致难以执行。因此，要进一步提高生态环境立法质量，从生态文明建设、绿色发展理念的视角不断健全生态环境法律体系。

（二）生态文明要完善标准体系

要全面推进环保标准制修订。环境保护标准是落实环境保护法律法规的重

---

① 杨伟民.建立系统完整的生态文明制度体系[N].光明日报,2013-11-23.

② 中华人民共和国宪法修正案.2018年3月11日第十三届全国人民代表大会第一次会议通过.新华网,2018-03-11. http://www.npc.gov.cn/npc/xinwen/2018-03/12/content_2046540.htm.

③ 云南省推进生物多样性保护地方立法.云南网,2018-01-19. http://news.163.com/18/0119/16/D8HCVL6N000187VG.html.

要手段。2017年国家环境保护部印发了《国家环境保护标准“十三五”发展规划》，为未来环境保护标准的制定指明了方向。在环境质量标准方面，进一步完善有害有毒物质控制指标，结合我国流域环境特征持续推动水环境质量标准修订，持续跟踪《环境空气质量标准》《声环境质量标准》的实施情况。在污染物排放标准方面，重点关注水污染物排放标准、大气污染物排放标准、固体废物污染控制标准、噪声污染控制标准。在环境监测类标准方面，着力构建支撑质量标准、排放标准实施的环境检测类标准体系，包括水环境检测分析方法标准、大气环境检测分析方法标准、土壤及固体废物环境检测分析方法标准[①]。

要加大环保标准实施评估工作力度。积极推进环保标准第三方评估，开展重点行业污染物排放标准评估工作，例如钢铁、炼焦、陶瓷、有色、淀粉、电池、火电、平板玻璃、纺织染整、皂素、工业炉窑、垃圾填埋场、制药等30项重点行业的污染物排放标准的实施评估。并将评估结果作为标准制修订和环境管理的重要依据。

要大力开展环保标准宣传培训。充分利用各类宣传渠道，加大对环境保护标准的宣传力度，针对一些重大环保标准的制定修订和发布实施及时开展宣传。继续加大力度支持环保标准制定修订项目承担人员的培训，进一步提高标准承担人员的工作能力。

要强化标准理论基础与体系优化建设。切实强化基础理论及技术方法的研究与应用，重点深化环境质量标准、污染物排放标准制定修订方法学的研究。构建内部科学外部协调的环保标准体系，不断优化国家及地方环保标准体系，着力加强对地方环保标准工作的指导意义。

（三）生态文明要健全自然资源资产产权制度和用途管制制度

要设立统一的自然资源资产管理部门。统一行使各级国有自然资源资产所有者职责，明确自然资源资产管理和资源监管部门的职责分工，落实自然资源资产所有权人的权益。

要建立自然资源资产核算体系。建立自然资源资产负债表，就是要核算自然资源资产的存量及其变动情况，以全面记录当期自然和各经济主体对生态资产的占有、使用、消耗、恢复和增值活动，评估当期生态资产实物量和价值量的变化并据此对辖区政府的生态政绩进行严格考核。

---

① 环境保护部.关于印发《国家环境保护标准“十三五”发展规划》的通知，环科技〔2017〕49号，http://www.zhb.gov.cn/gkml/hbb/bwj/201704/t20170414_411566.htm.

链接 10-6 自然资源资产负债表

自然资源资产负债表(natural capital balance)是指一个地区在某个特定时间点上所拥有的自然资本资产总价值和把自然资本维持在某个规定水平之上的成本(负债)的报告。2014 年 7 月起,德稻环境金融研究院(IGI)启动试点,三亚市政府与德稻环境金融研究院合作,在全国率先探索城市自然资源资产负债表编制。

编制自然资源资产负债表,就是以核算账户的形式对全国或一个地区主要自然资源产的存量及增减变化进行分类核算。编制负债表,可以客观地评估当期自然资源资产实物量和价值的变化,摸清某一时点上自然资源资产的"家底",准确把握经济主体对自然资源资产的占有、使用、消耗恢复和增值活动情况,全面反映经济发展的资源环境代价和生态效益,从而为环境与发展综合决策、政府政绩评估考核环境补偿等提供重要依据。同时,这也是对领导干部实行自然资源资产离任审计的重要依据,有利于形成生态文明建设倒逼机制,改变唯 GDP 的发展模式。编制自然资源资产负债表是实行干部离任审计制度、倒逼生态文明建设的需要,是摸清自然资源家底、科学决策的需要,编制自然资源资产负债表是开展自然资源投资的需要。

(资料来源:加快推进自然资源资产负债表编制工作,中华人民共和国国土资源部,2015-09-13;自然资源资产负债表落地试点,腾讯网,2015-09-14.)

要充分发挥市场在资源配置中的决定性作用。在自然资源资产开发利用过程中,凡是能由市场形成价格的都交给市场,使免费使用的自然资源变成有价值的资源,变成"谁使用谁付费"的资源。同时,要更好发挥政府的作用,政府应在完善自然资源管理中的环境经济政策、建立资源有偿使用制度和生态补偿机制等方面下工夫①。

要完善自然资源资产用途管制制度。明确各类国土空间开发、利用、保护边界,实现能源、水资源、矿产资源按质量分级、梯级利用。严格节能评估审查、水资源论证和取水许可制度。

(四) 生态文明要完善环境监管制度

习近平总书记在党的十九大报告中进一步强调要"加快生态文明体制改革",其中特别对生态环境监管体制做出了部署,"加强对生态文明建设的总体设计和组织领导,设立国有自然资源资产管理和自然生态监管机构,完善生态环境管理制度,统一行使全民所有自然资源资产所有者职责,统一行使所有国

① 蔡道利.健全自然资源资产产权与用途管制制度[N].广西日报,2013-12-24.

土空间用途管制和生态保护修复职责，统一行使监管城乡各类污染物排放和行政执法职责。”[①]目的就是要不断健全促进生态文明建设的制度体系，为建设美丽中国提供更加有力的制度保障。

建立完善最严格环境保护管理制度。要充分结合当前的环境管理能力和需求，解决当前最为突出的环境保护问题，充分借鉴欧美等发达国家所建立的严格的环境法律、司法和执法程序，对破坏环境的行为实行严格的执法。要对影响环境质量的污染物排放进行全面和严格的控制，将污染控制的各项制度与环境质量紧密挂钩[②]。

制定严格的环境标准体系。这里的标准包括环境质量标准、污染物排放标准，科学制定重点污染物的排放总量控制目标，坚持不断优化和动态调整的过程。尽管我国现有的国家环境保护标准数量达到了 1598 项，但是环境污染和生态破坏的形势并未从根本上得到改变，环境标准体系未能充分发挥出应有的功能。因此应充分协调好环境标准与人与自然和谐发展的问题。

建立生态保护修复和污染防治区域联动机制。坚持以陆海统筹为基础，建立跨越各个部门的高层决策机构，强化组织协调。为联动机制的建立提供相应的配套环境，包括资金和技术保障、监督制衡机制、反馈机制、联动环境执法机制、分工协作机制等[③]。强化区域间的工作会商机制，及时交流、沟通和协商生态保护修复中所存在的问题。建立应急相应机制，完善应急处置体系。

链接 10-7　我国现阶段的环境标准体系

我国现阶段的环境标准体系是由四种两级标准构成的。

1. 环境质量标准：是指为了保护人民健康、社会物质财富和维持生态平衡而对有害物质或因素所做的综合性规定。

2. 污染物排放标准：是对排入环境的污染物或有害因素所做的控制性规定。

3. 环境基础标准：是指在环境保护工作范围内，对具有指导意义的名词、属于、符号等所做的全国统一规定。

4. 环保方法标准：是以抽样、分析、试验、检查、统计、作业等各种方法为对象而制定的标准。

其中，环境基础标准和环保方法标准只有国家一级标准，而环境质量标准和污染排放标准则分国家和地方两级。

---

① 秦金月.中共十九大开幕，习近平代表十八届中央委员会作报告(直播全文)，中国网，http://www.china.com.cn/cppcc/2017-10/18/content_41752399.htm，2017-10-18.

② 俞海等.建立完善最严格环境保护制度.中国环保网，http://www.chinaenvironment.com/view/ViewNews.aspx? k = 20141023112031781，2014-10-23.

③ 周健民.建立陆海统筹的生态保护和污染防治区域联动机制[J].前进论坛，2015(10).

链接 10-8 排污权

排污权又称排放权,是排放污染物的权利。它是指排放者在环境保护监督管理部门分配的额度内,并在确保该权利的行使不损害其他公众环境权益的前提下,依法享有的向环境排放污染物的权利。1968 年,美国经济学家戴尔斯首先提出排污权概念,其内涵是政府作为社会的代表及环境资源的拥有者,把排放一定污染物的权利像股票一样出卖给出价最高的竞买者。污染者可以从政府手中购买这种权利,也可以向拥有污染权的污染者购买,污染者相互之间可以出售或者转让污染权。与强制性环境制度相比,排污交易制度是控制环境污染更为合理有效的经济手段。主要表现在以下方面。

1. 有利于降低污染控制成本、提高经济效率

因为每个企业的污染治理水平不一样,对于有的企业来说治理污染所花费的成本太高,在国家允许实行排污权交易的情况下,控制污染成本较低的排污者将发现自己控制污染比在市场上购买排污权更便宜,而控制污染成本较高的排污者则发现在市场上购买排污权比自己控制污染更合算,于是排污权就可以在污染控制成本不同的排污者之间进行交易,从而实现双赢的局面,有利于整个社会的污染控制成本达到最低,同时保证了企业的利益,促使市场经济的高效发展。

2. 有利于经济的发展

实行排污权交易,使得控制污染成本较高的排污者能够通过购买排污权继续生存下去而不必花费巨额去实现法律或政府规定的排污权指标,集中财力和精力进行生产经营,而控制污染成本较低的排污者则通过自身的有效污染治理产生更多的排污权,并通过市场将多余的排污权通过买卖获取利益。这个措施使得在环境容量饱和的情况下,新建或扩建企业可以通过购买排污许可证自由进入某一个地区,老企业可以将富余的排污指标有偿地转让给新企业,使之在环境容量内获得一定的排污权,这样既促进了区域经济持续发展,又调整了产业结构,既能充分发挥富余排污指标的经济社会效益又保存了新生企业的生存条件。

3. 有利于技术水平的提高

排污权交易允许企业间在符合法律规定条件下自由转让排污权,赋予企业自由选择权,既可以自身努力实现环境排污治理,也可以通过购买排污权来实现污染治理指标,改变了以往企业消极、被动地接受政府管理的方式。如果因改进治理污染技术而节省的费用大于购买许可证的话,企业就会因技术革新而提高竞争力,同时那些采用低污染生产工艺的企业还可以将剩余的排污权用来出售以获利,这样就会对污染企业提供连续的反刺激,鼓励企业采取更有效的技术工艺来减少污染。面对潜在的更大的需求市场,新技术供应商也会更加乐意投资开发新技术,因为供求双方的积极性都很高,因此,这将会加速新技术的发展。

4. 排污权交易更有利于政府环境管理职能的实现

通过制定排污权交易,政府制定税率或收费标准时,不必去了解企业的污染控制技术和成本,也不需要进行税率或收费标准的调整,只要企业达到排污指标就可以。这不仅减少了政府环境管理的费用,而且还有助于赋予企业更多的自主经营权,减少对生产的干预和经济的波动,提高市场经济效率,有利于调动企业积极性,主动配合国家环境保护行政主管部门的管理活动,所以排污许可证制度是现代市场经济制度发展的一大进步的表现。

5. 排污权交易市场的存在有利于公民表达自己的意愿,扩大环保的群众基础

环境保护组织或个人希望改善环境状况,可以进入市场购买排污权,然后将其控制在自己手中,不再卖出。当然,政府必须保证排污权总量是受到控制且不断降低的。美国的一些环保组织曾向社会募集捐款用于购买排污权,并且得到了热烈的响应。如果市场是完全竞争的,可以预见还会出现以买卖排污权来谋利的经纪人,甚至出现排污权股票和期货市场。这对活跃排污权交易市场是大有裨益的。

(资料来源:排污权交易:为节能减排探新路. 中国城市低碳经济网,2013-01-08)

(五) 生态文明要严守资源生态红线

2016 年 5 月 30 日，国家发展改革委等 9 部门联合印发了《关于加强资源环境生态红线管控的指导意见》(发改环资〔2016〕1162 号)(以下简称《指导意见》)。《指导意见》指出，要统筹资源禀赋、环境容量、生态状况等基本国情，根据我国发展的阶段性特征及全面建成小康社会目标的需要，合理设置红线管控指标，构建红线管控体系，健全红线管控制度，构建人与自然和谐发展的现代化建设新格局①。未来，生态红线将成为可持续发展不可逾越的底线。

要加快建立资源环境生态红线管控的政策机制。通过建立红线管控目标确定及分解落实机制、完善与红线管控相适应的准入制度、加强资源环境生态红线实施监管、加强统计检测能力建设、建立资源环境承载能力检测预警机制以及建立红线管控责任制等制度，形成源头严防、过程严管、责任追究的红线管控制度体系。

要加强协调联动和分类管理。要加强与相关部门的有序沟通协调，做好与相关法规标准、战略规划、政策措施的衔接。根据红线管控的不同类型以及要素特征，结合不同地区经济社会发展的情况、资源环境现状，与地方的限期达

---

① 国家发展改革委.《关于加强资源环境生态红线管控的指导意见》的通知. 发改环资〔2016〕1162 号,中华人民共和国生态环境部,http://www.zhb.gov.cn/gkml/hbb/gwy/201611/t20161123_368106.htm.

标规划做到充分的衔接，分阶段、分区域设置大气、水和土壤等环境质量目标，提出具有差异化、针对性强的管控要求。

要严守环境质量底线。以人民群众身体健康和生命财产安全为目标，维护人类生存基本环境质量需求的底线和保障线。坚决消除已有的劣质化环境，严格遵守执行环境质量“只能更好、不能变坏”的基本要求，保障环境风险控制在安全的范围内。以无劣质基线、反降级基线和保安全基线来支撑环境质量底线落地①。

链接 10-9 资源环境生态红线管控

生态红线定义：为维护国家或区域生态安全和可持续发展，据生态系统完整性和连通性的保护需求，划定的需实施特殊保护的区域。国家生态保护红线即《国家生态保护红线——生态功能基线划定技术指南（试行）》（以下简称《指南》），是中国首个生态保护红线划定的纲领性技术指导文件。《指南》规定，2014 年，中国要完成“国家生态保护红线”划定工作。生态保护红线是指在自然生态服务功能、环境质量安全、自然资源利用等方面，需要实行严格保护的空间边界与管理限值，以维护国家和区域生态安全及经济社会可持续发展，保障人民群众健康。“生态保护红线”是继“18 亿亩耕地红线”后，另一条被提到国家层面的“生命线”。

资源环境生态红线管控是指划定并严守资源消耗上限、环境质量底线、生态保护红线，强化资源环境生态红线指标约束，将各类经济社会活动限定在红线管控范围以内。

1. 设定资源消耗上限

合理设定全国及各地区资源消耗“天花板”，对能源、水、土地等战略性资源消耗总量实施管控，强化资源消耗总量管控与消耗强度管理的协同。①能源消耗。依据经济社会发展水平、产业结构和布局、资源禀赋、环境容量、总量减排和环境质量改善要求等因素，确定能源消费总量控制目标。京津冀、长三角、珠三角和山东省等大气污染治理重点地区及城市，要明确煤炭占能源消费比重、煤炭消费减量控制等指标要求。②水资源消耗。依据水资源禀赋、生态用水需求、经济社会发展合理需要等因素，确定用水总量控制目标。严重缺水以及地下水超采地区，要严格设定地下水开采总量指标。③土地资源消耗。依据粮食和生态安全、主体功能定位、开发强度、城乡人口规模、人均建设用地标准等因素，划定永久基本农田，严格实施永久保护，对新增建设用地占用耕地规模实行总量控制，落实耕地占补平衡，确保耕地数量不下降、质量不降低。用地供需矛盾特别突出地区，要严格设定城乡建设用地总量控制目标。

---

① 张惠远.加快划定并严守环境质量底线.中国环境报，2016-03-11. http://www.qstheory.cn/zhuanqu/bkjx/2016-03/11/c_1118301591.htm.

2. 严守环境质量底线

以改善环境质量为核心，以保障人民群众身体健康为根本，综合考虑环境质量现状、经济社会发展需要、污染预防和治理技术等因素，与地方限期达标规划充分衔接，分阶段、分区域设置大气、水和土壤环境质量目标，强化区域、行业污染物排放总量控制，严防突发环境事件。环境质量达标地区要努力实现环境质量向更高水平迈进，不达标地区要尽快制定达标规划，实现环境质量达标。①大气环境质量。以达到《环境空气质量标准》(GB3095—2012)为主要目标，与《大气污染防治行动计划》相衔接，地区和区域大气环境质量不低于现状，向更好转变。②水环境质量。以水环境质量持续改善为目标，与《水污染防治行动计划》《国务院关于实行最严格水资源管理制度的意见》相衔接，各地区、各流域水质优良比例不低于现状，向更好转变。③土壤环境质量。以农用地土壤镉(Cd)、汞(Hg)、砷(As)、铅(Pb)、铬(Cr)等重金属和多环芳烃、石油烃等有机污染物含量为主要指标，设置农用地土壤环境质量底线指标，与国家有关土壤污染防治计划规划相衔接，各地区农用地土壤环境质量达标率不低于现状，向更好转变。条件成熟地区，应将城市、工矿等污染地块环境质量纳入底线管理。

3. 划定生态保护红线

根据涵养水源、保持水土、防风固沙、调蓄洪水、保护生物多样性，以及保持自然本底、保障生态系统完整和稳定性等要求，兼顾经济社会发展需要，划定并严守生态保护红线。依法在重点生态功能区、生态环境敏感区和脆弱区等区域划定生态保护红线，实行严格保护，确保生态功能不降低、面积不减少、性质不改变；科学划定森林、草原、湿地、海洋等领域生态红线，严格自然生态空间征(占)用管理，有效遏制生态系统退化的趋势。

(资料来源：国家发展改革委.《关于加强资源环境生态红线管控的指导意见》的通知. 发改环资〔2016〕1162 号，中华人民共和国生态环境部，http://www.zhb.gov.cn/gkml/hbb/gwy/201611/t20161123_368106.htm)

(六) 生态文明要完善经济政策

环境经济政策是指根据环境经济理论和市场经济原理，运用财政、税收、价格、信贷、投资、市场等经济杠杆，调整和影响当事人产生和消除污染及生态破坏行为，实现经济社会可持续发展的机制和制度。环境经济政策是新时代构建生态文明社会、建成小康社会目标的切入点①。

加大财政对生态文明建设的支持力度。统筹有关资金对资源节约、环境利

① 程翠云，秦昌波.坚守生态文明建设的主阵地推动环境经济政策改革创新[N/OL].人民网-中国共产党新闻网，2013-07-29.

用、新能源和可再生能源开发利用、环境基础设施建设、生态修复与建设、先进适用技术研发示范等的支持力度。支持打好大气、水、土壤污染防治“三大战役”，建立生态补偿转移支付制度，将各地具有重要生态功能作用、提供重要生态产品的生态红线区域纳入到生态补偿转移支付制度①。

深化自然资源及其产品价格改革。加快形成反映环境资源稀缺程度、生态价值、代际补偿和市场供求的价格体系。建立生态产品核算体系，将环境资源价值反映到要素价格中，进一步优化环境资源配置。

推动环境保护费改税。积极参照西方国家成熟的经验和做法，不断完善我国的环境保护税务制度，根据各个地区的发展情况，推出有针对性的税收制度，加强区域与区域之间的协调发展。合理评估企业或者个人所造成的环境污染程度的大小②。

（七）生态文明要推行市场化机制

市场经济发展的规律之一是市场决定资源配置，构建生态文明制度体系要合理地处理好政府与市场之间的关系，使市场在资源配置中起到决定性作用。欧美一些发达国家都积极运用市场化手段来改善生态环境，促进绿色产业的发展。

要进一步强化碳市场建设。把碳市场建设列为中央全面深化改革领导小组80项重点任务之一，建立综合决策机制，统筹碳排放权交易等不同政策工具的协调性，加强碳金融理念的宣传和推广，引导金融机构发展碳普惠金融，开展碳金融工具的创新试验，例如碳期货、碳债券、碳信用评级、碳抵押融资、碳普惠等③。

（八）生态文明要健全生态保护补偿机制

通过实施生态保护补偿机制可以充分地调动各方的积极性，更大程度地保护生态环境。2016年国务院办公厅印发《关于健全生态保护补偿机制的意见》，详细地分析了健全生态保护补偿机制的指导思想、基本原则、重点任务以及组织实施。

构建生态保护补偿制度新格局。研究制定相关生态保护补偿政策，健全禁止开发区域生态保护补偿政策，逐步实现森林、草原、湿地、荒漠、海洋、水流、耕地等重点领域和禁止开发区域、重点生态功能区等重要区域生态补偿全覆盖，形成分类补偿和综合补偿互为补充的生态补偿新格局④。

---

① 吴琼.我省加大生态文明建设投入,创新环境经济政策财政支持生态文明建设打出“组合拳”[N].新华日报,2017-11-03. http://jsnews.jschina.com.cn/jsyw/201711/t20171103_1163483.shtml.

② 周莉.环境保护税改革现状与发展趋势[J].纳税,2018(1).

③ 新能源商会.进一步强化碳市场支持生态文明建设[EB/OL].018-02-27. http://www.cnecc.org.cn/dispArticle.asp? id=19572.

④ 王金南等.构建中国生态保护补偿制度创新路线图[J].环境保护,2016(5).

创新生态保护补偿资金筹措机制。推动财政资金统筹使用，避免资金使用的“碎片化”，统筹各类补偿资金，探索综合性补偿办法，完善政府和社会资本的合作模式，完善生态产品价格形成机制，健全生态保护市场体系。

建立地区间横向生态保护补偿机制。横向生态保护补偿机制体现了权责对等的理念，通过引导生态受益地区与保护地区之间、流域上游与下游之间以资金补助、产业转移、人才培训、共建园区等方式实施补偿，从而有效激发流域间绿色发展的内生动力，通过建立独立公正的生态环境损害评估制度，可以有效调动各方力量的积极性。通过强化上游与下游的共同治理，建立联席工作制度，确保重点流域水质持续改善，实现水土涵养、防洪减灾等多项措施。

链接 10-10　生态补偿

生态补偿机制是以保护生态环境、促进人与自然和谐为目的，根据生态系统服务价值、生态保护成本、发展机会成本，综合运用行政和市场手段，调整生态环境保护和建设相关各方之间利益关系的一种制度安排。主要针对区域性生态保护和环境污染防治领域，是一项具有经济激励作用、与“污染者付费”原则并存、基于“受益者付费和破坏者付费”原则的环境经济政策。2011 年起，由财政部和环保部牵头组织、每年安排补偿资金 5 亿元的全国首个跨省流域生态补偿机制试点，在新安江启动实施。各方约定，只要安徽出境水质达标，下游的浙江省每年补偿安徽 1 亿元。3 年来，这一机制让新安江江水变清了，江面变干净了。建立生态补偿机制是贯彻落实科学发展观的重要举措，有利于推动环境保护工作实现从以行政手段为主向综合运用法律、经济、技术和行政手段的转变，有利于推进资源的可持续利用，加快环境友好型社会建设，实现不同地区、不同利益群体的和谐发展。建立生态补偿机制是落实新时期环保工作任务的迫切要求，党中央、国务院对建立生态补偿机制提出了明确要求，并将其作为加强环境保护的重要内容。《国务院关于落实科学发展观加强环境保护的决定》要求：“要完善生态补偿政策，尽快建立生态补偿机制。中央和地方财政转移支付应考虑生态补偿因素，国家和地方可分别开展生态补偿试点。”国家《节能减排综合性工作方案》也明确要求改进和完善资源开发生态补偿机制，开展跨流域生态补偿试点工作。

为探索建立生态补偿机制，一些地区积极开展工作，研究制定了一些政策，取得了一定成效。但是，生态补偿涉及复杂的利益关系调整，目前对生态补偿原理性探讨较多，针对具体地区、流域的实践探索较少，尤其是缺乏经过实践检验的生态补偿技术方法与政策体系。因此，有必要通过在重点领域开展试点工作，探索建立生态补偿标准体系，以及生态补偿的资金来源、补偿渠道、补偿方式和保障体系，为全面建立生态补偿机制提供方法和经验。

(九) 生态文明建设要健全政绩考核制度

《关于加快推进生态文明建设的意见》中把资源消耗、环境损害、生态效益等指标都纳入了经济社会发展综合评价体系，把生态文明放在特别突出的战略位置。

提升环境指标在整体政绩考核中的权重。激励地方官员积极履行环保职责，坚决落实生态环境一票否决制，尤其是对一票否决制具体如何操作并实施给出相应的规定，驱动地方政府更好地履行环保职责。

强化考核结果的使用。为了更为充分地发挥广大领导干部环境保护的政绩考核的理念，必须对奖惩机制进行细化和改进，完善和落实环保政绩考核的责任追究制度①。引入第三方评估机构对各级政府生态文明建设绩效进行全方位的评估，使生态文明政绩考核的结果更具有公正性和公平性。

因地制宜推动政绩考核制度。由于各个地区的环境状况存在极大的差异，因此，领导干部环保政绩考核制度必须有所区别，结合各个地区的特征，制定动态灵活的考核机制。

强化生态考核的追究机制。国务院办公厅印发的《党政领导生态环境损害责任追究办法（试行）》中明确规定实施生态环境损害终身责任追究制，并首次明确了25种党政领导干部生态损害追责情形。

六、生态文明建设要加强统计监测和执法监督

(一) 生态文明建设要加强统计监测

要根据生态文明建设的新内涵，坚持科学、全面、系统的原则，完善生态文明监测指标体系建设，建立生态文明综合评价指标体系、循环经济统计指标体系、矿产资源合理开发利用评价体系。持续推进监测装备和技术体系的现代化建设，不断改进统计与监测方法，优化监测网络结构。要逐步构建专门的信息发布平台，提升监测数据的公开程度和共享程度，强化对统计监测的质量控制②。加快推进对所有资源要素的统计监测核算能力建设，抓好环境应急保障体系建设，健全环境与健康调查、监测和风险评估制度。

(二) 生态文明建设要强调执法监督

作为国家的法律监督机关，检察机关在生态文明建设过程中要肩负起职责

---

① 刘宁.我国领导干部环保政绩考核制度的现状与对策[J].法制与社会,2016(6).

② 张亮,等.统计与检测应尽快适应生态文明建设新内涵[N].中国经济时报,2015-01-15. http://finance.eastmoney.com/news/1371,20150115468339024.html.

使命，加强对各类环境违法违规行为的法律监督和行政监察，严厉管控打击违法行为。尤其是要加大对浪费能源资源、违规排污、破坏生态环境等行为的执法监察和专项监督①。切实将顺应自然、保护自然的生态文明理念贯穿于执法办案的始终，积极完善生态文明建设领域的矛盾纠纷排查化解等工作机制②。

七、生态文明建设要加快形成良好社会风尚

(一) 生态文明建设要提高全民生态文明意识

要加强生态文明的宣传教育，增强全民的生态文明意识，包括节约意识、环保意识、生态意识。倡导合理消费的社会新风尚，营造爱护生态环境的良好社会风气。要充分发挥社会舆论的导向作用。在培养公民生态文明意识中，要弘扬生态文化，例如湿地文化、园林文化、花卉文化等来发展生态旅游。充分利用新媒体的平台宣传生态文明意识，提高生态文明宣传报道的亲民性。要重视学校生态文明意识教育的培养，开设相关的生态课程，加强生态教育的师资建设，引起社会各方的广泛关注。

(二) 生态文明建设要培育绿色生活方式

2015 年 11 月环境保护部印发了《关于加快推动生活方式绿色化的实施意见》，这是在推动生态文明建设方面所取得的重大进展。推动生活方式绿色化是推动人与自然和谐发展、实现生态文明建设的重要途径，在《中共中央关于制定国民经济和社会发展第十三个五年规划的建议》中就提出了“坚持绿色富国、绿色惠民，为人民提供更多优质生态产品，推动形成绿色发展方式和生活方式，协同推进人民富裕、国家富强、中国美丽”。因此，推动生活方式的绿色化要着重抓住重点人群，力戒青壮年人的奢侈性消费、攀比性消费，充分发挥广大干部的模范带头作用，引导广大公众不使用大排量车、选择公共交通出行、购买绿色产品、积极参与环保公益行动等③。

---

① 加强统计监测和执法监督——八论加快推进我省生态文明建设[EB/OL].青海新闻网,2015-07-26. http://www.gywb.cn/content/2015-07/26/content_3564103.htm.

② 充分发挥检察职能依法保护生态文明[EB/OL].法制网,2016-06-07. http://www.legaldaily.com.cn/zfzz/content/2016-06/07/content_6663632.htm.

③ 环境保护部:推动生活方式绿色化加快生态文明建设[EB/OL].新华环保,2015-11-16. http://www.xinhuanet.com/energy/2015-11/16/c_1117155173.htm

链接10-11　绿色生活方式

绿色生活方式是指以通过倡导居民使用绿色产品,倡导民众参与绿色志愿服务,引导民众树立绿色增长、共建共享的理念,使绿色消费、绿色出行、绿色居住成为人们的自觉行动,让人们在充分享受绿色发展所带来的便利和舒适的同时,履行好应尽的可持续发展责任的方法,实现广大人民按自然、环保、节俭、健康的方式生活。

【示例】河北省委常委、唐山市委书记赵勇在2010曹妃甸论坛上提出"要全面的倡导绿色的生活方式"。

【例如】

一、宣传标语

1.resource conservation and pollution reduction ——节约资源,减少污染;

2.green consumption and green purchase——绿色消费,环保选购;

3.repeated use——重复使用,多次利用;

4.recycling——分类回收,循环再生;

5.natural protection and co-existence——保护自然,万物共存。

二、绿色生活方式

1. 拒绝使用一次性木筷,尽量少用一次性物品
2. 不追求过度的时尚
3. 拒绝使用珍贵动植物制品
4. 使用节约型水具
5. 拒绝过分包装
6. 支持可循环使用的产品
7. 尽量购买本地产品
8. 一水多用
9. 随手关闭水龙头
10. 消费肉类要适度
11. 节约粮食
12. 双面使用纸张
13. 垃圾尽量分类入箱
14. 随手关灯,节约用电
15. 提倡步行,骑单车,尽量乘坐公共汽车
16. 提倡使用布袋与纸袋,建议循环使用

（三）生态文明建设要鼓励公众积极参与

健全环境保护的公众参与制度，推动环境公共治理体系和治理能力现代化。在法律法规中明确公民环境权利，完善保障公众参与、引导和监督的信息公开、立法听证等制度。明确政府、企业和公众等在环境保护中的主体责任，通过建立政府、企业、公众定期沟通、平等对话、协商解决机制，引导公众参与环境保护制度执行的评估和考核。完善环境新闻宣传机制，引导新闻媒体，加强舆论监督。推动社区环境圆桌会议制度。科学引导民间环保公益组织发展，搭建公众和政府良性互动平台。

参 考 文 献

操建华．生态系统产品和服务价值的定价研究[J]．生态经济,2016(7):24-28.

陈德．在全社会牢固树立生态文明的新观念[J]．攀登,2008(02):47-50.

陈明辉．加大自然生态系统和环境保护力度的 15 条建议[J]．重庆社会科学,2012(2):105-107.

成金华,李悦,陈军．中国生态文明发展水平的空间差异与趋同性[J]．中国人口·资源与环境,2015,25(05):1-9.

戴季宁．依法高效推进节能减排的新思路[N]．金融时报,2017-12-5.

丁宪浩．论生态生产的效益和组织及其生态产品的价值和交换[J]．农业现代化研究,2010(6):692-296.

谷树忠,胡咏君,周洪．生态文明建设的科学内涵与基本路径[J]．资源科学,2013,35(01):2-13.

黄茂兴．"一带一路"建设中绿色发展探究[M]．北京:经济科学出版社,2018.

黄勤,曾元,江琴．中国推进生态文明建设的研究进展[J]．中国人口·资源与环境,2015,25(02):111-120.

黄如良．生态产品价值评估问题探讨[J]．中国人口资源与环境,2015(3): 26-33.

纪岩青.严控围填海,严防水污染,舟山加大力度保护近岸海域生态环境[N]．中国海洋报,2016-11-17.

姜长云．推进农村一二三产业融合发展的路径和着力点[J]．中州学刊,2016(5):43-49.

姜大明．全面节约和高效利用资源[N]．人民日报,2015. 12. 08.

蒋佳妮,王文涛,王灿,等．应对气候变化需以生态文明理念构建全球技术合作体系[J]．中国人口·资源与环境,2017(1):57-64.

李芬,张林波,舒俭民,孟伟．三江源区生态产品价值核算[J]．科技导报,2017(6): 120-124.

李建平,黄茂兴,等．全球环境竞争力报告(2013)[M]．北京:社会科学文献出版社,2013.

李建平,黄茂兴,等．全球环境竞争力报告(2015)[M]．北京:社会科学文献出版社,2015.

李建平,黄茂兴,等．"十二五"中期中国省域环境竞争力发展报告[M]．北京:社会科学文献出版社,2014.

李建平,黄茂兴,等．中国省域环境竞争力发展报告(2005~2009)[M]．北京:社会科学文献出版社,2010.

李建平,黄茂兴,等．中国省域环境竞争力发展报告(2009~2010)[M]．北京:社会科学文献出版社,2011.

李鸣．生态文明背景下低碳经济运行机制研究[J]．企业经济,2011,30(02):54-57.

李鸣．生态文明背景下环境管理机制的定位与创新[J]．特区经济,2007(08):290-292.

李平衡,严立冬,邓远建,等．全域美丽乡村建设:来自湖南浏阳的经验与启示[J]．生态经济,2018,34(1):223-224.

李平星,陈雯,高金龙．江苏省生态文明建设水平指标体系构建与评估[J]．生态学杂志,2015,34(01):295-302.

李茜,胡昊,李名升,等．中国生态文明综合评价及环境、经济与社会协调发展研究[J]．资源科学,2015,37(07):1444-1454.

李睿扬,陈晓蔓,衣庆泳．生态文明视域下的建筑设计[J]．环境保护与循环经济,2013,33(03):53-55.

李学军．对生态文明建设思想的几点认识[J]．攀登,2009,28(01):59-61.

李泽红,王卷乐,赵中平,等．丝绸之路经济带生态环境格局与生态文明建设模式[J]．资源科学,2014,36(12):2476-2482.

刘春腊,刘卫东,徐美．基于生态价值当量的中国省域生态补偿额度研究[J]．资源科学,2014(1):148-155.

刘海霞．论马克思主义对生态文明建设的指导作用[J]．山东省青年管理干部学院学报,2010(06):11-14.

刘丽红．浅议生态文明建设的制度确立[J]．企业经济,2013,32(04):155-158.

刘某承,苏宁,伦飞,等．区域生态文明建设水平综合评估指标[J]．生态学报,2014,34(01):97-104.

龙花楼,刘永强,李婷婷,等．生态文明建设视角下土地利用规划与环境保护规划的空间衔接研究[J]．经济地理,

2014,34(05):1-8.
吕忠梅. 论生态文明建设的综合决策法律机制[J]. 中国法学,2014(03):20-33.
马志娟,韦小泉. 生态文明背景下政府环境责任审计与问责路径研究[J]. 审计研究,2014(06):16-22.
毛明芳. 着力构建生态文明建设的长效机制[J]. 攀登,2009,28(03):72-75.
茆京来. 科技创新为生态文明建设提供重要支撑[N]. 中国科学报,2017-10-20.
彭向刚,向俊杰. 中国三种生态文明建设模式的反思与超越[J]. 中国人口·资源与环境,2015,25(03):12-18.
秦伟山,张义丰,袁境. 生态文明城市评价指标体系与水平测度[J]. 资源科学,2013,35(08):1677-1684.
曲艺. 浅析生态马克思主义对中国生态文明建设的启示[J]. 改革与开放,2011(14):52-53.
全面推进污染防治,打造蓝天碧水净土安徽样板[N]. 安徽日报,2016-8-10.
邵超峰,鞠美庭,赵琼,等. 我国生态文明建设战略思路探讨[J]. 环境保护与循环经济,2009,29(02):44-47.
沈小平.让科技创新成为生态文明的绿色引擎[N]. 科技日报,2015-5-12.
苏仲乐. 人文精神的重建:生态文明视角下的文学发展方向[J]. 西安外国语学院学报,2006(04):83-85.
陶静静. 马克思主义生态文明观及其当代价值[J]. 科技信息,2009(07):552-553.
田野. 基于生态系统价值的区域生态产品市场化交易研究[D]. 武汉:华中师范大学,2015.
王灿发. 论生态文明建设法律保障体系的构建[J]. 中国法学,2014(03):34-53.
王铭徽. 浅析毛泽东关于生态文明的思想[J]. 改革与开放,2010(20):103-104.
王树义. 论生态文明建设与环境司法改革[J]. 中国法学,2014(03):54-71.
吴振山. 大力推进"绿色城镇化"[J]. 宏观经济管理,2014(4):32-33.
肖钰. 资源型城市唐山低碳经济发展问题研究——以发展绿色信贷推进经济产业转型[J]. 河北能源职业技术学院学报,2014,14(4):46-48.
谢高地,甄霖,鲁春霞,等. 一个基于专家知识的生态系统服务价值化方法[J]. 自然资源学报,2008,23(5):911 -919.
新华.强化主体功能定位优化国土空间开发格局[J].黑龙江国土资源,2015(6):24-24.
亦冬. 生态文明:21 世纪中国发展战略的必然选择[J]. 攀登,2008(01):73-76.
尹昌斌,程磊磊,杨晓梅,等. 生态文明型的农业可持续发展路径选择[J]. 中国农业资源与区划,2015,36(01):15-21.
张国兴,李佳雪,胡毅,等. 节能减排科技政策的演变及协同有效性——基于 211 条节能减排科技政策的研究[J]. 管理评论,2017,29(12):72-83.
张欢,成金华,陈军,等. 中国省域生态文明建设差异分析[J]. 中国人口·资源与环境,2014,24(06):22-29.
张欢,成金华,冯银,等. 特大型城市生态文明建设评价指标体系及应用——以武汉市为例[J]. 生态学报,2015,35(02):547-556.
张景奇,孙萍,徐建. 我国城市生态文明建设研究述评[J]. 经济地理,2014,34(08):137-142,185.
张连国. 论社会主义和谐社会之生态文明内涵及历史定位[J]. 山东省青年管理干部学院学报,2005(03):8-11.
张梦洁,黎昕. 美丽乡村建设中的文化保护与传承路径探究[J]. 内蒙古农业大学学报(社会科学版),2015(6):11-15.
赵其国,黄国勤,马艳芹. 中国生态环境状况与生态文明建设[J]. 生态学报,2016,36(19):6328-6335.
周生贤. 走向生态文明新时代——学习习近平同志关于生态文明建设的重要论述[J]. 求是,2013(17):17-19.

中国（福建）生态文明建设研究院

简　介

中国（福建）生态文明建设研究院是根据福建省人民政府专题会议〔2016〕85号的要求，依托福建师范大学的学科和科研力量而设立的一个专业性、实体性的研究机构。2016年11月14日，中国（福建）生态文明建设研究院正式组建成立，建成一个跨学科、综合性和高水平的生态文明研究智库，努力为福建省乃至全国建设生态文明试验区提供智力支持和咨询服务。

首任研究院院长由福建师范大学原党委副书记廖福霖教授担任，国家"万人计划"哲学社会科学领军人才、福建师范大学经济学院院长、福建师范大学福建自贸区综合研究院院长黄茂兴教授兼任该研究院执行院长，具体负责日常研究工作。中国（福建）生态文明建设研究院是在福建省生态文明建设领导小组办公室的指导下，由福建省生态文明试验区建设领导小组办公室、福建省发展和改革委员会与福建师范大学协调合作，作为福建师范大学直属的独立科研实体。研究院按照行政、研究两个体系分别组建下设机构，行政体系由办公室、发展规划部、政策研究部、人才交流部、培训部等5个部门组成；研究体系由国土空间开发与规划研究中心、环境治理与生态保护市场体系研究中心、生态保护补偿与排污权交易中心、气候变化与自然资源资产产权制度研究中心、绿色发展与绩效评价研究中心、生态信息与数据中心等6个中心组成。

研究院组建了一支30多人的专业研究团队，涵盖环境科学、地理学、生态学、经济学、管理学等多学科背景，围绕生态文明体制改革的核心领域和关键环节，构建研究院的职能体系。具体包括：一是开展生态文明的基础理论研究；二是开展国家生态文明试验区的改革政策研究；三是开展生态文明建设的知识普及与传播；四是开展生态文明急需人才的培养与培训工作；五是开展生态文明的全球合作与政策协调研究；六是承担上级部门交办的其他工作任务。

研究院采取"政产学研"合作的协同创新模式，广泛联合国内外相关领域的科研院所、政府机构、企业的研究人员，深入开展生态文明的理论、政策和实践问题研究，努力建成助力福建和全国生态文明建设与发展的思想库、信息库、人才库。研究院将定期向政府部门和企事业单位报送研究报告，编辑《全球环境竞争力报告》《中国省域环境竞争力发展报告》《党员干部生态文明建设读本》《国家生态文明试验区（福建）改革进展汇编》《国家生态文明试验区（福建）政策文件汇编》《福建生态文明建设通讯》以及其他各类相关研究著作，每年举办生态文明建设和发展高峰论坛，并积极承担生态文明试验区管理人员和企业职工培训工作。

主编简介

黄茂兴，男，1976年生，福建莆田人。教授、博士生导师。现为中国（福建）生态文明建设研究院执行院长、福建师范大学经济学院院长、福建师范大学福建自贸区综合研究院院长、全国经济综合竞争力研究中心福建师范大学分中心常务副主任、二十国集团（G20）联合研究中心常务副主任。兼任中国数量经济学会副理事长、中国特色社会主义政治经济学论坛副主席、中国区域经济学会常务理事等。主要从事技术经济、区域经济、竞争力和国际经济问题研究，主持教育部重大招标课题、国家社科基金重点项目等国家、部厅级课题60多项；出版《技术选择与产业结构升级》《论技术选择与经济增长》等著作60多部，在《经济研究》《管理世界》等权威刊物发表论文160多篇，科研成果分别荣获教育部第六届、第七届社科优秀成果二等奖1项、三等奖1项（合作），福建省第七届至第十一届社会科学优秀成果一等奖7项（含合作）、二等奖3项等20多项省部级科研奖励。入选“国家首批‘万人计划’青年拔尖人才”“国家第2批‘万人计划’哲学社会科学领军人才”“中宣部全国文化名家暨‘四个一批’人才”“人社部国家百千万人才工程国家级人选”“教育部新世纪优秀人才”“福建省高校领军人才”“福建省首批哲学社会科学领军人才”等多项人才奖励计划。2015年荣获人社部授予的“国家有突出贡献的中青年专家”和教育部授予的“全国师德标兵”荣誉称号，2016年荣获中国环境科学学会第十届“青年科技奖”，2016年获评为“国务院特殊津贴专家”，并荣获2014年团中央授予的第18届“中国青年五四奖章”提名奖等多项荣誉称号。他带领的科研团队于2014年被人社部、教育部评为“全国教育系统先进集体”。2018年1月当选为第十三届全国人大代表。